环境规制工具的区域碳减排效果及协同优化研究

HUANJING GUIZHI GONGJU DE QUYU TANJIANPAI
XIAOGUO JI XIETONG YOUHUA YANJIU

王新利　黄元生　著

中国财经出版传媒集团

经济科学出版社
Economic Science Press

图书在版编目（CIP）数据

环境规制工具的区域碳减排效果及协同优化研究/
王新利，黄元生著．--北京：经济科学出版社，2023.9
ISBN 978 - 7 - 5218 - 4821 - 2

Ⅰ.①环…　Ⅱ.①王…②黄…　Ⅲ.①二氧化碳－减
量化－排气－研究　Ⅳ.①X511

中国国家版本馆 CIP 数据核字（2023）第 098295 号

责任编辑：胡成洁
责任校对：王肖楠
责任印制：范　艳

环境规制工具的区域碳减排效果及协同优化研究
王新利　黄元生　著
经济科学出版社出版、发行　新华书店经销
社址：北京市海淀区阜成路甲 28 号　邮编：100142
经管中心电话：010 - 88191335　发行部电话：010 - 88191522
网址：www. esp. com. cn
电子邮箱：espcxy@ 126. com
天猫网店：经济科学出版社旗舰店
网址：http://jjkxcbs. tmall. com
北京季蜂印刷有限公司印装
710×1000　16 开　15.5 印张　260000 字
2023 年 9 月第 1 版　2023 年 9 月第 1 次印刷
ISBN 978 - 7 - 5218 - 4821 - 2　定价：78.00 元
（图书出现印装问题，本社负责调换。电话：010 - 88191545）
（版权所有　侵权必究　打击盗版　举报热线：010 - 88191661
QQ：2242791300　营销中心电话：010 - 88191537
电子邮箱：dbts@esp. com. cn）

本书为
河北省哲学社会科学研究基地研究项目
河北省能源经济发展研究基地研究项目

本书受
"保定市低碳经济产业研究院建设"项目资助

前　言

　　中国经济正处在转变发展方式、优化经济结构、转换增长动力的攻坚阶段，低碳转型正是中国经济追求高效率、实现高质量发展和应对全球气候变暖的内在诉求。而环境规制工具是各国政府治理环境的重要手段，尤其在"双碳"目标重大战略部署下，从环境规制工具视角探讨碳减排尤为重要。环境规制工具的碳减排效果与规制工具类型和空间特征密切相关。因此，本书将同时把三种不同类型环境规制工具引入碳减排研究，运用空间统计方法，基于省级样本数据，实证检验不同类型环境规制工具对碳减排的直接效应、空间溢出效应以及区域异质性；从协同优化角度出发，测度不同类型环境规制工具的跨区域协同度以及区域内协同度，实证检验环境规制工具协同对碳减排的治理效率，并从跨区域和区域内分别识别出环境规制工具的协同优化方向；基于环境规制工具对碳减排的间接影响，构建空间中介效应模型，量化不同类型环境规制工具在考虑产业结构、技术创新和外商直接投资后对碳减排的中介效应，基于不同环境规制工具对碳减排产生中介效应的不同渠道，分析考虑产业政策、技术创新政策和外商投资政策下的环境规制工具协同优化方向，由此形成较为完整的环境规制工具协同优化体系，以期助力中国"双碳"目标实现，促进中国低碳经济转型发展。

本书将环境规制工具类型进一步细分为命令控制型、市场激励型和公众参与型，将环境规制工具纳入一个整体分析框架，基于熵值法测度不同类型环境规制工具水平，充分考察各类环境规制工具的时空演变趋势并采用探索性空间数据分析（ESDA）考察其空间相关性。结果发现，三类不同环境规制工具水平差异显著，市场激励型环境规制工具水平正在逐步超过命令控制型环境规制工具水平，发挥越来越重要的激励作用；公众参与型环境规制工具水平最低，但在呈逐年上升趋势，意味着公众参与环境治理的意识和积极性在不断加强。三类环境规制工具在空间上均呈现显著的高－高集聚和低－低集聚特征，高－高集聚主要集中在东部地区，低－低集聚集中在中、西部地区。

本书选取全要素碳排放效率作为衡量碳减排效果的核心指标，基于"多投入＋多产出"框架，把资本、劳动和能源作为投入要素，GDP 作为期望产出，CO_2 作为非期望产出，运用非径向、非角度的超效率 SBM 模型，测算全要素视角碳排放效率，重点分析碳排放效率的时空演变特征。结果发现，样本期内省域碳排放效率经历了先下降再提高的过程，但碳排放效率整体水平偏低，跨区域差异逐渐扩大，具有较大的提升空间；ESDA 分析表明，碳排放效率高的省份大多数分布在东部地区，碳排放效率低的省份主要分布在中、西部地区，这和环境规制工具的空间集聚特征一致，为从环境规制工具视角研究碳减排提供了前提条件。

本书引入空间邻接、地理距离和经济距离三种空间权重矩阵，基于空间溢出视角实证考察不同类型环境规制工具碳减排效果的差异性以及区域异质性。由于地方政府可能会造成环境规制工具对碳排放有空间溢出效应，因此在模型中对比考察了财政分权与环境规制工具对碳排放效率的交互效应。研究表明，不同类型环境规制工具对碳排放效率产生的直接效应和空间溢出效应均具有显著差异；碳排放效率均产生显著的正向空间溢出效应，体现了"一荣俱荣，一损俱损"的特征；财政分权显著提升了本地碳排放效率，在促进碳减排方面没有产生环境规制工具的"逐底竞争"，表明促进低碳转型已经成为各地方政府的共同目标之一；产业结构和能源消费结构显著抑制了本地和周边地区的碳排放效率提升，表明调整产业结构和能源消费结构优化将是未来节能减排的重要方向；同时，技术进步显著提升了碳排放效率但产生了显著的负向空间溢出。未来结构调整和技术进步将是驱动中国经济节能减排、低碳转型以及生态文明建设的"双引擎"，要通过结构调整和技术进步释放更多的结构红利和技术红利。

本书还从协同优化角度考察环境规制工具对碳减排的治理效率并提出环境规制工具协同优化方向。首先，从不同类型环境规制工具协同视角出发，分别构建环境规制工具跨区域协同与区域内协同指标，测算环境规制工具横向协同度和纵向协同度，以区域面板和省级面板数据为研究样本，实证检验环境规制工具对碳减排的跨区域和区域内的协同治理效率。结果表明，无论是跨区域协同还是区域内协同，环境规制工具协同治理均能显著提升碳排放效率。基于此，本书从跨区域协同与区域内权责协同角度提出环境规制工具的协同优化方向；由于环境规制工具不仅能直接作用于碳减排，还可以通过其他渠道间接影响碳减排，因此，为全面探讨环境规制工具协同优化，构建空间中介效应模型，充分检验了不同类型环境规制工具通过产业政策、技术创新和外商投资三种政策对碳排放效率产生的中介效应，提出考虑三种政策下环境规制工具协同优化方向。

目　录

第1章 绪 论

1.1 研究背景及意义

1.1.1 研究背景

1. 推动低碳转型是中国经济高质量发展的内在诉求

当前，我国经济在不断优化结构、转换增长动力，高质量发展成为我国经济发展的重要导向（邵帅、范美婷、杨莉莉，2022）。党的十八大以来，党中央围绕生态文明建设进行了一系列顶层设计和部署，我国生态文明建设随之发生了历史性、转折性和全局性变化。党的十八大报告将生态文明建设纳入了"五位一体"总体布局，第一次把"美丽中国"作为我国生态文明建设的目标。党的十九大报告再次提出加快生态文明建设，要像对待生命一样对待生态环境。党的十九届五中全会提出要推动绿色发展，促进人与自然和谐共生，并在党章中增加"增强绿水青山就是金山银山的意识"等内容。"十四五"规划中对"双碳"进行了重要部署，为推进绿色低碳转型指明了方向。

毋庸置疑，低碳转型是实现这些伟大目标、落实"双碳"目标战略部署、积极参与全球环境与气候治理的必然选择，是加强生态文明建设的重要抓手。低碳转型是一项全局性、系统性工程，以减少温室气体排放为目标，以期形成低能耗、低污染的经济发展体系，这必然要求加强产业结构升级、优化能源结构、突破绿色创新技术、加强区域协调合作，促进实现经济发展和节能减排"双赢"。然而，长期以来中国粗放的经济发展模式对生态环境造成了不良影响。随着工业化和城市化进程加快，以"三高"为特征的粗放经济增长模式导致资源过度利用、能源效率不高、碳排放量与日俱增、环境污染严重，制约着经济社会的可持续发展。人类对化石能源消费产生的二氧化碳是温室气体的重要来源，二氧化碳排放量的与日俱增将导致气候变暖、海平面上升、臭氧层遭到破坏、生物种类减少、土壤干旱沙漠化等，不仅严重制约着经济可持续发展，甚至威胁着人类生存和生命（巢清尘，2017）。我国当前能源资源利用效率较低，生态环境治理成效不够稳健，产业结构不合理，能源消费结构亟待升级优化、绿色低碳技术总体水平较低，绿色发展的政策制度尚不完善，生态环境质量与人民群众日益增长的美好生活要求还有很大差距。耶鲁大学等研究单位联合发布的《2020 年全球环境绩效指数评估报告》显示，中国 2020 年环境绩效得分在 180 个国家和地区中为 37.3，居第 120 位。德国观察（Germanwatch）、新气候研究所（New Climate Institute）和国际气候行动网络（CAN）联合发布的《2020 年气候变化绩效指数》显示，中国温室气体排放绩效指数"非常低"，能源利用方面气候变化绩效指数也"非常低"。2006 年中国二氧化碳排放量高达 62 亿万吨，成为世界最大的二氧化碳排放国。2018 年，中国能源消费总量达到了 42.6 亿万吨标准煤，中国碳排放总量达到了 100 亿万吨，占世界碳排放总量的 28%。[①] 2019 年，中国国内生产总值为 990865 亿元，[②] 稳居世界第二，对世界经济增长贡献率为 30% 左右。荣鼎咨询（Rhodium Group）研究报告显示，2019 年中国温室气体排放总量相当于 139.2 亿万吨二氧化碳，煤炭消费量比重为 57.7%，工业化与城市化进程的加快也会导致能源大量消耗。面对二氧化碳排放引起的气候变化以及生态环境破坏，中国政府高度重视，积极致力于在国际上承担碳减排义务。在 2009 年哥本哈根气候大会

[①] 麦肯锡全球研究院（MGI）. 麦肯锡 2019 中国报告 [EB/OL]. (2020 – 01 – 06) [2020 – 03 – 01]. https://www. thepaper. cn/news, Detail_forward_5391968.

[②] 资料来源：中国政府网专题 "2019 中国经济年报"。

上承诺到 2020 年单位 GDP 二氧化碳排放要比 2005 年下降 40% ~ 50%，并将该目标作为约束性指标纳入了国民经济和社会发展的中长期规划。"十二五"规划中提出了我国单位国内生产总值能耗下降 16%、二氧化碳排放下降 17% 的目标。"十四五"规划纲要指出要降低碳排放强度，鼓励有条件的地区碳排放达峰，并制订了 2030 年前碳达峰的行动方案。2020 年，我国庄严承诺 2030 年左右碳排放达到峰值，单位碳强度比 2005 年下降 60% ~ 65%，非化石能源占比提高到 20% 左右（平新乔、郑梦圆和曹和平，2020）。由此可见，节能减排将是我国经济发展的重要任务，对建设资源节约型和环境友好型社会尤为关键。

2. 完善的环境规制工具体系是促进经济低碳转型的重要手段

"污染避难所"假说"逐底竞争"假说"遵循成本"假说和波特假说等理论都以环境规制工具为核心，环境规制工具是世界各国治理环境的有效手段。"经济靠市场，环保靠政府"，在社会发展中，资本逐利性和技术渐进性使人们在追求物质财富过程中不断消耗资源、破坏环境。环境因素具有公共属性和很强的负外部性特征，当环境要素进入市场后，便会产生"搭便车""外部不经济"等现象，从而导致环境被破坏，必须通过环境规制工具推动经济发展方式进行转变。而碳排放正是人类生产生活对环境产生的一种负外部性行为（高志刚、李明蕊，2020），单纯依靠市场机制会造成"市场失灵"，难以实现减排目标。因此，政府必须要介入，通过制定相关环境政策或措施对环境进行保护，促进环境与经济的协调和可持续发展。中国政府为了保护生态环境也在不断完善环境规制工具，通过相关法律、政策等控制和干预市场主体的经济行为，在实现经济发展的同时保护和改善生态环境，这是实现我国经济高质量发展和绿色可持续发展的重要手段（许慧，2014）。随着经济不断发展，公众环保意识也在逐渐增强，越来越重视环境质量，开始采取上访、举报、投诉、谈判、监督等方式制约企业的污染破坏行为（Pargal S，Wheeler D，1996；Wheeler D，2001；周海华、王双龙，2016；李强，2018）。公众参与型的环境规制工具被认为是公众环保意识的外在体现，逐渐成为环境规制工具体系中的重要组成部分（沈宏亮、金达，2020）。

目前中国基本形成了命令控制型、市场激励型和公众参与型等多种不同类型并存的环境规制工具体系。典型的命令控制型环境规制工具包括"三同时"制度、限期治理、污染总量控制、污染治理投资等；市场激励型环境规制工具包括排污费（税）、可交易排污许可证、政府补贴、碳排放交易等；公众参与型环境规制工具包括环境信访来信件数、环境信访来访人数及人大建议数、环境事件披露数、电话及网络投诉量的等。2018 年，中国提前三年实现了在哥本哈根气候大会做出的碳减排承诺目标。中国的碳减排成效显著，适度有效的环境规制工具发挥了重要作用。我国自 1973 年颁布第一部环境保护法规以来，经过不断实践，环境规制工具手段日益丰富，规制水平逐渐提升。2015 年新《环保法》正式实施，其中规定了公民、法人和其他组织享有更多的环境信息知情权和监督权，进一步保障了民众参与环境治理的权利（袁鹏飞，2020）。2018 年排污费改为征收环保税，这不仅是名称的改变，更是顺应公众日益提升的环境权益意识，以监督的方式进一步推动地方环境执法刚性，促进国家生态治理制度化。环保征税的目的是"刺激环境保护意识、提升环境保护的自觉性"。从碳排放权交易来看，国家发展改革委 2011 年批准了北京、上海、天津、重庆、湖北、广东以及深圳等七省市作为碳排放权交易试点。2013 年 6 月，深圳率先启动碳排放权交易。2021 年 7 月生态环境部发布择时启动发电行业全国碳排放权交易市场上线交易，随后上海环境能源交易所发布公告，全国碳排放权交易将在 2021 年 7 月 16 日开市。我国截至 2020 年 9 月共 2837 家重点排放单位、1082 家非履约机构和 11169 个自然人参与了试点碳市场交易。截至 2020 年 8 月末，7 个试点碳市场配额累计成交量为 4.06 亿万吨，累计成交额约为 92.8 亿元。这些试点碳交易成效为全国碳排放交易市场建设积累了丰富经验。①

3. 协同减排是落实"双碳"目标战略部署的重要途径

2020 年，习近平同志向国际社会做出了"双碳"目标的庄严承诺。"十四五"规划中对"双碳"进行了重要部署，为推进绿色低碳转型指明了方向。要实现"双碳"目标战略部署，协同减排是重要途径。

---

① 资料来源：生态环境部：《截至 8 月末我国 7 个试点碳市场累计成交量 4.06 亿吨》，见 https://www.163.com/dy/article/FNG3A6SV0514C7JA.html。

（1）中国各省份之间经济发展严重不平衡需要建立促进低碳经济发展的协同联动机制。因地域以及资源禀赋等差异，我国各省份之间经济发展不平衡，导致碳排放具有显著空间差异。从碳排放总量来看，年均碳排放较高的是山东、河北、山西和江苏，均在 6 亿万吨以上，四省份碳排放之和占全国排放量的 36.73%。山西省是我国煤炭大省，煤炭消费量在全国居于前列，产业结构调整和转型速度较慢，尽管随着经济发展水平提高，碳排放量依旧很大。从碳排放强度来看，不同省份碳排放强度存在较大差异。山西和宁夏的碳排放强度最高，分别为 15.40 万吨/万元和 16.86 万吨/万元。福建和广东碳排放强度最低，福建为 1.66 万吨/万元，广东为 1.81 万吨/万元，①北京、上海、浙江排名较为靠前。吉林省、黑龙江省、贵州省、云南省、陕西省、甘肃省、青海省、宁夏回族自治区、新疆维吾尔自治区年均碳排放总量低于全国碳排放量平均水平，但碳排放强度却居高不下。

基于地区经济发展不平衡，在以经济增长为主要政绩考核指标下，地方政府可能为了追求经济增长而放松对环境的监管，导致环境规制标准不同和对环境规制的非完全执行。因此，在"双碳"目标下，各省需要建立低碳经济协同联动机制，更需要地方政府把追求低碳经济发展作为共同的目标之一。

（2）碳排放的公共物品属性和跨域污染的特征是促进协同减排的客观基础。首先，碳排放具有的公共物品属性使得政府必须进行环境规制。碳排放产生的负外部性特征不能单纯依靠市场机制解决，容易造成市场失灵；另外，碳排放具有很强的复杂性，产生碳排放的源头也很难进行控制。因此，为有效促进碳减排，绝不能仅仅依靠政府，而更需要多元主体协同减排，多元主体主要包括企业、社会公众。不同的主体有不同环境治理诉求和自身价值判断，拥有不同的优势以及社会资源。为促进多元主体对环境的协同治理，我国明确提出了要构建"以政府为主导、企业为主体、社会组织和公众共同参与"的现代化环境治理体系，以此形成全社会力量共同推进环境治理，为推动生态环境建设和低碳转型提供了制度上的保障。其次，碳排放本身固有的流动性会造成跨区域污染，这种跨区域的流动性和溢出要求治理

---

① 笔者根据相关数据测算。

碳排放将不能仅仅依靠属地治理，而是必须建立跨区域的协同减排机制。当前我国以行政区划为界限的属地治理模式缺乏跨区域的应急协同机制和信息沟通机制，不能实现充分有效互动，不能发挥资源整合优势。同时，在跨区域碳排放治理中没有建立成本分担机制，导致有些地方政府不愿意对本地环境污染治理进行投入，产生"搭便车"现象，从而造成可能引发"公地悲剧"。因此，跨区域多元主体之间要互相沟通与谈判、协商与合作，建立协同共享的网络机制、利益分配机制等，充分发挥各地区优势，实现不同区域和不同主体之间协同互动，充分发挥各主体的功能与优势，最终实现公共利益最大化，为实现"双碳"目标助力。

（3）环境规制对碳排放的空间溢出效应有助于促进不同区域建立同步的环境规制政策，实现环境规制协同联动减排机制。各地经济发展水平不平衡导致对环境规制工具执行力度参差不齐。有些地方政府为了追求经济增长，保持自身的产业竞争优势，可能会采用较低的环境规制标准，而周边地区为了追求更高的经济增长，可能会竞相降低环境规制标准，导致形成"向底线赛跑"的恶性竞争局面，进一步加剧本地环境恶化的同时也对周边地区造成污染，不利于整体环境质量改善。同时，有些地方政府会由于和周边地区的治污责任不明确，没有形成有效的成本分摊机制而选择"搭便车"，在享受邻近地区正向外溢效应的同时，减少本地环境治理支出、减少对技术创新的需求和投入，进而抵消了环境规制对碳排放效率的正向空间溢出效应，也不利于整体碳减排。而且，污染产业会由于本地区环境规制标准较高而转向周边环境规制标准较低或监管宽松的地区，造成污染就近转移现象。因此，不同区域之间的地方政府依靠自我孤立的环境规制工具带来的减排效果可能会因为周边地区环境规制工具的负向空间溢出效应而抵消。基于此，各地区客观上需要建立同步的环境政策，并扩大环境规制的实施范围，在环境政策标准、执行和监管方面构建顺畅的协作联动机制，以期共同推动碳减排，促进"双碳"目标实现。

1.1.2　研究意义

当前中国经济迈入了"三期叠加"的经济发展新常态，更强调经济发展模式转向以生态保护为主的绿色低碳发展模式（吴伟平、何乔，2017）。在经济新常态背景下，面对资源环境约束，促进碳减排、提升碳排放效率不仅是落实"双碳"目标战略部署、积极应对气候变暖的必然选择，更是实现人类与自然和谐共生的重要途径。在经济发展方式转变、追寻经济高质量发展的背景下，不同类型的环境规制工具都会在加强生态文明建设中发挥重要作用，有效利用不同类型环境规制工具的减排作用，深入探讨异质性环境规制工具的碳减排效果并进一步发挥各种环境规制工具的优势以及协同效应，对实现美丽中国的目标具有重要意义。

1. 理论意义

（1）丰富了低碳经济转型的研究视角。一方面，环境规制工具是世界各国政府治理环境污染的重要手段，不同类型环境规制工具具有不同的作用机理和影响效应。本书对环境规制工具类型进行了有效细分和测度，充分考虑环境规制工具的异质性，同时将命令控制型、市场激励型和公众参与型三种异质性环境规制工具纳入了整体分析框架并各自构建不同的环境规制工具指标体系采用熵值法进行测度，为提出有针对性和差异化的环境规制工具政策奠定了基础。另外，本书实证考察了不同类型环境规制工具对碳减排的影响差异及区域异质性，并从环境规制工具协同优化角度考察对碳减排的治理效率，进一步探讨跨区域、区域间以及考虑其他政策下的环境规制工具如何协同优化、促进碳减排，为从环境规制工具视角促进低碳转型提供了理论和经验支持，丰富了国内环境规制工具与低碳转型的关系研究，拓展了碳减排的研究视角和路径。

（2）丰富了低碳经济的研究方法体系。首先，中国各区域经济发展不平衡，环境规制工具水平和执行力度参差不齐，且环境规制工具和碳排放效率本身具有显著的空间相关性和空间异质性。本书充分考虑了环境规制工具和碳排放效率的空间特征，基于空间溢出视角实证考察了不同类型环境规制工具对碳减排的差异性影响和区域异质性；从三个维度识别出环境规制工具促进碳减排的协同优化方向，充分发挥协同减排效应。有助于促进环境规制工具政策的区域同步性和有效性，推动建立区域环境规制工具协同机制和低碳发展的区域共同体，丰富了低碳经济研究体系。

2. 现实意义

（1）在"双碳"目标下为不同区域合理制定和选择差异化的环境规制工具政策提供了参考。不同类型环境规制工具影响作用不同，而且我国经济发展水平和资源禀赋存在严重区域不平衡。因此，在进行环境规制工具时不能盲目实行"一刀切"，要根据各地的实际情况实行差异化的环境规制工具政策，比如在东部地区，因其经济比较发达，应该侧重于选择市场激励型环境规制工具，中部和西部地区经济相对落后，应侧重于命令控制型并搭配适应市场激励型规制工具等，以充分发挥不同类型环境规制工具的正向促进作用，取长补短。

（2）节能减排的目标约束有助于发挥环境规制工具的空间协同效应。本书在探讨不同类型环境规制工具对碳减排的影响效应基础上，实证检验了环境规制工具对碳减排的协同治理效率，可以促进地方政府打破碳减排的"属地治理"模式，积极探索环境规制工具协同机制，发挥不同类型环境规制工具的协同减排效应，构建节能减排信息的共享网络，共同研究规划与实施节能减排方案，实现区域内各主体减排成本最小化，促进碳排放效率由高地区向低洼地区辐射和外溢，带动整体区域碳排放效率改善。

1.2 国内外研究现状

1.2.1 环境规制工具的理论演进及测度研究

1. 环境规制工具的理论演进

大部分学者认为环境规制工具是以负外部性理论为基础的。环境作为公共物品，具有典型的负外部性特征，而负外部性会直接导致市场失灵。外部性理论最早由英国经济学家、剑桥学派奠基者西奇威克（Henry Sidgwick）1883 年提出的，他在《政治经济学原理》一书中认识到了外部性的存在。随后，马歇尔 1890 年在其著作《经济学原理》中，第一次提出了"外部经济"的概念，意思是指一个经济主体的行为对另一经济主体行为产生了一种外部性影响，而这种影响是在双方没有任何交易的前提下发生的。1920年，马歇尔的学生庇古在其出版的《福利经济学》中将外部性进一步区分为"外部经济"和"外部不经济"，提出了"外部不经济"理论。庇古指出，环境污染者并没有为其在追求利益最大化过程中所造成的环境污染支付相应成本，从而导致私人成本小于社会成本，不足部分由社会来承担，因此无法实现社会帕累托最优，最终给社会带来危害。庇古不仅讨论了外部性问题，还讨论了政府规制方法，提出了需要通过政府干预来弥补市场失灵。当私人净边际产品大于社会净边际产品，即存在外部不经济时，国家可以征税；反之，国家可以对引起正环境外部性的行为进行奖励或者补贴，以此纠正市场失灵。很多国家的排污收费、碳排放税制度等都源自庇古手段，目的是促进成本内部化。

几十年以后，英国经济学家科斯挑战了庇古理论。原因在于庇古理论具有一定的局限性，即使在较为完善的政府规制下，依然没能有效解决工业污染负外部性问题。1937年，科斯在《社会成本问题》中探讨如何将外部性问题内部化，认为需要讨论交易成本和产权的关系，从产权角度为解决负外部性问题提供了思路。当不存在交易成本时，解决负外部性问题与初始产权无关，但当交易成本不为零的情况下，解决环境负外部性问题时需要支付一定成本，此时就需要政府规制来界定和明晰产权。科斯提供了解决外部性问题的新思路和方法，即市场机制。根据庇古和科斯的观点，形成了两种解决环境负外部性问题的思路，即排污税和排污权交易。其中排污税是政府进行直接干预，而排污权交易是通过市场机制进行调节。

后来，奥尔森（Olson）从"集体行动"角度出发，指出由于大众存在"搭便车"心理，个人行动和集体行动之间会发生冲突，环境外部性会直接导致市场资源配置失效，进而导致环境污染的个人成本与环境治理成本不一致，为了解决社会不公，在解决环境污染负外部问题上就需要政府介入进行规制。诺思（North，1991）分析了"搭便车"行为与环境外部性效应的关系，指出"搭便车"行为阻碍了制度变迁，成功的制度变迁和有效的政府规制可以解决环境污染外部性效应。日本学者植草益（1992）认为，环境规制工具的目的是解决外部因素造成的市场失灵。维斯库斯等（2010）指出，随着生产力的提高，人们逐渐对生存环境有了更高的需求和关注。

随着环境规制工具理论的发展，学术界对环境规制工具的认识也经历了一个长期的发展过程。起初很多学者将环境规制工具等同于政府规制，即政府选择法律、法规、制定环境质量标准等行政手段，限制或者禁止污染，违反者将会受到法律制裁，比如法规与禁令，避免或限制污染活动的措施。政府主导的环境规制工具在控制环境方面见效快、可靠性强，但其制定和实施成本较高、效率低、激励效果差。随着环保形势和市场经济的发展，政府又逐步尝试采用了环境税收、环保补贴以及押金返还制度等市场化手段，人们发现这些手段也具有环境规制工具功能。因此，环境规制工具的含义再次得到拓展。1972 年，经济合作与发展组织（简称经合组织，OECD）颁布了"污染者付费"原则，于是这些国家开始采用产品税、可交易排污许可证、押金—返还等措施进行环境治理。在 1987 年，OECD 成员国便创造出经济工具约 150 项，其中 80 项左右为环境税或费，40 项为环境补贴。这些实践更新了学术界对环境规制工具的定义，认为环境规制工具是政府综合采用行政干预等措施和市场激励等经济手段，对污染企业污染行为进行干预，并从行政命令开始逐渐转向有效借助市场化手段发挥市场的调节作用，以此实现环境保护与经济之间的平衡发展。20 世纪 90 年代以来，环境污染出现了多因性、复杂性等特征，人们环保意识逐渐提高，更加意识到解决环境问题需要居民、社区、企业等多方共同参与治理，于是来自民众和非政府组织对环境规制工具的参与行为逐渐增多，自愿性规制手段越来越普遍。学者们将企业的一些自发行为和公众对企业施加的压力纳入环境规制工具的范畴，生态标签、环境认证、自愿减排协议、自愿到政府认证绿色产品标志、环境信访、举报监督等陆续出现，即自愿性环境规制工具。

在环境规制工具演进过程中，一方面基于原有环境规制工具的弊端和缺陷，新的规制工具不断被人们发现并创造出来。同时，为了适应现实的需求，原有规制方式也在不断改进和完善，灵活性和实用性在不断加强。

2. 环境规制工具的选择及测度

如何选择和测度环境规制工具一直是学者们比较关心的问题，对环境规制工具的选择和测度方法不同，会直接导致实证结果不同。世界银行把环境规制工具分成了利用市场型、创建市场型、环境管制型、公众参与型四类。近年来，国外有些国家更重视环境治理中的经济性、环境治理目标、技术创新以及政府、企业、社会公众共同参与的多主体合作机制，很多环保组织不断涌现，自愿性协议方式以及推动环境信息公开等方式逐渐增加。

（1）在环境规制工具的选择方面。韦茨曼定理贡献明显，1974 年，哈佛大学教授韦茨曼（Weitzman）最先分析了以税收和收费为代表的价格型环境规制工具和以可交易排污许可或限额为代表的数量型环境规制工具的不对称性，阐明了在污染控制成本不确定时如何选择环境规制工具，指出环境规制工具类型的选择主要取决于边际污染收益曲线和边际污染成本曲线的相对斜率。后来又有学者对不同环境规制工具的效果进行对比。鲍莫尔和奥茨（Baumol and Oates，1974）对实施排污收费与命令型环境规制工具结果进行了对比，发现排污收费具有更明显的优势，后又将可交易排污许可与命令型环境规制工具结果进行对比，认为实施可交易许可和排污收费一样具有优势。科恩（Kohn，1991）分析了政府补贴和排污税两种规制工具的效果，认为前者会增加企业利润，减缓企业退出速度，但会间接提高污染排放总量；而后者会增加企业成本，减少企业利润，加快企业退出速度，但最终会在一定程度上减少污染排放总量。学者们分析了排污权交易和排污税以及环保标准等对技术创新的影响，认为前两者激励作用最高，能有效促进污染治理技术的研发和运用。[①] 因此，从动态发展角度来看，基于市场激励的环境规制工具会进一步刺激了更有效、更低成本排污技术的发展。

国内学者也对环境规制工具的选择展开了很多研究，比较常见的分类包括命令控制型环境规制工具和市场激励型环境规制工具[②]、正式环境规制工

---

① Millimen S，Prince R. Firm Incentives to Promote Technological Chang in Pollution Control ［J］. Journal of Environmental Economics and Management，1989（16）：156 – 166.

② 赵红. 外部性、交易成本与环境管制——环境管制政策工具的演变与发展 ［J］. 山东财政学院学报，2004（6）：20 – 25；Li B，Wu S. Effects of Local and Civil Environmental Regulation on Green Total Factor Productivity in China：A Spatial Durbin Econometric Analysis ［J］. Journal of Cleaner Production，2017，153：342 – 353.

具与非正式环境规制工具①、公众参与型环境规制工具。② 申晨（2018）探讨了命令控制型规制手段、基于经济激励方式下"利用市场""建立市场"的环境政策工具对绿色创新的影响。近年来，学者们又对环境规制工具进行了多种划分。刘学民（2020）将环境规制工具分成政府环境规制工具、企业环境规制工具和消费者环境规制工具。曹世波（2020）将环境规制工具分为自发式、经济式和命令式，对比分析了其对绿色技术创新的影响机理和效应。班斓、刘晓惠（2021）提出一种新的分类方法，按照污染源的异质性把环境规制工具分为复合污染、空气污染、水污染、固体污染和噪声污染环境规制工具五个种类。李瑞前和张劲松（2020）将环境规制工具分为命令型、市场型和非正式三类，但是他们采取的非正式环境规制工具代理指标实质上属于公众参与型规制。藏家宁（2021）研究了命令控制型环境政策、市场经济型环境政策和社会参与型环境政策的环境治理效应。高明和陈巧辉（2019）、杨盛东等（2021）将环境规制工具分为命令控制、市场激励（经济激励）与自愿意识三种类型。孙帅帅等（2021）分析了命令控制型、市场激励型和公众自愿型三类环境规制工具的时空变化特征以及对碳排放的影响时空异质性。尽管对环境规制工具的分类众多，但大部分都围绕命令控制型、市场激励型和公众参与型、自愿意识型展开研究。

（2）在环境规制工具测度方面。有些学者直接用单一指标作为环境规制工具的替代变量。有学者认为能源消耗可以很好地反映环境规制工具的实施效果，因此采取能源利用率衡量环境规制工具（Sonia Ben Kheder，Natalia Zugravu，2008）。达斯古普塔等学者（Dasgupta S，Mody A，Roy S，Wheeler D，2001）通过研究发现收入水平与环境规制工具强度呈明显相关性，收入水平高，环境规制工具强度就高，因此用收入水平衡量环境规制工具。也有学者在研究中采用的是人均 GDP 作为环境规制工具衡量指标（Antweiler W，Copeland B R，Taylor M S，2001）。还有些学者通过计算环境规制工具成本

---

① Kathuria V, Sterner T. Monitoring and Enforcement：Is Two-Tier Regulation Robust？A Case Study of Ankleshwar, India ［J］. Ecological Economics, 2006, 57（3）：477 – 493.

② 张江雪，蔡宁，杨陈. 环境规制工具对中国工业绿色增长指数的影响 ［J］. 中国人口·资源与环境，2015，25（1）：24 – 31；张国兴，冯祎琛，王爱玲. 不同类型环境规制工具对工业企业技术创新的异质性作用研究 ［J］. 管理评论，2021（33）：92 – 101.

来测度环境规制工具强度。通过不同的污染物种类计算平均环境污染费用
（Christer Ljungwall，Martin Linde，2005），以此作为衡量环境规制工具强度
的指标，环境污染费用越高，环境规制工具力度越强。埃德林顿和迈尼尔
（Ederington and Minier，2003）、莱文森和泰勒（Levinson and Taylor，2008）
分别采用美国减污运营成本占总成本的比重和占业附加值的比重为基础衡量
环境规制工具。国内学者沈能（2012）、王旻（2017）也采用治污支出占企
业支出的比重衡量。还有学者采用环境污染治理投资额或者工业污染治理投
资额来衡量环境规制工具水平。比如史青（2012）选取了工业污染治理投
资额占工业增加值比例、工业污染投资额与规模以上工业主营成本的比值作
为环境规制工具的替代指标，而范旭等（2021）选取环境污染治理投资额
与地方 GDP 的比重来衡量环境规制工具。莱文森（Levinson，1996）、李珊
珊和马艳芹（2019）采用排污费收入占当地 GDP 的比重来衡量环境规制工
具。鲍莫尔和奥茨（Baumol and Oates，1971）对实施排污费与命令型环境
规制工具结果进行了对比，发现排污收费具有更明显的优势。戴辉（1999）
分析了可交易排污许可与税收的激励效果，发现优于直接管制。维勒加斯和
科里亚（Villegas and Coria，2010）也探讨了排污税和可交易排污许可对企
业激励的影响。李永友（2008）考察了排污费、环保补助和环保贷款三种
工具的减排效果，发现污染收费对污染减排起到了积极的作用。李青原等
（2020）采用排污费和环保补贴作为两种不同规制工具进行对比分析。有学
者采用环境立法和行政法规数量衡量。国外有学者采用地方政府颁布的法令
数量度量。① 国内学者，比如彭星、李斌等（2013）采用各地区环境标准颁
发个数、李树等（2014）分别采用各地区每年颁布的环境法规数和环境规

---

①　Xu X, Song L. Regional cooperation and the environment：Do "dirty" industries migrate？［J］.
Weltwirtschaftliches Archiv, 2000, 136（1）：137 - 157；Antweiler W, Copeland B R, Taylor M S. Is
Free Trade Good for the Environment？［J］. American Economic Review, 2001, 91（4）：877 - 908；So-
nia Ben Kheder, Natalia Zugravu. Tne Pollution Haven Hypothesis：A Geographic Economy Model in a Com-
parative Study［C］. Working Papers, 2008；Dasgupta S, Mody A, Roy S, Wheeler D. Environmental
Regulation and Development：A Cross-Country Empirical Analysis［J］. Oxford Developent Studies, 2001,
29（2）：173 - 187；Christer Ljungwall, Martin Linde. Environmental Policy and the Location of Foreign
Direct Investment in China［C］. Peking University Workong Paper, 2005；Mac A, Rjre B. Determining the
Trade—Environment Composition Effect：The Role of Capital, Labor and Environmental Regulations［J］.
Journal of Environmental Economics and Management, 2003, 46（3）：363 - 383.

章数衡量环境规制工具，马国群（2021）也选取环境保护政策数量作为环境规制工具的替代指标。

但是单一指标具有片面性，不能反映环境规制工具整体发展水平。所以有些学者逐渐尝试选取多个指标对环境规制工具进行综合测算。傅京燕等（2010）用废水的排放达标率、二氧化硫（SO_2）去除率等 5 个单项指标，采用综合指数评价方法测度了不同行业的环境规制工具强度。万光彩等（2019）、朱金生（2019）选取工业行业废气治理设施运行费用与废气排放量的比值、废水治理设施运行费用与废水排放量的比值、固体废弃综合利用率 3 个指标，采用熵值法构建了工业行业环境规制工具强度综合指标测度环境规制工具强度。陈志刚等（2022）选取废水、废弃和工业粉尘 3 个单项指标来综合衡量环境规制工具强度。

上述测度方法中，单一指标测度方法由于指标的单一性导致无法全面综合衡量和表征环境规制工具强度，导致测度结果具有片面性，如果指标选取不合适，结果可能会出现偏差。政策文本量化法属于主观赋值法，主要通过专家对政策进行打分的方式量化分值，具有很大的主观性。相比之下，综合评价法一般选取多个指标，并采用熵值法、因子分析法等构建综合评价指标体系，通过赋予指标不同权重计算环境规制工具强度，解决了单一指标和政策文本量化法的弊端。

1.2.2 碳排放效率的相关研究

1. 碳排放效率的测度方法

近年来，随着经济发展带来的生态环境污染与破坏问题，碳排放效率的研究受到国内外学者广泛关注。但当前学术界对碳排放效率定义并没有统一的认识。纵观已有文献，大多数学者都是从单要素和全要素两个视角对碳排放效率进行定义和测度。

（1）单要素视角下的碳排放效率。从单要素视角界定碳排放效率一般是计算两个要素的比值，但是变量选取存在差异。目前衡量碳排放效率的单要素指标主要有碳生产率、碳排放强度、碳指数和人均二氧化碳排放量等。

其中，碳生产率是卡亚和横掘（Kaya and Yokobori，1993）首次定义并提出的，他认为碳排放效率就是基于经济绩效的碳生产率，是一段时期内国内生产总值（GDP）与碳排放量的比值。山治等学者（Yamaji K，Matsuhashi R，Nagata Y et al.，1993）也将二氧化碳（CO_2）排放总量与 GDP 的比值定义为碳生产率，并以此研究了日本的碳排放水平。随着经济发展和全球气候变暖，碳排放强度的测算及研究逐步被重视起来。何建坤教授（2004）把碳排放强度作为温室气体的衡量指标，开始对碳排放强度展开了研究。孙建伟（Sun，2005）也对碳排放强度进行了探讨，把碳排放强度定义为单位 GDP 的二氧化碳排放量，认为碳强度可以有效评价一个国家或地区的碳减排效果。

上述碳生产率与碳排放强度之间互为倒数，都是典型的单要素视角指标。碳排放强度从环境角度考虑减少碳排放，而碳生产率从经济的角度考虑减少碳排放。碳排放强度是一个逆向指标，即碳强度越高，表明碳排放效率越低。而碳生产率则为一个正向指标，值越大越好，主要强调节能减排的重要性，具有视角的独特性和创新性，利于促进低碳经济的发展。麦肯锡咨询公司曾在 2008 年发布了一个题为《碳生产率挑战：遏制全球变化保持经济增长》的报告，也把碳生产率定义成单位 CO_2 排放的国内生产总值产出。[①] 随后，国内很多学者也开始采用碳生产率衡量碳排放效率。何建坤（2009）、汪中华等（2017）、王康（2019）也都采用了碳生产率作为测算碳排放效率的指标。

除了碳生产率和碳强度之外，还有碳指数指标。米尔尼克和戈德堡（Mielnik and Goldemberg，1999）首次提出了碳指数指标，即单位能源消耗的碳排放量，用碳排放总量与能源消费总量二者的比值表示，以此评价和衡量发展中国家在经济发展和应对能源消耗、气候变化方面所做的贡献。有学者把能源强度定义为单位 GDP 的能源消耗量，研究气候变化时发现能源强度与二氧化碳的变化情况几乎一致，所以将能源消费强度作为衡量碳排放绩效的指标（Ang B W，1999）。但是碳指数不能反映经济产出，因此，学术界使用该指标来表征碳排放效率的较少。

---

① Beinhocker E，Openheim J，Irons B et al. The Carbon Productivity Challenge：Curbing Climate Change and Sustaining Economic Growth［EB/OL］. http：//www. mckinsey. com/mgi，2008.

　　由此可见，碳生产率、碳强度和碳指数三个指标均立足碳排放量，因为发达国家碳排放技术较高，经济发展水平也较高，因此采用碳生产率衡量碳排放效率更为有利。而发展中国家碳排放技术水平较低，经济发展较为落后，采用以能源消费量为基础的碳指数更有利。此外，有学者研究发现工业化累计的人均碳排放量和单位 GDP 排放量更能体现公平合理，能有效测度碳排放绩效（Zhang Z，Jiansheng Q U，Zeng J，2008）；并通过实证分析发现人均单位 GDP 碳排放量可以综合反映人口、经济和碳排放三者之间的内在关系（Zhang X P，Cheng X M，2009）。

　　综上所述，单要素视角下表征碳排放效率的指标比较容易计算和理解，但衡量指标具有多样化无法统一，更重要的是忽视了经济发展、能源消费等多种因素的共同影响。碳排放效率是经济活动中的一种投入产出效率，[①] 是资本、劳动力和能源消费等共同作用的结果，应考虑多种投入要素和产出要素进行测算才更为合理和准确。

　　（2）全要素视角测算碳排放效率。全要素视角下测算碳排放效率主要有参数估计法（SFA）和非参数估计法（DEA）。其中 SFA 需要构建参数性生产函数，并通过参数估计和显著性检验测算效率。[②] 部分国内学者也采用 SFA 展开研究，孙慧等（2013）构建 SFA 模型测度并评价了中国西部地区的碳排放效率。雷玉桃、杨娟（2014）采用 SFA 模型测算了区域碳排放效率并进行了差异分析，从区域协同视角提出了提升碳排放效率的对策。张金灿、仲伟周（2015）采用随机前沿方法构建 SFA 模型，对中国省份碳排放效率进行测算。采用 SFA 方法测算效率，最大缺陷在于不能解决变量之间可能存在的共线性问题，且受限于需要构建生成函数，导致无法测量不能建立生产函数的效率。与此相比，DEA 方法不需要构建参数之间的生产函数，也不需要对参数进行估计，适合的数据类型也较多，应用范围更广。

---

　　① Aigner D，Lovell C，Schmidt P. Formulation and Estimation of Stochastic Frontier Production Function Models ［J］. Journal of econometrics，1977，6（1）：21 - 37.

　　② Meeuse W，Van den Broeck J. Efficiency Estimation from Cobb-Douglas Production Functions with Composed Error ［J］. International Economic Review，1977，18（2）：435 - 444；Battese G E，Coelli T. Frontier Production Functions，Technical Efficiency and Panel Data：With Application to Paddy Farmers in India ［J］. Journal of Productivity Analysis，1992，3（7）：18 - 22.

随着数据包络分析法（DEA）在能源环境领域的广泛应用，DEA 逐渐成为各学科领域中测算效率的主流方法，更多学者将 DEA 纳入全要素视角研究碳排放效率。扎伊姆和塔斯金（Zaim and Taskin，2000）将碳排放定义为非意合产出，提出了碳排放综合绩效指数的概念，并将该指数应用于 OECD 国家研究中。佐菲奥和普列托（Zofio and Prieto，2001）也同意这种观点，构建了包含非期望产出的 DEA 模型，在此基础上综合评价了制造业的碳排放效率。拉马纳坦（Ramanathan，2002）研究发现，把碳排放效率并入能源消费、经济发展和碳排放框架中测算和分析才具有全面性以及合理性。马克伦德和萨马科夫利斯（Marklund and Samakovlis，2007）采用 DEA 方法，通过构建方向距离函数估算了欧盟成员国的碳减排成本。还有学者通过 MCPI 指数测度了世界碳排放量排名前 18 位的国家的碳排放效率，并分析了其变动趋势（Zhou P，Ang B W，Han J Y，2010）；学者们从产业的度采用 DEA 方法分析了中国工业部门碳排放效率（Wang B，Lu Y，Yang Y，2013）；并构建 RAM-DEA 模型对中国工业部门碳排放效率进行测算，研究发现大部分行业碳排放效率很低（Meng M，Fu Y，Wang T et al.，2017）。马大来（2015）采用 DEA 方法测算了中国各区域全要素碳排放效率，并对碳排放效率进行了空间聚类和收敛性分析。王墨等（2017）构建三阶段 DEA 模型对山东省 17 个地市碳排放效率进行了测算并展开集聚分析。李珊珊、马艳芹（2019）基于全要素视角测算了中国省份碳排放效率并从环节规制视角研究对碳排放效率的影响。王兆峰、杜瑶瑶（2019）构建了 SBM-DEA 模型，分析了湖南省碳排放效率的时空差异和影响因素。王少剑、高爽、黄永源、史晨怡（2020）基于全要素视角构建超效率 SBM 模型测算了中国城市碳排放绩效。王钰萱（2020）运用 DEA 模型从静态与动态两个角度计算、分析中国农业碳排放效率的特征和影响因素。董锋等（2021）基于三阶段 DEA 测算并分析了碳排放效率。可见，基于全要素视角分析碳排放效率的学者越来越多。

2. 碳排放效率的影响因素

关于碳排放影响因素的研究成果比较丰硕，大多数学者认为，经济水平、人口规模、能源结消费构、能源强度、技术创新、产业结构等都在不同程度地影响碳排放。当前对碳排放影响因素的分析方法主要包括指数分解法、构建计量经济模型分析法。

（1）采用指数分解法。利用 Divisia 指数分解分析法对亚洲 12 国的电力行业碳强度进行研究视为对碳强度研究的开始，发现造成亚洲 12 国碳排放强度的主要原因是燃料能源强度（R. M. Shrestha，1996）。有学者采用迪式指数法对中韩两国碳排放影响因素和中国工业部门能源消费二氧化碳排放进行了分解研究，并采用费雪指数法对分解了韩国碳排放强度的影响因素，发现能源结构、经济增长和产业结构是影响碳强度变化的重要因素（Ang et al.，1998）。有学者采用 AWD 对 OECD 国家生产部门 20 年的碳排放强度变化因素进行分解，发现能源强度和能源价格是影响碳强度变化的重要因素（Greening L A，Davis W B，Schipper L，1998）；采用 AWD 对中国碳强度影响因素进行分析，也发现能源强度对碳强度变化产生了重要影响（Fan Ying，Liu Lancui，Gang Wu et al.，2001）。有学者利用 IPAT 指数分解法把碳排放的影响因素分解为能源强度、能源结构和人口规模等五个因素，研究显示能源强度可以有效抑制碳排放强度（Brizga J，Feng K，Hubacek K，2013）。后来瓦尼诺（Vaninsky）提出了一个新的指数分解框架——广义迪氏指数分解法（GDIM），该方法能更全面准确地量化各因素对碳排放的贡献大小。① 还有学者采用 Vaninsky 提出的广义迪氏指数分解法研究碳排放影响因素（Wang W W，Liu R，Zhang M，Li H N，2013）。邵帅等（2017）首次采用广义迪氏指数分解法对中国制造业碳排放变化的影响因素进行了分析，发现投资规模是导致制造业碳排放增加的首要因素，而投资碳强度和产出碳强度是可以减少碳排放。尹洁婷、闫庆友（2017）采用广义迪氏指数分解法研究了京津冀碳排放的主要影响因素并量化了各因素的贡献率，研究发现经济发展对京津冀碳排放增长贡献最大。

（2）构建计量模型分析法。不同的计量模型在变量选取、参数估计方法上存在显著差异，从而导致实证分析结果不同。当前主要的计量模型包括

---

① Vaninsky A Y. Economic Factorial Analysis of Emissions：The Divisia Index with Interconnected Factors Approach ［J］. International Journal of Social，Behavioral，Educational，Economic，Business and Industrial Engineering，2013，7（10）：2772 – 2777.

IPAT 模型、STIRPAT 模型、投入产出模型、面板门槛模型、空间计量模型等。欧立希和霍尔德伦（Ehrlich，Holdren，1971）首次提出了 IPAT 模型，分析了人口规模、人均收入、技术水平三者对碳排放产生的影响。迪茨和罗莎（Dietz，Rosa，1997）构建 IPAT 模型，对 111 个国家碳排放影响因素进行分析。王娟（2019）采用乘法对数平均迪氏指数（LMDI）分解法研究了碳排放系数、能源强度和产业结构等对中国工业碳排放强度变化的影响。李健等（2019）以三大经济圈为研究对象，运用非期望产出 SBM 模型、Malmquist 全要素生产率指数模型分析了碳排放效率特征和差异。王兆峰等（2019）采用超效率 SBM-DEA 模型和 Malmquist 指数对湖南省 14 个市（州）碳排放效率和环境效率进行了测度和空间差异分析。李志学等（2019）从驱动因素和制动因素两方面建立了碳减排效率影响因素框架。崔和瑞等（2019）构建动态面板模型研究中国区域碳排放效率，发现人均 GDP 与产业结构对碳排放强度具有显著正向效应，研发投入具有显著负向作用，人口、能源结构、外商直接投资没有产生显著作用。黄和平等（2020）借助 SBM-Undesirable 模型对江西省农用地生态效率进行测度并分析其时空差异特征，运用 Tobit 模型考察相关因素。刘淑花等（2021）基于 STIRPAT 模型分析了黑龙江省的碳排放驱动因素。王喜等（2021）研究发现影响我国碳排放的主要因素包括碳强度、产业结构以及经济发展水平等。有学者还构建了系统 GMM 动态面板数据模型分析了人均 GDP、产业结构、城市化水平、外贸依存度以及能源消费结构等因素对碳排放的影响;[1] 对碳排放绩效进行的比较分析表明技术进步对碳排放效率有显著提升作用。[2] 罗摩克里希纳（Ramakrishnan R，2006）分析了能源消费因素对碳排放效率的影响。卡森（Cason，2003）主要分析了排放权交易对碳排放效率产生的影响。阿尔博诺兹等（Albornoz et al.，2009）分析了外商直接投资对碳排放效率的影响，发

---

[1] 王世进，周敏. 我国碳排放影响因素的区域差异研究 [J]. 统计与决策，2021（2013 – 12）：102 – 104；丁胜，温作民. 长三角地区碳排放影响因素分析——基于 IPAT 改进模型 [J]. 2021（9）：106 – 109.

[2] Mian，Yang，Dalia et al. Industrial Energy Efficiency in China：Achievements，Challenges and Opportunities [J]. Energy Strategy Reviews，2015（6）：20 – 29；Wang C. Decomposing Energy Productivity Change：A Distance Function Approach [J]. Energy，2007，32（8）：1326 – 1333.

现技术溢出具有正向影响。李珊珊等（2019）从环境规制工具视角构建门槛模型，分析了其对全要素碳排放效率的政策效应。王鑫静等（2020）基于全球 118 个国家，构建 STIRPAT 模型探究了不同等级城镇化水平对碳排放效率的影响机理，结果发现科技创新水平、人均 GDP、信息化水平都能显著提升碳排放效率，城镇化水平、工业占比和对外开放度却显著抑制了碳排放效率的提升。金娜等（2021）构建 SBM 模型，采用 SDA 与 GWR 等方法，分析了江苏省碳排放效率空间格局及驱动因素，研究发现城镇化水平和能源消耗强度对碳排放效率的空间差异性影响在逐步增强，技术创新的影响效应越来越明显。

通过对上述文献梳理发现，基于全要素视角构建模型对碳排放效率进行测算和分析更全面和科学。全要素视角下，碳排放效率表现为一个综合性的指标，指标选取具有更强的合理性和研究价值，是将资本、劳动、能源等多种要素投入生产后共同作用的结果，充分考虑了经济、能源和环境的关系，需要建立专门模型，要借助计量软件进行运算。通过对影响因素分析发现，技术进步和结构因素是对碳排放产生重要影响的因素。此外，外商直接投资、城镇化水平、对外开放度、对外贸易依存度等也会对碳排放产生影响。

1.2.3 环境规制工具影响碳排放效率的相关研究

1. 环境规制工具对碳排放的影响

二氧化碳作为典型的公共产品，具有很强的负外部性，单纯靠市场机制无法有效解决，必须要借助环境规制工具。环境规制工具可以通过优化产业结构、促进技术创新、优化资源配置等发挥作用，在实现保护生活环境的同时促进社会、经济、环境良性可持续循环发展。"污染天堂"假说、"竞争到底"假说、"遵循成本"假说和波特假说都以环境规制工具为核心。[①] "污染天堂"假说的观点是，本国或本地区环境规制工具比较严格，因此污

---

① 刘学民. 环境规制工具下雾霾污染的协同治理及其路径优化研究 [D]. 哈尔滨：哈尔滨工业大学，2020.

染密集型企业会倾向于搬到环境规制工具较宽松的国家或地区；"竞争到底"假说认为，有些国家或地区为了提升当地经济发展水平，提升政绩，会竞相降低环境规制工具标准避免相关行业竞争力受损，进而吸引更多外商投资；"遵循成本"假说认为，严格的环境规制工具会将污染外部性内部化，增加企业的生产成本，从而挤占技术创新资金，抑制企业创新，降低企业竞争力；而波特假说认为，合适的环境规制工具水平可以有效激发企业技术创新积极性，实现"创新补偿效应"弥补企业"遵循成本"带来的成本增加，长期看能促进企业竞争力提升。环境规制工具体系是中国环境管理制度中最重要的政策体系，但环境规制工具真能促进碳减排，推动低碳转型吗？关于环境规制工具对碳排放的影响，现有研究文献存在"绿色悖论"与"倒逼减排"两种截然不同的观点。

（1）"绿色悖论"效应。"绿色悖论"的概念指出了环境政策所存在的缺陷，并总结了出现"绿色悖论"的三种机制。随后出现了大量学者研究"绿色悖论"是否存在以及作用机理。[①] 格林斯通（Greenstone，2001）利用制造业企业数据，分析了环境规制工具对污染密集型企业的行为所产生的影响，结果发现严格的环境规制工具会抑制污染密集型企业发展，对污染减排不利。格雷（Gray，2003）研究发现如果企业的生产技术、资源和市场需求等不发生变化，则提升政府的环境规制工具水平会增加企业的服从成本，进而限制企业进行技术改进和创新。王艳丽等（2016）研究发现环境规制工具太严格会导致高耗能、高污染企业转移到环境规制工具较低的地区，产生"污染避难所"效应。蓝虹等（2019）采用门槛面板模型，分析环境规制工具对碳排放绩效的门槛效应，研究发现我国区域碳排放绩效呈 U 形特征，环境规制工具对碳排放绩效存在双门槛效应，目前发挥着"绿色悖论"效应。李菁等（2021）研究发现在中、低技术创新水平区，正式环境规制工具的"绿色悖论效应"会占主导地位。

（2）"倒逼减排"效应。与"绿色悖论"效应观点相反，有些学者认为环境规制工具对碳排放效率会产生"倒逼减排"效应。克劳迪娅·凯姆

---

① Sinn H W. Public Policies Against Global Warming：A Supply Side Approach ［J］. International Tax Public Firiance，2008（15）：360 – 394.

弗特（2009）反对"绿色悖论"，他认为石油总储量是有限的，还认为能源需求与价格相互独立，他认为"绿色悖论"不存在。柯尔等（Coler et al.，2005）以英国工业污染排放数据为研究样本，实证考察了环境规制工具对污染排放的影响，发现正式的环境规制工具与非正式的环境规制工具都对降低污染排放起到了正向促进作用；布莱克曼等（Blackman and Kildegaard，2010）采用墨西哥的环保数据分析了环境规制工具对企业技术创新的影响，结果发现环境规制工具抑制了技术创新，增加了污染的排放。马可尼（Marconi，2012）利用中国和欧盟14国1996～2006年的数据，比较分析了环境规制工具对污染密集型企业的减排效应，发现具有显著正向作用。一些中国学者研究发现地方政府如果提升环境规制工具标准，就可以抑制高耗能、高污染企业的污染排放并有效刺激进行技术创新和升级，国内学者大多认为提升环境规制工具强度会产生"倒逼减排"（Zhu S J，He C F，Liu Y，2014）。随着非正式环境规制工具的逐渐发展，很多学者开始对非正式环境规制工具的减排效果展开研究。张华等（2020）研究发现非正式环境规制工具即环境信息公开有助于降低碳排放水平。董直庆等（2021）研究了碳排放权交易对碳排放的影响，研究发现碳排放权交易政策可以降低本地碳排放。汪明月等（2022）环境规制工具对废水减排工艺改进能够起到促进作用。非正式环境规制工具作为正式环境规制工具的补充，会发生越来越重要的作用。

（3）影响方向具有不确定性。张华和魏晓平（2014）研究发现，环境规制工具与碳排放之间呈现U形特征，即随着环境规制工具强度的不断增加，其对碳排放的影响将从"绿色悖论"效应过渡到"倒逼减排"效应，后来张华又分别采用静态和动态的空间模型分析环境规制工具对碳排放绩效的影响作用，发现环境规制工具与碳排放绩效存在显著的倒U形关系，就是说随着环境规制工具强度增加，其对碳排放绩效影响效应会从创新补偿变为"遵循成本"。于斌斌等（2019）采用城市面板数据，建立动态空间面板模型，分别检验了环境规制工具的"污染减排"和"提质增效"效应，发现城市环境规制工具具有"只减排、不增效"的经济效应以及空间溢出效应的结论。王少兵（2020）研究发现环境规制工具通过规模效应和技术效应显著减少了城市碳排放量，但是结构效应的影响是不确定的。众多学者研究表明，环境规制工具对碳排放的影响是非线性的，而且存在拐点。

2. 环境规制工具对其他方面的影响效应

当前围绕环境规制工具实证研究还体现在对技术创新、产业结构、外商直接投资等方面。

在环境规制工具对技术创新的影响方面，研究主要围绕"创新补偿效应"和"遵循成本"效应展开。研究发现合理的环境规制工具可以促进企业提高技术水平，激发企业创新能力（Porter and Linde，1995）。也有研究表明环境规制工具对企业技术创新具有刺激作用。其中，碳排放权交易作为市场激励型环境规制工具政策，能够有效激励绿色创新，促进绿色经济增长（廖文龙、董新凯和翁鸣等，2020）。然而，有学者认为环境规制工具的应用会增加企业的生产成本、挤占技术研发资金、降低企业竞争优势，进而抑制企业技术创新（Gray W B，Shadbegian R J，2003）。同时，研究也发现提高政府规制水平不利于企业技术创新，不利于促进污染减排，反而会在生产利润最大化目标下增加企业污染产出和排放（Funfgelt and Schulze，2016）。

在产业结构方面，由于环境规制工具对经济增长的影响体现为"遵循成本"与创新补偿，学者对于环境规制工具与产业结构关系也存在两种不同的观点。一种是基于"遵循成本"的静态分析，该观点认为企业为了治理环境而进行污染治理投资会挤占技术资金，增加企业成本压力，不利于产业结构优化。郑晓舟等（2021）以十大城市群为研究样本，也得出了类似结论，发现环境规制工具会限制企业经济行为，不能促进产业结构优化。随着研究不断深入和发展，学者们开始突破静态分析，逐渐从动态和长期的角度考察环境规制工具与产业结构的关系。因此，另一种观点就是基于波特假说的动态分析，该观点认为合理的环境规制工具在长期会激发企业技术创新，可以弥补企业的环境治理成本，而且可以产生更多的"增值"，对企业会产生创新补偿效应，从而有利于产业结构升级和调整（Stavins R N，2007）。同时，企业的创新补偿效应会抵消成本效应，进而促进产业环境与经济"双赢"，提升国际竞争力。环境规制工具还能带动绿色创新，进而推动产业结构升级，绿色创新在环境规制工具促进产业结构升级中发挥了部分中介作用（汪发元、何智励，2022）。但也有学者发现环境规制工具对产业结构的影响存在不确定性（郭然，原毅军，2020），正式的环境规制工具不利于产业结构合理化，对产业结果的影响结果呈 U 形特征，而非正式的环境规制工具对产业结构的影响方向也不一样（张倩，林映贞，2021）。

在外商直接投资方面。环境规制工具对外商直接投资的影响主要集中在"污染避难所"效应和"污染光环"效应两个方面。"污染避难所"假说最早由沃尔特和乌格洛（Walter and Ugelow，1979）提出，他们研究发现自由贸易造成污染型产业从环境规制工具标准严格的发达国家向环境规制工具标准较低的发展中国家进行转移，导致这被转移的国家成为污染的天堂。还有一种是"污染光环"假说，这种观点认为在对外投资过程中，外资企业使用的先进清洁技术以及环境管理体系会向东道国外溢，进而对东道国的环境产生有利影响。安特韦勒等人（Antweiler et al.，2001）把贸易环境效应划分为规模效应、技术效应和结构效应三种，基于此构建理论模型分析发现空气中的 SO_2 浓度随贸易开放度增加而下降，表明贸易增长利于改善环境。张倩倩等（2019）以工业行业面板数据为研究样本，探究了环境规制工具下 FDI 对环境质量的影响效应和作用机制在不同行业的变化差异，研究发现了在不同行业会出现不同的两种效应。张丹等（2021）构建动态空间面板模型研究发现，经济激励型和自愿意识型环境规制工具增强有利于清洁型外资流入，发挥了"污染光环"效应，进而抑制环境污染。钟学思等（2019）构建模型研究表明，环境规制工具对外商投资有正向促进作用。

1.2.4 协同治理的相关研究

协同治理理论是自然学科中的协同论和社会学科中的治理理论综合而成的一种新兴交叉理论，可以很好地解释社会系统协同发展。随着国家治理现代化进程不断推进，协同治理因其可以应对复杂性和系统性的治理困境而成为很多国家用来完善公共服务供给的有效根据。20 世纪 90 年代以来，协同治理理论在经济领域得到了广泛应用。协同治理就是使相互冲突或者不同利益者能够协调并共同采用联合行动的持续的过程，既包括正式制度和规制也包括非正式制度安排，主要强调多元主体间需要进行集体行动，并且相互配合与协调，充分发挥协调治理优势并实现共同利益。

国外关于协同效应的研究较早也比较深入。1971年德国科学家哈肯提出协同学，认为在自然界和社会中都存在有序或者无序的普遍现象，而且二者可以互相转化。[①] 如果在一个系统内，各子系统或者要素不能协同，则一定会出现无序状态，将很难发挥整体功能和效果，而且还有可能产生负面影响。但如果系统内各子系统或要素之间可以有效协同，则不仅会促进整体功能的发挥，还会产生正向集体效应，这就是协同效应。

此后国内外众多学者对协同治理展开了研究，但研究重点不同。有些围绕协同治理的研究层面，比如全球层面、国际层面、省域层面、城市层面、行业层面等，如采用空间自相关与多元回归模型对中国各省份二氧化硫（SO_2）、氮氧化物（NOx）、可吸入颗粒物（PM2.5）和二氧化碳（CO_2）排放模式进行空间分析，并采用洛伦兹曲线和基尼系数分析了区域差异和不公平问题。[②] 有的学者对协同治理的研究方法展开研究，比如模型预测、情景分析等方法，如通过构建NEWS模型，动态估算气候政策对美国家庭收入与人口普查区域的能源消费的影响。[③] 有的学者对协同治理的效应进行评价，如经济效应评价、环境效应评价等，认为城市的能源效率、人均废弃物的产生量、人均国内生产总值和人均碳排放量增加都显著相关，提出改善能源效率和降低废物产生是可以有效缓解气候变化，与此同时实现了气候治理的协同效益（Postic S, Selosse S, Mail N, 2017）。还有的学者研究协同治理的路径，比如事前的源头控制、事中的过程控制、事后的末端治理等。源头控制是通过事前制定政策法规等宣传降低对能源的需求，促进大气污染物治理和温室气体协同减排。学者们采用投入产出模型对家庭消费的能源与环境影响展开了实证分析，发现第三产业的家庭消费是导致温室气体增加的主要因素（Cellura M, Longo S, Mistretta M, 2011）。事中过程控制是指在生

① 赫尔曼·哈肯. 协同学：大自然构成的奥秘 [M]. 上海译文出版社，2005.

② Dong L, Liang H. Spatial Analysis on China's Regional Air Pollutants and CO_2 Emissions: Emission Pattern And Regional Disparity [J]. Atmospheric Environment, 2014, (92): 280-291.

③ Cullenward D, Wilkerson J T, Wara M et al. Dynamically Estimating the Distributional Impacts of U. S. Climate Policy with NEMS: A Case Study of the Climate Protection Act of 2013 [J]. Energy Economics, 2016, (55): 303-318.

产过程中，采用清洁生产和技术进步提高能源效率，降低对化石能源的消耗和大气污染产生量。有学者采用定量评估与对比环境政策减排效果进行研究，发现碳税可以同时控制多种环境污染物，但是减排效率会受到税率的影响，但采用末端控制指挥控制工具却能够对不同污染物具有很好的减排效果，表明了在协同治理中不同部门之间"联防联控"综合治理的重要性（Liu Z，Mao X，Tu J et al.，2014）。

上述文献为本书展开研究提供了坚实的基础和参考，通过对上述文献进行梳理、总结归纳发现，在以下方面仍需要继续完善。

第一，对环境规制工具的选择和测度方面。基于对现有文献的分析，上述文献中均将环境规制工具进行了划分，但是由于划分标准不同，细分的种类也不同，其中对命令控制型和市场激励型环境规制工具的分类比较一致，但是对参与型的环境规制划分较多，而本书在此基础上细分为了与傅京燕、李丽莎①一致的分类，即公众参与型环境规制工具。但本书对于公众参与型环境规制工具的衡量指标与之不同，选取了两会提案数和信访量为测度指标，在命令控制型和市场激励型环境规制的指标体系构建中也分别增加了工业污染治理投资和车船税、资源税等，并进一步将三类环境规制工具纳入一个框架，从空间溢出视角探讨其对碳减排的不同影响以及区域异质性。在测度方面，相关文献的指标比较单一，比如环境污染治理投资、排污费收入等，或将几个指标综合测算得到一个值来衡量整个环境规制工具。由于没有对环境规制工具不同类型进行有效区分和测度，会导致实证结论不够全面和可靠。本书将充分考虑环境规制工具的异质性，并分别选取合适的指标构建不同类型环境规制工具指标体系，并采用熵值法分别进行测度，最后从环境规制工具协同优化视角提出促进碳减排的协同优化方向和政策建议。

第二，当前环境规制工具对碳减排的研究集中在环境规制工具对碳排放量和碳排放强度的影响上。为实现碳强度目标，需要从投入角度去考察产出效率，碳排放效率实质上属于技术范畴，基于非期望产出的超效率 SBM 模型测算的全要素碳排放效率，能更好体现投入与产出的关系，可以同时兼顾

---

① 傅京燕，李丽莎. 环境规制工具、要素禀赋与产业国际竞争力的实证研究——基于中国制造业的面板数据［J］. 管理世界，2010（10）：87-98.

经济和环境，通过提升碳排放效率促进碳减排，进一步促进"双碳"目标实现。基于此，本书将采用超效率 SBM 模型测算全要素碳排放效率，并将其作为碳减排效率的核心衡量指标，并作为本书被解释变量，该效率同时考虑的经济发展与节能减排两个方面。

第三，现有文献对不同类型环境规制工具的空间特征和碳排放效率的空间相关性分析存在不足。就环境规制工具而言，上述文献主要侧重于对环境规制进行测度，没有采用 ESDA 进行空间相关性分析，而环境规制工具的空间相关性是环境规制工具协同治理的前提。已有文献对碳排放效率空间依赖性研究不多，当前只有马大来（2015）、邵帅（2022）等少数文献探讨了碳排放效率的空间特征，如果忽视空间相关性会造成结果不够稳定与可靠，还会对决策造成负面影响。但是本书与二者的碳排放效率测度方法不同，得到的结论也因此有所差异。跨界的环境污染转移，产生了环境规制工具的空间溢出效应，[①] 但从空间溢出视角考察环境规制工具对碳排放的空间溢出效应。有学者从空间溢出视角研究了环境规制的影响，[②] 但是该文的研究对象为碳生产率，与本书研究对象不同，而且环境规制工具的分类和各自的规制指标不同，因此得到的结论也不同。有学者研究了环境规制工具对生态效率的空间溢出，[③] 有学者研究了环境规制工具对全要素绿色生产率的空间溢出效应，[④] 而本书选择的对象是碳排放效率，探讨不同类型环境规制工具对碳排放的空间溢出效应。

第四，现有文献对从异质性环境规制工具协同视角探讨碳减排的协同治理效应的研究存在不足。有学者研究了环境规制对雾霾治理的协同路径，而且采用了单一的环境规制工具，[⑤] 而本书同时考虑了三种环境规制工具的协

① 沈坤荣，周力. 地方政府竞争，垂直型环境规制工具与污染回流效应 [J]. 经济研究，2020，55（3）：35 – 49.

② 李菁，李小平，郝良峰. 技术创新约束下双重环境规制工具对碳排放强度的影响 [J]. 中国人口. 资源与环境，2021，31（9）：34 – 44.

③ 李小平，余东升，余娟娟. 异质性环境规制工具对碳生产率的空间溢出效应——基于空间杜宾模型 [J]. 中国软科学，2020（4）：83 – 95.

④ 伍格致，游达明. 环境规制工具对技术创新与绿色全要素生产率的影响机制：基于财政分权的调节作用 [J]. 管理工程学报，2019，33（1）：37 – 48.

⑤ 申晨，李胜兰，黄亮雄. 异质性环境规制工具对中国工业绿色转型的影响机理研究——基于中介效应的实证分析 [J]. 南开经济研究，2018，203（5）：95 – 114.

同而且用于碳减排的治理，形成环境规制工具协同优化促进碳减排的三个空间维度。

1.3 　研究内容及技术路线

1.3.1 　研究内容

在碳达峰、碳中和目标提出之后，有效提高碳排放效率对促进低碳经济转型至关重要。本书在梳理了国内外关于环境规制工具及碳排放效率等相关文献基础上，采用空间分析方法，基于三种异质型环境规制工具视角，探讨不同规制对碳排放效率的影响以及环境规制工具的协同治理下来率并提出优化方向。研究内容如下。

第 1 章，绪论。介绍了研究背景及意义，综述了环境规制工具的理论发展、环境规制工具选择及测度、碳排放效率测度及影响因素、环境规制工具实证研究等国内外研究现状；分析了现有相关文献的不足，总结了本书研究内容和技术路线，归纳了本书创新点。

第 2 章，相关概念界定及理论分析框架。首先，对环境规制工具和碳排放效率进行了概念界定；其次，基于"遵循成本"和创新补偿两种逻辑机制，构建了环境规制工具影响碳排放效率的理论模型，分析了环境规制工具对碳排放效率的影响机理；随后分析了协同治理和协同优化机理，为后续分析提供理论分析框架。

第 3 章，区域碳排放效率测度及时空演变特征。首先，对环境规制工具进行测度和空间特征分析。通过构建环境规制工具指标体系，采用熵值法测度三种环境规制工具的规制水平；采用探索性空间数据分析空间特征。其次，采用超效率 SBM 模型，基于全要素视角，测算了 30 个省份的全要素碳排放效率，并采用探索性空间数据对碳排放效率空间相关性进行分析，结合非参数核密度函数和基尼系数探讨碳排放效率的动态演变特征，为从空间视角构建空间计量模型，对碳排放效率展开空间分析提供前提条件。

第 4 章，环境规制工具的区域碳减排效果研究。基于空间溢出视角研究了三种异质性环境规制工具的区域碳减排效果，构建空间计量模型，引入空间权重矩阵，基于空间溢出视角，分别从省份层面和区域层面实证检验了异质性环境规制工具对碳排放效率的直接影响和间接影响，为了检验财政分权是否对碳排放效率以及在环境规制工具对碳排放效率中是否存在不同的调节作用，实证分析时还考察了财政分权与环规制的交互效应。根据回归结果，发现碳排放效率具有显著的正向空间溢出效应，异质性环境规制工具具有不同的空间溢出，财政分权也发挥了不同的调节作用，同时产业结构、能源消费结构、技术进步、外商直接投资等主要驱动因素对本地和相邻地区都产生了显著的直接影响或空间溢出效应，为从空间协同治理并提出优化对策提供经验支持。

第 5 章，环境规制工具视角促进碳减排的协同优化研究。首先，从跨区域协同优化角度，测算环境规制工具横向协同度，分析环境规制工具横向协同的减排效率，并提出跨区域协同优化方向。其次，从区域内协同优化角度出发，基于省级面板数据测算环境规制工具纵向协同度，构建计量模型考察区域内纵向协同对碳排放效率的协同效应，并提出区域内的协同优化方向。最后，构建中介效应模型，检验不同类型环境规制工具发生的中介效应，考虑产业结构、技术创新、外商投资三个政策的影响，进一步探究环境规制工具的协同优化方向。

第 6、第 7 章，提出政策建议、总结研究结论并提出展望。

1.3.2 技术路线

图 1-1 为本书的研究技术路线，是基于"整理文献—概念界定与理论分析—分析问题—实证研究—政策建议—结论与展望"的思路展开研究的。基本研究思路：首先，阐述研究背景及意义，梳理文献，概述研究内容；其次，对相关概念进行界定并分析了本书理论框架，进一步测度环境规制工具水平和碳排放效率，并分别考察各自空间特征，为空间计量分析奠定基础；构建空间计量模型，实证检验不同类型环境规制工具对碳排放效率空间效应的差异和区域异质性；测度环境规制工具横向跨区域协同度和区域内协同度，并量化协同治理效率，提出跨区域和区域内的协同优化方向。再次，构建中介效应模型，探究在考虑不同政策下环境规制工具减排的协同优化方

向。最后，提出政策建议。

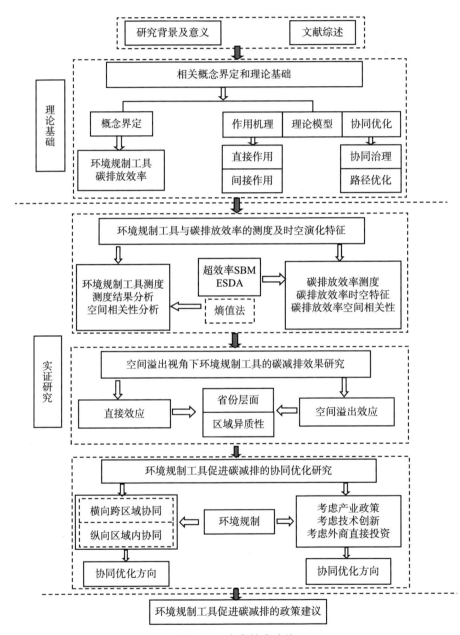

图 1-1　本书技术路线

（1）在阅读梳理相关文献基础上，整理了现有文献的基本观点，分析了研究中的不足，从中找到本书研究视角，构建内容框架，设计技术路线，提炼创新点。

（2）对本书相关概念进行界定，并构建了本书理论分析框架。对规制、环境规制工具以及碳排放效率进行了概念界定。然后从两个方面构建理论分析框架：一是分析了环境规制工具对碳排放的直接和间接影响机理，为第 4 章展开环境规制工具对碳减排效果的实证分析提供理论分析基础；二是分析了环境规制工具的协同优化机理，从跨区域协同优化、区域内协同优化和基于中介机制并考虑产业政策、技术创新和外商投资政策后环境规制工具的协同优化三个方面展开了机理分析，为第 5 章的环境规制工具促进碳减排的协同优化研究奠定理论分析基础。

（3）立足于异质性环境规制工具视角，将不同类型环境规制工具作为核心解释变量，构建不同类型环境规制工具指标体系并分别采用熵值法进行测度，进一步采用 ESDA 分析不同类型环境规制工具的空间相关性；以全要素碳排放效率作为碳减排效果的核心指标，采用超效率 SBM 模型测度省域碳排放效率并分析测度结果的时空演变特征，重点分析了碳排放效率的空间特征；通过对环境规制工具和碳排放效率的测度以及各自空间特征分析发现二者在空间特征中的共性，从而为构建空间计量模型、展开空间协同分析提供前提。

（4）构建空间计量模型，实证考察不同类型环境规制工具对碳排放效率的影响差异和区域异质性，着重分析不同类型环境规制工具对本地区以及周边地区碳排放效率的影响差异，为合理制定和选择环境规制工具促进碳减排提供依据。

（5）根据空间回归结果发现，不同类型环境规制工具在全国省份和区域层面发挥着不同的影响作用，且具有不同的空间溢出效应。因此，将继续探讨是否可以从环境规制工具协同视角考察对碳减排的协同效应？基于此，分别构建了环境规制工具协同度指标体系，并测算了环境规制工具横向协同度和纵向协同度，分区域和省域实证检验了环境规制工具对碳减排的协同效应。结果发现环境规制工具协同度可以显著提升碳排放效率，基于此提出跨区域和区域内协同优化方向；由于环境规制工具还可以通过中介变量对碳排放效率产生间接影响，因此将构建中介效应模型，分析不同环境规制工具通过中介变量产生的中介效应，探究在不同政策下环境规制工具如何进行协同优化。最后，提出环境规制工具促进碳减排的政策建议。

1.4　本书创新点

（1）充分考虑环境规制工具的异质性，采用熵值法测度三种不同类型的环境规制工具水平，并基于探索性空间数据中的莫兰指数和局部莫兰散点图分析三种环境规制工具的空间分布特征、时空演变趋势和空间相关性。如果不能有效对环境规制类型进行科学划分并测度，仅用单一指标或几个指标的综合来衡量环境规制强弱，忽略环境规制工具的异质性，容易引发政策失灵；如果忽略环境规制工具的空间相关性，会造成研究结论不可靠。研究发现，不同类型环境规制工具均呈现高－高集聚和低－低集聚特征，为考察环境规制工具对碳排放的空间外溢性以及不同类型环境规制工具合理搭配、协同优化奠定了基础。

（2）引入三种空间权重矩阵，将省份之间空间互动效应充分引入环境规制工具对碳减排的研究框架中。构建空间面板模型，考察不同环境规制工具对碳排放效率的空间效应差异以及区域异质性，因为忽略环境规制工具和碳排放效率本身的空间相关性会造成结果不可靠。充分考察变量的空间溢出效应，碳排放效率本身的空间溢出效应可以为通过区域协同、区域合作及区域一体化等促进碳排放效率从中高效率区域向低效率区域辐射，提升整体碳排放效率水平提供新思路。结构要素和技术要素的空间外溢效应，可以为未来释放更大的"结构红利"和"技术红利"，促进建立地区经济低碳转型区域协同机制并形成强大生态文明建设区域合力。

（3）以不同类型环境规制工具为切入点，从协同优化角度，围绕环境规制工具跨区域协同优化、区域内协同优化和考虑其他政策进行协同优化三个维度探讨如何促进碳减排，拓展了研究碳减排的视角与思路。本书创新地测度了环境规制工具跨区域协同度和区域内协同度，量化了环境规制工具跨区域协同和区域内协同的碳减排效率，分别提出环境规制工具跨区域协同优化方向和区域内协同优化方向。此外，本书采用中介效应分析方法，构建中介效应模型，实证考察不同类型环境规制工具对碳排放效率产生的中介影响并量化中介效应，进而识别出在考虑产业政策、技术创新政策和外商投资政策下的环境规制工具协同优化方向，丰富了通过环境规制协同优化碳排放的研究。

第 2 章　相关概念界定及理论分析框架

2.1　相关概念界定

2.1.1　规制的界定

关于"规制"的研究，国外理论成果较为丰富。规制源于英文的"regulation"，被翻译成监管、管制或者规制。其概念起源于经济学领域，在 20 世纪六七十年代就被普遍认为是经济理论支撑下的法律形式。美国学者阿尔弗雷德·卡恩（Alfred E. Kahn）在 1970 年首次提出了规制的定义，认为"规制的目的在于维持经济绩效的良好态势，是对市场竞争的外在政府命令与制度安排"。英国经济学家凯恩斯认为，市场失灵不可避免地存在，政府要保证国民经济的健康稳定运行，必须采取必要的政策措施对宏观经济进行适当干预。① 还有一种观点认为政府通过制定规章制度对市场主体的行为进行规范，就是为了抑制企业和消费者等为追求自身利益最大化而做出对他人和社会不利的行为。日本学者植草益对规制的定义是政府依照一定规则对企业活动进行限制的行为。② 丹尼尔·F. 史普博认为，规制就是行政机构制定

---

① 约翰·伊特韦尔. 新帕尔格雷夫经济学大辞典（第四卷，Q—Z）[M]. 经济科学出版社，1996：134.

② 陈明. 植草益的经济规制理论评介 [J]. 财经政法资讯，1994（1）：64 –66.

实施的规范，目的是对市场机制进行直接干预或间接改变企业或消费者的特殊行为。①

规制根据内容能够分成经济规制和社会规制。其中经济规制也被称为行业规制，指由于存在自然垄断和信息不对称，为了防止资源无效或者低效配置，政府依据法律法规对企业进行规范和制约。而社会规制是指为保障人们健康和安全、提高环境这一公共物品的质量等，由政府进行制度规范或制定标准或禁止、限制特定行为。

国内学者对规制的定义基本一致，本书借鉴王俊豪教授的定义，认为规制是具有法律地位且相对独立的规制者（或机构），根据一定的法律法规对被规制对象（企业为主）采取的行政管理和监督行为。②

2.1.2　环境规制工具的界定

环境规制工具最初来自英文"environmental regulation"，也有人称之为"环境管制"。环境规制工具属于社会规制的范畴，是为了保护和改善自然生态环境而对经济主体行为进行约束。环境规制工具的内涵经历了两次拓展，第一次是环境规制工具手段，由最初的强制性命令手段，逐渐增加了基于市场机制采用征税或补贴等手段等干预污染企业的市场激励型手段；第二次是环境规制工具主体，随着公众环保意识的增强，又在以政府为主导的基础上增加企业、社会组织及公众个体等。③ 于是环境规制工具的概念又一次得到了拓展和延伸。

本书认为环境规制工具归属于社会规制的范围，指政府通过法律法规、制定执行方针政策来减少污染物排放，减少污染带来的环境负外部性影响，促进经济与环境协调发展的过程。环境规制工具内涵较广，一般包括政府、企业及公众。本书基于这三个利益相关主体把环境规制工具分为命令控制型、市场激励型和公众参与型三种。

---

① 丹尼尔 F. 史普博. 管制与市场 [M]. 上海：上海人民出版社，1999：56.
② 王俊豪. 政府管制经济学导论 [M]. 北京：商务印书馆，2001.
③ 赵玉民，朱方明，贺立龙. 环境规制工具的界定、分类与演进研究 [J]. 中国人口·资源与环境，2009（6）：85 – 90.

命令控制型环境规制工具是指政府部门或相关机构通过制定环保相关的法律法规以及规章标准等，直接管理和监督生产者的生产行为，包括国家层面的法律法规、各级地方政府颁布的地方法律法规和各级环保部门或行业组织制定的环保技术标准等。其特点是具有强制性、执行成本较低，但是不够灵活。

市场激励型环境规制工具是政府部门采用收费或税收等市场化手段，激励企业在排污成本和收益之间进行自主选择，刺激企业技术创新来降低环境污染。一般包括两类，一类是政府采用干预手段使外部成本内部化，比如生态补偿等；另一类是利用市场机制本身解决负外部性，比如排污权交易、碳排放权交易等。特点是工具具有市场性，企业具有自主选择权，能够更好地调节企业排污行为。

公众参与型环境规制工具是指公众自愿参与节约资源和保护环境而采取的行动，核心是通过公众参与来推动环保法律法规、技术标准等得到有效执行，以此影响环境治理。一般包括两类：一类是由政府部门主导的，比如发布环境监测信息、举行座谈会、听证会等；另一类是公众自发积极主动反映环保诉求，比如通过公共舆论、社会道德压力、上访、劝说等多种渠道向相关部门反映环保诉求和立场。其特点是自愿性，其作用的发挥需要借助政府部门的引导，因此具有一定的时滞性。

2.1.3 碳减排及碳排放效率的界定

碳减排意味着减少碳排放量或者降低碳排放强度。衡量碳减排的指标有很多，如碳排放量、碳排放强度、碳排放效率等。本书将采用碳排放效率作为碳减排的核心指标，这是一个正向指标，即碳排放效率越高，意味着碳减排效果越好，如碳排放效率下降，则表明碳减排效果不好。

最常用的分析效率的方法是比较成本和收益，如果减排花费的成本大于减排获得的收益，则表明效率低或者无效；如果减排获得的收益大于其花费的成本，则意味有效。经济意义上的"效率"可以进一步分为技术效率和配置效率。技术效率可以从投入角度定义，也可以从产出角度定义，即投入不变时产出最大化，或产出不变时投入最小。

"碳"的定义分为广义和狭义。广义上的"碳"范围较广，《京都议定书》把二氧化碳、甲烷等六种温室气体都纳入了碳排放范围。狭义上的"碳"仅指二氧化碳。本书所提到的"碳"，指狭义上的二氧化碳。

碳排放效率本质上属于"技术"范畴，计算比较复杂。虽然碳排放效率指标很重要，但由于考虑视角不同，涉及的系统较为复杂，学术界没有给出权威性的统一定义。一类是碳排放对环境和经济影响的总量指标，这种方法要计算两个指标的比值，如碳排放强度、碳生产率等。另一类是一定时期内采用各种要素投入进行生产活动所产生的环境影响，① 在这种方法下碳排放效率测算实际上就是技术效率，从投入产出角度出发，评价的核心是采用较少投入使生产活动获得较大产出。

因此，从经济意义上的效率分析，碳排放效率是指经济活动在产生碳排放的同时所对应产生的合意产出，是生产生活中消耗二氧化碳容量所带来的经济产出。② 因此，本书所研究的碳排放效率是在"多投入 + 多产出"全要素视角下测算的，即在资本、劳动、能源投入不变的情况下，所能得到的最大的经济产出和最少的二氧化碳排放量，或者经济产出、二氧化碳排放量不变，资本、劳动、能源投入最小化。全要素测算的碳排放效率，兼顾了经济与环境，能更全面衡量碳减排效果。

2.2　环境规制工具对碳排放效率的影响机理

2.2.1　影响的逻辑机制

由于碳排放效率本质上属于技术范畴，因此环境规制工具对碳排放效率影响的逻辑机制可以从环境规制工具对技术创新或经济增长的影响机理进行剖析。③ 对于环境规制工具与技术创新或经济增长的关系，学术界一直存在

① 王玲. 环境效率测度的比较研究 [D]. 重庆：重庆大学，2014.
② 马大来，陈仲常，王玲. 中国省级碳排放效率的空间计量 [J]. 中国人口·资源与环境，2015，25（1）：67－77.
③ 张华. 环境规制工具提升了碳排放绩效吗？——空间溢出视角下的解答 [J]. 经济管理，2014（12）：166－175.

两种对立的观点：一种观点是基于企业利益与社会利益很难同时兼顾的"零和观点"，另一种观点从动态发展的角度提出的波特假说。围绕这两种不同的观点形成了以新古典经济学理论为基础的传统学派和以波特假说为主的修正学派。

（1）传统学派以新古典经济学理论为基础，认为环境规制工具会产生"遵循成本"效应。该种观点认为企业在发展过程中要达到保护环境的目标，就需要增加治污设备及资金等要素的投入，这种行为把企业外部环境成本内部化，直接增加了企业污染治理成本而对企业技术研发产生了挤出效应，抑制了企业的技术升级以及技术创新，在减少企业产出的同时也削弱了企业的创新能力和竞争优势。[①] 环境规制工具会产生这种影响的原因主要源自两个效应。第一，挤出效应。即环境规制工具通过制定严格的生产工艺标准或者排污标准、技术标准，企业要达到标准或者合规要求必须要增加成本来改造更新设备、加强优质的要素投入等，然而在成本受到限制或约束时，为治理环境而增加的成本势必会减少在生产中技术创新的投入，进一步减少利润，导致挤出效应。第二，约束效应。即环境规制工具的加强会在一定程度上约束企业的决策和管理行为，当行为发生改变时，要考虑该种行为会不会对环境造成影响、造成什么样的影响，进而约束了企业或管理者的经营决策。基于挤出效应和约束效应，成本也相应地包括两个方面：一是由挤出效应产生的对环保投资和治理的成本增加，二是由约束效应带来的生产技术管理难度以及相关费用。

（2）以波特为代表的修正学派对"遵循成本"效应进行了修正，最具影响力的就是美国经济学家波特1991年提出的波特假说，认为适度的环境规制工具水平可以激励企业技术创新并且会抵消环境规制工具所增加的成本，从而进一步提高企业净收益。1995年，波特和范德林德进一步对环境规制工具通过技术创新提升企业竞争力的作用机制进行研究，认为严格的环境规制工具政策可以进一步激励企业绿色技术创新，而绿色创新又可以促进企业提高生产效率，再次推动企业技术创新，进而带来净利润提高，实现绿

---

① Shadbegian R J, Gray W B. Pollution Abatement Expenditures and Plant-Level Productivity: A Production Function Approach [J]. Ecological Economics, 2005 (54): 196 - 208.

色生产和利润双赢。波特假说的出发点是动态的，围绕"促进技术的创新"和"改善生产的效率"两个方面来阐述环境规制工具的作用，把采用环境规制工具而产生的创造性活动考虑到环境规制工具和企业竞争力的动态发展过程中，把环境规制工具对企业创新的激励称为创新补偿效应，[①] 包括产品补偿、通过创造性活动来提高产品质量、增加产品的价值进而形成价格补偿，还有改进工艺或提高生产效率的过程补偿。企业的竞争优势来自企业持续不断的技术创新和自身效率的改进，而不是来自投入的要素或者对生产规模的控制。但是波特假说的创新行为强调在适度的环境规制工具下，对环境规制工具进行适度的科学设计，比如规制政策不仅要考虑事后末端污染治理、事中过程控制，更要考虑事前预防控制；企业进行技术改进要适时加以推广；有效结合命令控制型和市场激励型环境规制工具，充分发挥不同规制工具在节能减排中的积极作用。

2.2.2　理论模型推导

本章采用科普兰和泰勒（Copeland and Taylor，1994）的基准理论模型，参考王竹君（2019）、申晨（2018）的研究，建立环境规制工具对碳排放效率影响的数理化模型，以此进一步分析环境规制工具在提升碳排放效率中的影响机理。

1. 基本假定

假设国家有 A 和 B 两类生产部门。其中，A 部门是污染部门，生产 a 产品，生产中产生了污染 z（非合意的产出）；B 部门则为非污染部门，生产 b 产品，在生产中不产生污染。设 b 为计价物（即 $pb = 1$），a 的产品价格为 $pa = a$。A 和 B 两个部门使用相同要素投入，即资本 k 和劳动 l，市场收益为 r 与 w，对应要素禀赋为 $\bar{k}$ 和 $\bar{l}$。B 部门生产的产品 b 的生产技术为：

$$b = H(k_b, \ l_b) = k_b^{\beta} l_b^{1-\beta} \qquad (2-1)$$

---

①　Porter M E，Linde C V D. Toward a New Conception of the Environment-Competitiveness Relationship [J]. Journal of Economic Perspectives，1995，9（4）：97 – 118.

A 部门生产两种产品，合意产品 a 和非合意产品 z，在不采取减排措施的情况下，产品 a 和 z 是完全正比关系，生产技术为：

$$F(k_a, \ l_a) = k_a^{\delta} l_a^{1-\delta} \tag{2-2}$$

$$z = a = F(k_a l_a) \tag{2-3}$$

其中，F 代表 a 的潜在产出，技术均满足以下性质：规模报酬不变、稻田条件、H 和 F 对要素的投入是单调递增且严格的凹函数。

消除污染的办法就是在碳减排活动中投入比例为 $\theta \in [0, \ 1]$ 的要素，θ 是内生的变量，产品 a 和非合意产品 z 的生产技术为：

$$x(k_a, \ l_a) = F[(1-\theta)k_a, \ (1-\theta)l_a] = (1-\theta)F(k_a, \ l_a) = (1-\theta)k_a^{\delta}l_a^{1-\delta}$$
$$\tag{2-4}$$

$$z = \varphi(\theta)F(k_a, \ l_a) \tag{2-5}$$

$\varphi(\theta)$ 表示减排活动的实施效果，其满足 $\partial\varphi/\partial\theta < 0$，$\varphi(0) = 1$，$\varphi(1) = 0$，为了方便，将减排效果的具体函数行为设为：

$$\varphi(\theta) = (1-\theta)^{1/a} \tag{2-6}$$

其中，$0 < a < 1$，所以式（2-5）进一步表达为：

$$z = \varphi(\theta)F(k_a, \ l_a) = (1-\theta)^{1/a}F(k_a, \ l_a) = (1-\theta)^{1/a}k_a^{\delta}l_a^{1-\delta} \tag{2-7}$$

根据式（2-4）和式（2-7），得到净产出函数表达如下：

$$a = z^a F^{1-a} = z^a (k_a^{\delta}l_a^{1-\delta})^{1-a} \tag{2-8}$$

2. 排污成本最小化分析

在竞争市场的局部均衡中，每个企业面临的都是既定的投入要素价格，在生产技术的限制约束下，要选择各要素的投入量来实现成本最小化目标。对 B 部门的企业而言，其单位产量成本最小化问题为：

$$c^b(w, \ r) = \min_{\{k_b, l_b\}} \{rk_b + wl_b : (k_b, \ l_b)\} = k_b^{\beta}l_b^{1-\beta} = 1 \tag{2-9}$$

根据一阶条件，"单位产量成本函数"式为：

$$c^b(w, \ r) = k_b(w, \ r) \times r + l_b(w, \ r) \times l = \frac{(1-\beta)^{\beta-1}}{\beta^{\beta}}r^{\beta}w^{1-\beta} = Mr^{\beta}w^{1-\beta}$$
$$\tag{2-10}$$

由于条件之一是规模保持不变，总成本即为产品 b 产量与其单位成本的乘积，即 $c^b(w, \ r) \times b$。对于 A 部门的企业而言，如果不进行环境规制，则

非合意产品 z 的排放不产生成本，企业将倾向于不进行任何减排措施来实现产量的最大化，A 部门企业的单位潜在产量成本最小化问题可表达为：

$$c^F(w, r) = \min_{\{k_a, l_a\}} \{rk_a + wl_a : (k_a, l_a)\} = k_a^\beta l_a^{1-\beta} = 1 \qquad (2-11)$$

根据一阶条件，"单位产量成本函数"式为：

$$c^F(w, r) = k_a(w, r) \times r + l_a(w, r) \times l = \frac{(1-\delta)^{\delta-1}}{\delta^\delta} r^\delta w^{1-\delta} = Nr^\delta w^{1-\delta}$$
$$(2-12)$$

在实际生活中，政府会以环境规制工具进行污染控制，所以 A 部门的企业在进行排放污染时要受环境规制工具约束。企业面临的环境规制工具水平越高，代表其污染排放成本越大。以排污收费代表环境规制工具制度进行分析。假定对每单位的污染物排放收取排污费，记为 τ，则单位净产量成本最小化问题为：

$$c^a(w, r, \tau) = \min_{\{z, F\}} \{\tau z + c^F(w, r)F : z^a F^{1-a} = 1\} \qquad (2-13)$$

由式（3-13）一阶条件可得：

$$\frac{z}{F} \cdot \frac{1-a}{a} = \frac{c^F}{\tau} \qquad (2-14)$$

根据市场自由进出的零利润条件可推出：

$$pa = c^F F + \tau z \qquad (2-15)$$

结合式（3-14）和式（3-15），得出污染部门污染密度，即每单位净产出的污染排放：

$$e \equiv \frac{z}{a} = \frac{ap}{\tau} \leqslant 1 \qquad (2-16)$$

综上，若提高产品 a 的价格 p，那么企业进行污染排放更有利可图，就会减少减排的努力，缺乏减排积极性，通过提高污染密度来获得更多的收益。当环境规制工具约束水平 τ 提高时，单位排污的成本将随之提高，此时，企业将会积极减排，降低污染密度来减少排污成本。

3. 环境规制工具下的一般均衡分析

B 部门的企业利润为：

$$\pi^b = H(k_b, l_b) - rk_b - wl_b \qquad (2-17)$$

A 部门的企业，考虑排污成本时的利润为：

$$
\begin{aligned}
\pi^a &= pa(k_a,\ l_a) - rk_a - wl_a - \tau z \\
&= (p - \tau e)a(k_a,\ l_a) - rk_a - wl_a \\
&= p(1 - a)a(k_a,\ l_a) - rk_a - wl_a \\
&= p(1 - a)(1 - \theta)F(k_a,\ l_a) - rk_a - wl_a \quad\quad (2-18)
\end{aligned}
$$

令 $p^F = p(1 - a)(1 - \theta)$，要实现企业利润最大化，一般均衡条件为：

（1）市场自由进出代表每个部门利用市场自由进出，意味着每个部门的利润为零，即单位成本等于生产者价格。对于潜在产出来说，该条件可表示为：

$$
c^F(w,\ r) = p^F \quad\quad (2-19)
$$

$$
c^b(w,\ r) = 1 \qu\quad (2-20)
$$

解得：

$$
r(p^F) = N^{\frac{\beta-1}{\delta-\beta}}M^{\frac{1-\delta}{\delta-\beta}}(p^F)^{\frac{1-\delta}{\delta-\beta}} = p\ (p^F)^{\frac{1-\beta}{\delta-\beta}} \quad\quad (2-21)
$$

$$
w(p^F) = N^{\frac{-\beta}{\delta-\beta}}M^{\frac{\delta}{\delta-\beta}}(p^F)^{\frac{\beta}{\beta-\delta}} = Q\ (p^F)^{\frac{\beta}{\beta-\delta}} \qu\quad (2-22)
$$

其中，$p = N^{\frac{\beta-1}{\delta-\beta}}M^{\frac{1-\delta}{\delta-\beta}} > 0$，$Q = N^{\frac{\beta-1}{\delta-\beta}}M^{\frac{1-\delta}{\delta-\beta}} > 0$，充分使用要素要求对每一种要素的需求等于其供给。根据 Shepherd 引理，要素需求可以通过成本函数对要素价格的偏导数得到，也就是单位产品的要素需求函数为：

$$
k_b(w,\ r) = \frac{\partial c^b(w,\ r)}{\partial r} = M\beta r^{\beta-1}w^{1-\beta} \qu\quad (2-23)
$$

$$
l_b(w,\ r) = \frac{\partial c^b(w,\ r)}{\partial w} = M(1 - \beta)r^{\beta-1}w^{-\beta} \qu\quad (2-24)
$$

$$
k_F(w,\ r) = \frac{\partial c^F(w,\ r)}{\partial r} = N\delta r^{\delta-1}w^{1-\delta} \qu\quad (2-25)
$$

$$
l_F(w,\ r) = \frac{\partial c^F(w,\ r)}{\partial w} = N(1 - \delta)r^{\delta}w^{-\delta} \qu\quad (2-26)
$$

（2）总要素需求为单位产品的要素需求与产品产量的乘积，所以充分使用要素的条件可以表示为：

$$
k_b(w,\ r)b + k_F(w,\ r)F = \bar{k} \qu\quad (2-27)
$$

$$
l_b(w,\ r)b + l_F(w,\ r)F = \bar{l} \qu\quad (2-28)
$$

解方程（2-27）和方程（2-28），并结合式（2-21）和式（2-22）

可得到：

$$b(p^F,\ \bar{k},\ \bar{l}) = \frac{\delta Q\ (p^F)^{\frac{\beta}{\beta-\delta}}\bar{l} - (1-\delta)p\ (p^F)^{\frac{1-\beta}{\delta-\beta}}\bar{k}}{\delta-\beta} \qquad (2-29)$$

$$a(p^F,\ \bar{k},\ \bar{l}) = (1-\theta)F(p^F,\ \bar{k},\ \bar{l}) = \frac{(1-\beta)p\ (p^F)^{\frac{1-\beta}{\delta-\beta}}\bar{k} - \beta Q\ (p^F)^{\frac{\beta}{\beta-\delta}}\bar{l}}{p(1-a)(\delta-\beta)}$$

$$\qquad (2-30)$$

（3）由于本书主要考察环境规制工具对碳排放效率的影响，所以表现为每单位污染排放所收取的排污费 τ 的变化。因此，仅探讨和分析当 τ 发生变化时，均衡产出 s 将怎样变化。

$$\frac{\partial b}{\partial \tau} = \frac{\partial b}{\partial p^F} \cdot \frac{\partial p^F}{\partial \tau} = \frac{\delta\beta Q\ (p^F)^{\frac{\beta}{\beta-\delta}}\bar{l} + (1-\delta)(1-\beta)p\ (p^F)^{\frac{1-\delta}{\delta-\beta}}\bar{k}}{(\beta-\delta)^2} \cdot \frac{\partial p^F}{\partial \tau} > 0$$

$$\qquad (2-31)$$

$$\frac{\partial a}{\partial \tau} = \frac{\partial a}{\partial p^F} \cdot \frac{\partial p^F}{\partial \tau} = \frac{(1-\beta)^2 p\ (p^F)^{\frac{1-\delta}{\delta-\beta}}\bar{k} + \beta^2 Q\ (p^F)^{\frac{\delta}{\beta-\delta}}\bar{l}}{(\beta-\delta)^2} \cdot \frac{\partial p^F}{\partial \tau} < 0 \quad (2-32)$$

由此发现，如果环境规制工具水平不严格，即 τ 下降，则污染产品 a 的产品会增加，非污染产品 b 的产量会减少；如果环境规制工具水平严格，即 τ 上升，则污染产品 a 的产品会减少，非污染产品 b 的产量会增加。

4. 环境规制工具影响碳排放效率的模型推导

世界可持续发展委员会提出了环境效率的概念和测度指标：

$$环境效率 = 产品或服务的价值/生态环境负荷 = \frac{\sum_y \mu_y y_y}{\sum_h v_h x_h}$$

其中，y_r 表示第 r 种产品或服务的价值，x_h 表示第 h 种资源消耗或者污染排放的数量，μ_r 和 v_r 分别表示产出与投入的权重，进一步具体化模型：

$$E(p,\ \tau,\ \bar{k},\ \bar{l}) = \frac{\mu_y y + \mu_x x}{v_1 z(p,\ \tau,\ \bar{k},\ \bar{l}) + v_2 \bar{k} + v_3 \bar{l}} \qquad (2-33)$$

在式（2-33）中，令 $\mu_y = \mu_x = 1$，则分子即定义为国内总产出，令 ξ 表示产品 x 在总产出中的比重，可以得到 $z = ex = e\xi G$，于是，环境效率可以表达为式（2-34）：

$$E(p, \tau, \bar{k}, \bar{l}) = \frac{G(p, \tau, \bar{k}, \bar{l})}{v_1 ex + v_2 \bar{k} + v_3 \bar{l}} = \frac{1}{v_1 e\xi + (v_2 \bar{k} + v_3 \bar{l})/G(p, \tau, \bar{k}, \bar{l})}$$

$$(2-34)$$

在式（2-34）中发现，环境效率取决于三个因素：生产技术效率、污染密度（绿色技术效率）以及污染产业所占的比重。

综上所述，产业结构效应和技术效应是提升绿色经济效率的两个途径，技术效应为在产业结构不变的情况下，生产技术效率或者绿色技术效率的提升。结构效应为产业结构向清洁低碳化行业的调整与升级。但是外商直接投资一方面可以带来技术效应，另一方面可以通过产业导向影响产业结构。基于此，当环境规制工具强度较高时，可以促进企业减少污染的密度，降低污染产业的比重，但是对生产效率的影响存在不确定性。

2.2.3　环境规制工具对碳排放的直接影响

环境污染具有负外部性，而环境规制工具正是基于企业排污带来的负外部性而产生的。本节借鉴张华等（2014）、藏传琴（2016）的研究成果，分析环境规制工具对碳排放效率的作用机理。我国当前主要存在命令控制型、市场激励型、公众参与型环境规制工具。

命令控制型环境规制工具主要是政府通过强制命令性的法规政策、技术标准、行动规划等手段来实施，以达到保护环境，提高资源利用效率，减少污染排放的目的。20世纪50年代，社会生产规模不断扩大，经济发展的同时向自然界中排放了大量污染物，远远超过了环境的负荷容量。命令控制型环境规制工具政策一般不直接作用于企业生产过程，而是直接控制生产中的污染物排放，从源头控制，通常通过以下三种方式发挥作用。第一，在事前通过颁布一些预防性的、惩罚性的法律法规或事后采用环境行政处罚等方式影响产业布局，比如限制污染行业准入、鼓励发展低碳环保型产业、采用行政手段关停重度污染和落后产能、转移污染产业等方式促进地区经济可持续发展。第二，对污染源排放进行严格限制或者制定严格的污染排放标准以及技术标准。第三，对环境污染治理进行投资，包括"三同时"项目投资和工业污染源治理投资等,① 目的是要降低对化石能源的需求,抑制或减少碳排放。

市场激励型环境规制工具与命令控制型环境规制工具手段不同,是直接作用于企业生产经营过程来实现抑制污染。一般采取的手段包括两大类:一类是采用政府干预的手段促使外部成本内部化,比如以庇古税理论为基础的排污税(费)、政府环境补偿补贴、车船税、消费税、资源税、生态补偿、押金—返还制度等正向激励手段。机理在于采用市场激励型规制工具对排污多的企业实行惩罚性税收,对采用低耗能、低排污的企业进行生态补偿,激励企业科学技术研发,鼓励企业采用更先进的技术和环保措施,不断降低排放标准,降低企业环境成本,提升企业技术水平,长期来看可以实现整个社会经济效益和环境效益最大化。另一类是依靠市场机制本身来解决外部性。比如基于科斯定理的排污许可证、排污权交易、碳排放权交易等,② 目的是让市场中经济主体有充分选择行为的权利,激励减排成本更低的排污主体多减排,积极发挥技术效率或生产技术效率的创新补偿效应,对企业"排污治污成本"进行弥补,鼓励和引导企业采用更加先进的技术,推动企业在排污成本和收益之间自行进行选择,从而决定生产技术水平和自身的污染排放量,充分发挥不同减排能力的企业在经济和环境平衡发展的积极作用。通常,大企业的资金和资源都比较充裕,具备防污治污的优势,通过绿色技术创新还可以带动规模较小的中小企业的"学习效仿",推动企业进行绿色转型。③

公众参与型环境规制工具属于非正式环境规制工具。一类是由政府部门主导,比如政府发布环境监测信息,环保部门征求公众意见、发放调查问卷、召开座谈会、专家听证会等。另一类是公众可以通过组建环保组织机构,对学校、工厂、单位等进行环保宣传,以此增强公众个人环保意识,间

---

① 王红梅. 中国环境规制工具政策工具的比较与选择——基于贝叶斯模型平均方法的实证研究 [J]. 中国人口·资源与环境, 2016, 26 (9): 132 – 138.

② Yang Weina, Liu Xilin. Analysis of Enterprise Environmental Technology Adoption Time Under Tradable Permit [J]. Studies in Science of Science, 2011 (2): 230 – 237.

③ 徐雨婧, 沈瑶, 胡珺. 进口鼓励政策、市场型环境规制工具与企业创新——基于政策协同视角 [J]. 山西财经大学学报, 2022, 44 (2): 76 – 90.

接推动环境质量提升。还有一类是社会公众积极主动反映自身的环保诉求，比如通过社交媒体或社交平台发表对环境问题的看法或引发关注、依法进行环境信访、通过微信、电话等反映对环境问题的态度和诉求，迫使当地政府重视环境污染，企业降低污染排放；生产企业在社会强大监督和舆论下，不得不进行技术升级改造，采取先进的生产模式，减少碳排放提升效率。此外，公众还可以选择"用脚投票"引起地方政府对环境问题的重视，即选择离开环境污染严重的地区，从而影响该地区的消费、投资以及财政收入等，最终倒逼政府进行环境治理。① 但是公众参与型环境规制工具不具有强制约束力，主要依赖公众自发意识参与治理，② 需要政府或有关部门加以引导。因此，发挥治理作用可能存在时滞性，作用大小依赖于政府行政管理部门对法律法规等政策执行强制力。

综上可以看出，无论是哪种类型的环境规制工具，都最终作用于生产者的行为和消费者的行为，③ 进而达到保护环境的目的。对生产者的行为影响体现在对生产数量、产品结构、技术创新的影响上；对消费者行为的影响体现在对消费结构、消费数量以及消费方式的影响上。然而生产者的行为和消费者的行为直接关系对化石能源的供给和需求，政府通过对能源供给者和消费者征收资源税等来增加其生产成本与环境成本，或者采用清洁能源补贴，鼓励使用替代能源，减少对化石能源的需求，促进减少碳排放。德国经济学家辛恩（Sinn）提出了著名的"绿色悖论"效应，④ 他认为随着政府环境规制工具加强，预期会更严厉，于是企业会向前移动能源开采时间和数量，可能造成化石能源的供给进一步增加，引起能源价格下降，短期内刺激更廉价化石能源需求，带来碳排放量短期上升，引发"绿色悖论"效应，如图 2-1 所示。

① 张宏翔，王铭槿. 公众环保诉求的溢出效应——基于省级环境规制工具互动的视角 [J]. 统计研究，2020，37（10）：29-38.

② Hang Y, Wang J R, Xue Y J et al. Impact of Environmental Regulations on Green Technological Innovative Behavior: An Empirical Study in China [J]. Journal of Cleaner Production, 2018, 188 (1): 763-772；余亮. 中国公众环保诉求对环境治理的影响——基于不同类型环境污染的视角 [J]. 技术经济，2019（3）：97-104.

③ 臧传琴. 环境规制工具绩效的区域差异研究 [D]. 济南：山东大学，2016.

④ Sinn H W. Public Policies Against Global Warmingr: A Supply Side Approach [J]. International Tax Public Firiance, 2008 (15): 360-394.

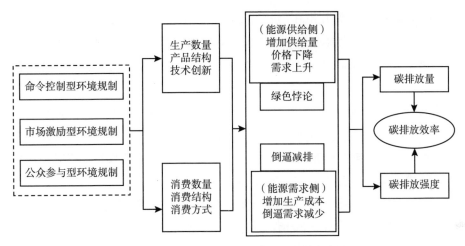

图 2 - 1   环境规制工具对碳排放效率的直接作用

2.2.4 环境规制工具对碳排放的间接影响

中国的环境规制工具政策是中央政府制定的，各级地方政府具体执行，地方政府在执行环境政策上有很大的自主空间。比如会降低自己辖区的环保标准，降低环保执法力度，放松环境管制追求 GDP，出现"向底线赛跑"（race to the bottom）现象。① 正是这种地方政府的自利性动机使得环境规制工具对碳排放的影响效应会随着产业结构、技术进步和外商直接投资等变化而变化。以下将从产业结构、技术创新和外商直接投资来分析环境规制工具对碳减排的间接影响。

1. 基于产业结构的间接影响

（1）环境规制工具对产业结构的影响。环境规制工具可以直接和间接影响产业结构。直接影响包括：二氧化碳排放量增加在很大程度上是经济发展中产业结构比例失衡导致的。高污染、高耗能产业占比越大，排放的二氧化碳就会越多。提升环境规制强度可以让高污染、高耗能产业承担高昂的

———————————

① 张先锋，韩雪，吴椒军. 环境规制工具与碳排放："倒逼效应"还是"倒退效应"——基于 2000 ~ 2010 年中国省级面板数据分析 [J]. 软科学，2014，28（7）：136 - 144.

"环境遵循成本"，提升生存门槛，压缩该类企业的利润空间，倒逼这类企业淘汰落后技术并选择向绿色低碳型产业转化，或者使污染密集型产业向环境规制工具标准低的地区转移。适度的环境规制工具能实现对企业"精洗"，推动产业结构调整升级。在环境规制工具推动下，我国产业结构会进一步向"绿色低碳"转型。[①] 而且，环境规制工具还可以进一步推动第三产业发展，因为服务业受到环境规制工具冲击较小。但是对于那些经济发展高度依赖于污染密集型产业的地区而言，严格的环境标准不仅短期内难以优化产业结构，而且还会放大"成本遵循"效应。间接影响包括：第一，环境规制工具会影响市场需求，而市场需求是产业结构调整的根本动力。一方面，环境规制工具下的公众环保意识逐渐增强，更注重绿色低碳环保消费，其消费需求结构的改变会影响企业生产与供给的产品结构；另一方面，在资源约束和成本约束下，环境规制工具强度增加会导致投资需求倾向于产出高、能耗小、污染排放低的产业。投资需求结构变化会导致产业出现差异化，进一步优化产业结构。第二，环境规制工具会影响能源消费结构，能源消费结构会倒逼产业结构调整。我国以煤炭为主的能源消费结构很难进行改变，而煤炭属于高碳能源，这种资源禀赋和消费结构会给环境造成严重破坏，而调整能源消费结构，降低煤炭等化石能源的占比，提升清洁能源和可再生能源消费的占比，会促进产业结构绿色转型和发展。[②] 第三，环境规制工具通过提升"三高"企业的进入壁垒导致该类企业失去成本和竞争优势，倒逼其绿色转型。污染企业如果达不到规定的门槛，难以从事大规模资本的生产经营活动，该类企业必将受到转型的巨大挑战。第四，环境规制工具会影响国际贸易，国际贸易进一步影响产业结构。对外贸易企业环境规制水平的增强会导致该类企业增加环境成本，影响其竞争能力和产品进出口的供需结构，倘若对其他国家的产品需求大于供给，会促使本国企业调整产业结构。总之国际贸易会进一步细化产业国际分工，促使结构合理化与高级化。第五，环境规制工具会影响技术创新，而技术创新会影响产业结构。适度的

---

① Asici A A, Acar S. How Does Environmental Regulation Affect Production Location of Non-carbon Ecological Footprint? [J]. Journal of Cleaner Production, 2018 (178): 927 – 936.

② 秦炳涛，余润颖，葛力铭. 环境规制工具对资源型城市产业结构转型的影响 [J]. 中国环境科学，2021，41（7）：3427 – 3440.

环境规制工具会促进企业技术创新产生波特假说效应，反之会导致企业放弃创新产生"污染避难所"效应。技术创新是推动产业结构优化和升级的重要手段。第六，环境规制工具会影响外商直接投资，外商直接投资影响产业结构。地方政府环境规制工具的"逐底竞争"行为会导致污染密集型的外商直接投资进入，进而发展成"污染避难所"，但是同时外商直接投资也可能带来先进的技术和工艺，产生"污染光环"效应。[①] 而外商直接投资可以为东道国提供技术和资金支持，促进产业结构高级化发展，并通过合作发挥产业关联效应，还可以通过先进的管理经验等提高生产效率。

（2）产业结构对碳排放效率的影响。二氧化碳排放很大程度上是经济发展过程中产业结构比例失衡导致的。高污染、高耗能产业占比越大，排放的二氧化碳就会越多。产业结构的合理化与高级化发展对促进绿色低碳发展具有非常重要的作用。产业结构合理化是为提高经济效益。在一定经济发展阶段，根据技术水平、消费结构、资源条件等对不合理的产业结构进行调整，从而实现生产要素合理配置，促进各产业之间协调发展。产业结构高级化是从以劳动密集型产业为主转向以知识技术密集型产业为主的过程。当前，我国第二产业比重还较高，尤其是第二产业中的重工业仍是支撑产业，工业、制造业和电力等行业对碳排放影响非常大，直接影响碳排放效率。因此，产业结构合理化和高级化对提升我国碳排放效率具有非常重要的作用。刘志华等（2022）研究发现全国产业结构升级与碳排放效率具有较强的协调性且正向促进，而区域产业结构升级与碳排放效率的协调程度逐步递减。

2. 基于技术创新的间接影响

（1）环境规制工具对技术创新的影响。环境规制工具对技术创新的影响可用"遵循成本"和"波特假说"来描述。"遵循成本"效应认为环境规制工具增加了企业生产成本约束，比如购买治污设备、更新生产线、引进清洁技术等或者为保证新设备、技术的使用而发生的设备维护费等费用。这些生产成本会挤占企业对技术创新投入，从而降低企业生产效率，对企业产

---

① 刘学民. 环境规制工具下雾霾污染的协同治理及其路径优化研究［D］. 哈尔滨：哈尔滨工业大学，2020.

生负面影响。甚至有些企业为了追求企业价值最大化主动扩大产品生产，进而产生附属污染物，从而导致碳排放增加。因此，"遵循成本"效应不但不利于碳减排，还有可能增加碳排放量。同时，技术创新会有不确定的风险，而环境规制水平提高会加剧这种不确定。"波特假说"认为可以通过创新补偿企业的"成本增加"，实现环境与经济共赢。[①] 所以，"波特假说"属于环境规制工具的一种"倒逼效应"。企业是市场产品或服务的提供者，必须广泛采用绿色技术，才能长期有效降低对生态环境的污染和破坏。[②] 然而，由于企业自主创新动力不足，政府必须采取环境规制工具手段才能尽可能降低企业生产活动对环境造成的负面影响。[③]

（2）技术创新对碳排放效率的影响。"十四五"规划和2035年远景目标中提出要推动绿色低碳发展、构建国内国际双循环的经济发展格局。实现这一目标的关键是调整和优化产业结构，而技术创新是产业结构升级与推动绿色转型的内在驱动因素，是实现"双碳"目标和构建经济内外双循环经济格局的关键动力。在严格的环境规制工具下，技术创新可以促进能源节约和新能源开发利用，提升能源利用效率，通过能源节约效应、产业结构升级效应和聚集效应等减少工业污染排放，提升碳排放效率，助力"双碳"目标实现。

3. 基于外商直接投资的间接影响

（1）环境规制工具对外商直接投资的影响。为吸引更多外商直接投资促进经济增长，地方政府可能会产生"逐底竞争"行为，[④] 竞相降低各自地区的环境规制工具标准，以此吸引低质量污染型的外资进入，导致本地区成为污染避难所，从而产生"污染避难所"效应。但是，外商直接投资同时

---

① 陈浩，罗力菲. 环境规制工具对经济高质量发展的影响及空间效应——基于产业结构转型中介视角 [J]. 北京理工大学学报（社会科学版），2021，23（6）：27-40.

② Fang X, Li R, Xu Q et al. A Two-stage Method to Estimate the Contribution of Road Traffic to PM2.5 Concentrations in Beijing, China [J]. International Journal of Environmental Research & Public Health, 2016, 13（1）: 124-142.

③ 汪明月，李颖明. 政府市场规制驱动企业绿色技术创新机理 [J]. 中国科技论坛，2020（6）：85-93.

④ 汪明月，李颖明，管开轩. 政府市场规制对企业绿色技术创新决策与绩效的影响 [J]. 系统工程理论与实践，2020，40（5）：1158-1177；Ljungwall C, Linde-Rahr M. Environmental Policy and the Location of Foreign Direct Investment in China [R]. CCER Working Paper, 2005.

也为当地带来了先进的技术和充裕的资金，会产生技术外溢效应。如果本地提高环境规制工具水平，会导致当地外商直接投资流向周边环境规制工具宽松的地区，进而产生"污染光环"效应，意味着基于外商直接投资的污染型企业偏好环境规制工具较为宽松的国家和地区。张文彬等（2010）认为，随着环境政策出台和执行，省份之间会呈现一定程度上的"逐顶竞争"，外商直接投资对碳排放同时发挥双重作用，具有双重角色。

环境规制工具对外商直接投资的作用会受到很多因素影响，下列因素会使环境规制工具对外商直接投资产生负面影响作用。第一，若东道国环境规制工具标准较高，会提高外商直接投资准入门槛，增加进入难度，从而阻止高污染型的外资进入本地。同时，如果东道国的环境政策倾向于发展低碳环保产业，则会进一步削弱区位优势，从而会对外资带来消极影响。第二，东道国的绿色消费理念等会限制外商直接投资企业污染型产品的需求数量以及需求结构，有利于促进产业结构升级。第三，东道国的资源供给和分配会对外资企业发展壮大产生不利影响，外商投资企业要在当地环境政策允许的范围内活动。但环境规制工具也会正向促进外商直接投资：由于外商投资企业母国的环境规制工具强度高于东道国，因此如果东道国提高环境规制工具水平，外商投资企业具有更强的适应性和先动优势，从而能保障其竞争优势和企业效益；外商投资企业的母国一般在经济发展水平上比东道国要高，而且在污染处理技术上也具有明显优势，如果东道国加强环境规制工具标准，会扩大竞争优势，使更多外资进入；外商投资企业应变能力很强，适应性很快，不会因东道国的环境规制工具很强而受到影响，因而会发挥创新补偿效应，提高生产效率和产品质量，保持良好的竞争力。

（2）外商直接投资对碳排放效率的影响。关于外商直接投资与环境污染主要存在两种观点。一种观点基于"污染天堂"假说和"逐底竞争"假说，认为外商直接投资破坏了当地的环境，造成了环境污染，原因在于两个方面。一方面，当地政府为了吸引更多外商直接投资发展本地经济会降低环境规制工具门槛和标准；另一方面，外商投资企业的母国环境规制工具一般较严格，为了避免本国的环境规制工具约束，会把污染型产业转移到环境规制工具水平不高的国家或地区，从而导致东道国污染加剧。另外一种观点是基于波特假说的"污染光环"假说，认为外商直接投资能够释放正向的技术溢出效应，从而能带动东道国的低碳环保产业发展，促进其技术创新。[1] 外商直接投资可以对碳排放产生四大影响。第一，基于规模效应，外商直接投资流入东道国之后会促进要素集聚，进而产生规模优势，促进人力、物力和能源等优化配置，从而减少能源消费和碳排放。第二，基于技术效应，外商直接投资能通过采用先进的生产技术和污染处理技术、处理设备等降低单位能耗和污染物排放，提高生产要素的效应，同时东道国还可以通过外商直接投资的技术溢出效应进行技术模仿和创新，进一步提升本地企业的生产技术水平。第三，基于结构效应，外商直接投资可以有效发挥专业分工和竞争优势，如东道国产业集中在资源密集型和污染密集型，则外资流入将加剧当地污染排放，如东道国产业集中在高新技术、环保产业等，则外资流入将有助于改善当地环境质量，促进碳减排。第四，基于规制效应，外商直接投资可能向东道国转移污染型产业，而东道国为了促进经济增长可能会降低环境规制工具水平，牺牲环境来盲目吸引外资，从而造成"逐底竞争"，加剧当地污染排放。[2] 但是如果东道国提高环境规制工具水平，则高质量外资或环保型类型的外资会具有明显竞争优势，外资流入会帮助改善东道国的环境污染，有效发挥减排效应。间接影响如图 2 - 2 所示。

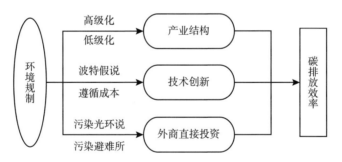

图 2 - 2　环境规制工具对碳排放效率的间接影响

---

① Lau L S, Choong C K, Eng Y K. Investigation of the Environmental Kuznets Curve for Carbon Emissions in Malaysia: Do Foreign Direct Investment and Trade Matter? [J]. Energy Policy, 2014, 68 (5): 490 - 497; Jiang L, Zhou H, Bai L et al. Does Foreign Direct Investment Drive Environmental Degradation in China? An Empirical Study based on Air Quality Index from a Spatial Perspective [J]. Journal of Cleaner Production, 2018 (176): 864 - 872.

② 王晓林，张华明. 外商直接投资碳排放效应研究——基于城镇化门限面板模型 [J]. 预测, 2020, 39 (1): 59 - 65.

2.3　环境规制工具促进碳减排的协同优化机理

协同治理与碳排放具有多方面的契合性，本节主要借鉴刘学民（2020）、郑晓舟和卢山冰（2021）、胡志高等（2019）、张华（2016）的研究成果，分析环境规制工具对碳排放的协同治理机理。

2.3.1　跨区域环境规制工具协同优化机理

跨区域协同优化是指横向跨区域协同治理，实际上是指在不同地区的政府、市场、企业以及社会公众之间进行有效的协同。跨区域就是要突破单一的属地治理模式，尤其是打破行政区划界限，从而实现多种主体协同治理一体化。由于碳排放具有很强的空间流动性和空间集聚特征，跨区域的流动和溢出效应意味着治理碳排放不能局限于单纯的"属地治理"模式。[①] 当前以行政区划为界线的属地治理模式缺乏跨区域的应急协同机制，在跨区域治理中无法有效互动，信息渠道不畅，很难形成管理资源整合优势，治理模式存在不足，无法有效应对现有环境污染的区域性产生的空间溢出效应，而且，不同区域治污设备技术、能力和成本方面存在差异。碳排放是一种典型的公共物品，具有非排他性和非竞争性以及负外部性的特点，公共物品属性导致各主体都可以回避减排责任，而且还不承担治理成本。

因此，对于跨区域的碳排放治理，往往存在着"搭便车"现象，如果不采取有效的减排措施，可能引发"公地悲剧"。所以，需要构建以政府为主导的治理模式，[②] 以此解决跨区域协同治理中的政策融合问题；要打破区域之间的壁垒，充分促进不同主体之间的协同合作，促进跨区域政府之间的

---

① 钱立华，鲁政委，方琦. 构建气候投融资机制助推地方碳排放达峰 [J]. 环境保护，2019，47（24）：15 - 19.

② 钟莉. 新时代地方政府治理机制中的服务型创新模式研究 [J]. 广西社会科学，2019，（9）：72 - 76.

合作、不同创新主体之间的合作以及公众之间的合作；要调整和转变政府的运行模式和机制，主要强调政府的主导作用，制定跨区域的协同治理策略，进一步规划引导区域之间协同治理，形成制度化体系，鼓励区域之间资源优势互补以及成果转化。

政府主导并不意味着政府的绝对权威性，政府在主导横向协同治理的同时，要积极调动多层次主体参与治理，充分发挥市场化和公众参与的作用，既有不同区域之间的政策障碍等问题，还有利益冲突以及不同主体之间的合作困难。因此要对不同区域和层次进行协同控制，除了进行政策协同之外，还有加强协同平台建设，保障跨区域协同的无障碍。同时要带动企业和社会公众共同发力，政府要发挥纵向推动和横向主导的双重治理力量。① 双向的协同治理模式不单单是依靠政府进行行政层面的协同，更是需要政府带动公众、企业和社会共同参与的双向综合型的协同治理方式，以此推动跨区域的多层次和多主体之间有效协同治理。

2.3.2 区域内环境规制工具协同优化机理

环境规制工具的区域内协同是指同一区域内多元环境治理主体之间的协同治理，多元主体共同治理的核心为多元主体之间的"协同"，② 更多的是以不同的利益相关者为基础进行权责协同，形成强大合力，发挥各自不同的环境治理功能，提升环境协同治理效率。本书所研究的纵向区域内协同是基于不同治理主体而言的，不是指"中央政府－省级－市级"的纵向划分，因此，区域内协同是区域内政府从上到下推动的多元主体之间进行权责协同。治理区域内碳排放问题，不能仅依靠政府，必须充分调动各类企业、广大公众的积极性，建立多元主体共同参与、协同治理促进碳减排的治理机制。

党的十九大报告提出要"构建政府为主导、企业为主体、公众共同参

---

① 康兴涛，李扬. 跨区域多层次合作的政府治理模式创新研究——基于政府，企业和社会关系视角 [J]. 商业时代，2020. 商业经济研究，2020（9）：189－192.
② 韩炜，蔡建明，赵一夫. 多元主体视角下大城市边缘区空间治理结构、机制和路径研究 [J]. 地理科学进展，2021，40（10）：1730－1745.

与的环境治理体系"。^① 不同主体在共同的环保理念下定位自己的责任和义务，在环境治理体系中相互沟通与合作，促进实现区域经济效益和环境效益双赢，^② 促进"双碳"目标的实现。

（1）政府具有主导性作用。全球环境治理经验表明，有效的治理离不开政府的主导作用。政府要明确责任和定位，在多元主体协同治理体系中积极宣传低碳环保理念、提供政策和财政支持，有效进行执法和监督，加强对环保的高度重视。在促进碳减排和低碳经济转型过程中，依靠政府自上而下的命令控制型环境规制工具进行推动具有重要意义，政府的有效监管可以提高企业环境绩效和透明度，^③ 但是应配合使用其他环境规制工具，比如征收更加合理的环保税、进行合理生态补偿等。^④ 同时，上级政府要优化政绩考核体系，积极推动区域内各地方政府合作保护环境。

政府主导作用主要体现在：第一，政府必须适当介入和监管，促进污染企业积极防污治污；第二，采取有效的政府补贴刺激环境规制工具对技术创新的积极作用，从根本上推动工业企业降低碳排放，提升碳排放效率。

（2）企业具有主体作用。企业是碳排放的主要来源，在多元主体协同环境治理中应该充分发挥企业的主体作用，调动其碳减排的积极性。^⑤ 企业应该在日常经营中重视环境效益，提高社会责任意识，积极宣传环保理念，注重科技创新，推动排放模式由传统的"三高"向"低碳、绿色、环保"转变，降低污染排放，实现清洁生产。国有企业主要通过外部融资来减少碳排放，私营企业和外资企业通过增加污染排放投资促进碳减排。但减排还取决于企业的社会责任意识和行为。社会责任意识淡薄的重污染企业为规避本

① 决胜全面建成小康社会夺取新时代中国特色社会主义伟大胜利——在中国共产党第十九次全国代表大会上的报告 [M]. 北京：人民出版社，2017.
② 李海生，王丽婧，张泽乾等. 长江生态环境协同治理的理论思考与实践 [J]. 环境工程技术学报，2021，11（3）：409-417.
③ Graafland J, Smid H. Reconsidering the Relevance of Social License Pressure and Government Regulation for Environmental Performance of European SMEs [J]. Journal of Cleaner Production, 2017 (141): 967-977.
④ 吴立军，田启波. 碳中和目标下中国地区碳生态安全与生态补偿研究 [J]. 地理研究，2022，41（1）：149-166.
⑤ Wei Y, Gu J, Wang H et al. Uncovering the Culprits of Air Pollution: Evidence from China's Economic Sectors and Regional Heterogeneities [J]. Journal of Cleaner Production, 2018 (171): 1481-1493.

地严格的环境规制工具会迁移至环境规制工具宽松的相邻地区，进而加剧相邻地区污染排放水平；社会责任意识强的企业能采用技术创新来提高生产效率，以减少环境污染和破坏。

（3）公众具有参与权利和监督作用。公众是参与环境治理中数量最大、范围最广的主体，新《环保法》提出了"公众参与"原则。在环境治理中，仅仅依靠政府和企业的力量是远远不够的，必须要动员广大社会公众，保证公众能利用听证会、环境信访、电话、微信、网上评议等多种方式和渠道进行反映和监督，以此推动环境治理。

公众作用体现在三个方面。第一，监督地方政府的环境规制工具行为。我国的财政分权使得有些地方政府仍以发展经济为主而忽视环境治理，而且我国地方政府是环境规制工具的执行者，这就需要公众替代中央政府对地方政府不规制或不执行进行监督，比如公众更关注与环境污染和环境保护相关的负面新闻。[1] 第二，对企业环境污染行为进行约束，通过举报、投诉等方式曝光企业负面信息，倒逼企业抑制污染排放。公众环境诉求和舆论对重污染企业技术创新产出、投入、生产效率有积极影响。[2] 第三，改变自身消费理念、提倡节能减排。比如低碳出行、提倡绿色产品消费等，以此推动企业改善产品结构，抑制碳排放。图 2 - 3 为环境规制工具的协同治理机理。

在区域内，单一环境治理主体要按照一定协同模式才能促进资源的交换与资源的整合。因此，需要完善各种协同治理机制，同时必须调动各主体参与治理的积极性并引导其最大限度地发挥其作用，尤其注意不同层次主体之间的耦合作用，实现资源交换与互补。政府在进行治理碳排放过程中，充分发挥企业的核心作用和社会公众参与监督作用，保护企业和公众在碳减排过程中的既得利益。要积极发挥市场机制的功能，完善市场激励型环境规制工具，同时加强对公众参与治理的宣传，以此形成三个利益主体之间多样化的耦合型协同治理模式。此外，要构建区域内纵向协同治理模式，区域内各层

---

① Zhang J, Cheng M, Wei X et al. Internet Use and the Satisfaction with Governmental Environmental Protection: Evidence from China [J]. Journal of Cleaner Production, 2019 (212): 1025 - 1035.

② Du Y, Li Z, Du et al. Public Environmental Appeal and Innovation of Heavy Polluting Enterprises [J]. Journal of Cleaner Production, 2019 (222): 1009 - 1022.

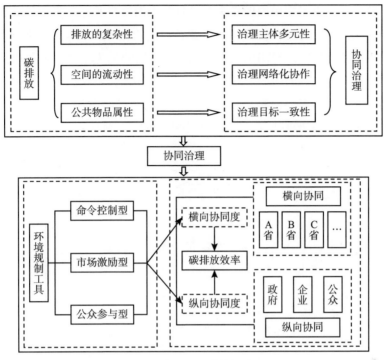

图 2 - 3　环境规制工具协同治理机理

次和主体之间要逐步合作，形成以政府为主力的从上而下的推动式纵向治理模式，多层次同时体现在省、市、县三个级别行政区域范围内一种纵向协同网络，协同性的高低会对碳减排水平产生直接影响。

在跨区域，跨区域政府主导的横向协同治理模式指的是在协同治理过程中，以政府为主导的治理模式，积极促进不同主体协调合作，要打破行政区域壁垒，促进区域主体深度合作，形成协同网络。但是政府主导是以政府治理为主、市场治理和社会治理为辅的协同治理模式，不是完全依赖于政府之间协同治理。① 同时，跨区域协同治理中，会形成多种元素交织在一起的复杂网络。在协同治理运作过程中，可能产生不同的主体之间合作困难，同时不同区域之间还会有制度障碍以及利益上的冲突，因此，不能单纯依靠政府

① 孙涛，温雪梅. 动态演化视角下区域环境治理的府际合作网络研究——以京津冀大气治理为例 [J]. 中国行政管理，2018（5）：83 - 89.

进行行政干预，也不能单纯依靠企业自身防污治污或者完全依靠公众对政府规制和企业污染行为进行监督，而是要在政府、企业和公众之间形成双向、综合的协同治理模式。横向的层次之间要以政府协同为主导，企业和社会公众协同为补充；在纵向协同中要积极发挥市场和社会公众的主导作用，政府合作为补充式，只有将两种协同模式结合起来才能更好形成跨区域的多层次、多主体的协同治理体系。图2－4为环境规制工具协同优化机理。

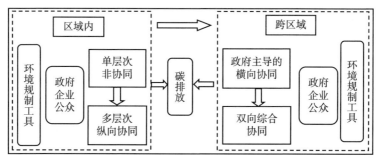

图2－4　环境规制工具的协同优化

2.3.3　考虑其他政策下的环境规制工具协同优化机理

前面分析了环境规制工具可以通过产业结构、技术创新和外商直接投资对碳排放产生间接影响。基于碳排放的跨区域流动，无论环境规制工具、碳排放，还是产业结构、技术创新、外商直接投资都可能会产生空间溢出，即除了对本地区产生影响，还会对周边地区或者关联地区产生影响。基于此，除了基于环境规制直接影响碳减排探究跨区域和区域内环境规制工具的协同优化外，还将基于间接影响，探究在产业政策、技术创新政策和外商投资政策下，环境规制工具如何协同优化。

（1）考虑产业政策下的协同优化。环境规制工具可以直接和间接影响产业结构，在严格的环境规制工具约束下，产业结构高级化可以解决"保增长、促减排"这一两难现状。采取环境规制工具手段并提高环境规制工具水平可以提高高污染、高耗能产业的成本，提升该类企业的准入门槛，倒逼这类企业淘汰落后技术并选择向绿色低碳产业转化，或者污染密集型产业转移。① 因此，环境规制工具可以驱动产业结构"高级化"调整，实现倒逼减排，减少碳排放。同时，严厉的环境规制工具可以进一步推动服务业发展。但技术资金实力相对较弱的企业迫于环境治理成本压力，则会将污染企业转移至周边环境规制工具较低的地区，进而导致周边地区污染产业集聚，加剧其产业结构失衡进而增加碳排放水平。

环境规制工具的影响还包括间接影响。第一，通过影响市场需求进而影响产业结构调整。一方面，环境规制工具下公众环保意识逐渐增强，更注重绿色低碳环保消费，消费需求重构会促使企业生产与供给结构发生改变；另外，环境规制工具强度增加会导致投资需求倾向于那些产出较高、能较小而且污染排放低的产业，推动产业结构调整。第二，环境规制工具还会影响能源消费结构，能源消费结构会倒逼产业结构调整。我国以煤炭为主的能源消费结构在当前和今后很长一段时期很难改变，煤炭属于高碳能源，这种资源禀赋和消费结构会给环境造成严重破坏，而调整能源消费结构，降低煤炭等化石能源消费，提升清洁能源和可再生能源消费比重，会促进产业结构绿色转型和发展。

（2）考虑技术创新政策下的协同优化。也包括"遵循成本"效应和波特假说两种观点。② "遵循成本"效应认为环境规制工具会导致企业生产成本增加，不利于技术创新，更谈不上促进碳减排和治理环境。甚至有些企业为了追求企业价值最大化主动扩大产品生产，进而产生附属污染物，导致碳排放增加。但是，以波特为代表的学派却认为长期来看环境规制工具能激发企业研发投入，促进技术升级和创新，带来"技术创新补偿效应"，提高企业生产效率，促进碳排放效率提升。同时，由于技术有外溢效应，如果周边地区积极学习效仿和吸纳，会发挥技术的正向溢出效应，从而促进周边地区技术进步。如果周边地区地方政府不积极而且出现"搭便车"现象，则技术创新会产生负向技术溢出效应，进而加剧周边地区环境污染。

（3）考虑外商投资政策下的协同优化。财政分权体制可能造成地方政

---

① 原毅军，谢荣辉. 环境规制工具的产业结构调整效应研究——基于中国省级面板数据的实证检验 [J]. 中国工业经济，2014（8）：57 – 69.

② 沈能，刘凤朝. 高强度的环境规制工具真能促进技术创新吗？——基于"波特假说"的再检验 [J]. 中国软科学，2012（4）：49 – 59.

府为追求经济增长进行"晋升锦标赛"。① 为促进地区经济增长，提升政绩，地方政府可能实施"逐底竞争"行为，或者"非完全执行"。"逐底竞争"会导致发达国家的污染密集型产业向本地区聚集，产生"污染避难所"效应，增加其环境污染；但外商直接投资还可以在一定程度上为东道国企业带来先进的生产技术和生产工艺，产生技术溢出，有助于减少碳排放量，这就是"污染光环"效应。② 如果东道国环境规制工具严格，会阻止发达国家污染密集型产业进入。对已经进入的外商直接投资，提高环境规制工具强度的同时也增加了本国企业的生产成本，挤占了本地企业创新投入，降低了对外商直接投资的技术溢出效应的技术吸纳能力。甚至，如果环境规制工具过于严格，有些外资企业达不到要求则会选择离开，从而导致资本存量下降。同时，外商直接投资进入可以通过要素流动将优质要素吸引过来产生"污染光环"效应，进而对周边地区产生负向影响。图 2 - 5 为考虑产业、技术创新和外商投资政策下的环境规制工具协同优化机理。

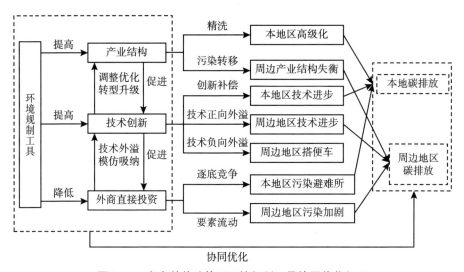

图 2 - 5 考虑其他政策下环境规制工具协同优化机理

---

① 徐盈之，杨英超，郭进. 环境规制工具对碳减排的作用路径及效应——基于中国省级数据的实证分析 [J]. 科学学与科学技术管理，2015（10）：135 - 146.

② 许和连. 外商直接投资导致了中国的环境污染吗？——基于中国省级面板数据的空间计量研究 [J]. 管理世界，2012（2）：30 - 41.

2.4　本章小结

本章对规制、环境规制工具以及三种不同类型的环境规制工具的内涵、碳减排效率的概念进行了界定；分析了环境规制工具影响碳排放 "遵循成本" 和创新补偿机制，推导了环境规制工具影响碳排放效率的理论模型，从直接影响和间接影响两方面分析了环境规制工具对碳排放效率的影响机理，为第 4 章实证分析提供理论分析框架。基于协同优化机理，分别从跨区域环境规制工具协同优化、区域内环境规制工具协同优化以及考虑其他政策下的环境规制工具协同优化三个维度探讨环境规制工具促进碳减排的协同优化方向，为第 5 章提供理论分析框架。

第3章　区域碳排放效率测度
及时空演变特征

　　本章将以碳排放效率作为碳减排的核心指标展开研究。首先测度中国区域碳排放效率并考察碳排放效率的空间特征，只有全面衡量碳排放效率并充分检验其空间相关性，才能更准确检验环境规制工具的碳减排效果。同时把要素的投入、期望产出和非期望产出纳入一个生产模型中进行有效结合的技术就是"环境生产技术"。①　面对我国资源与环境双重约束，本书基于"环境生产技术"，把碳排放量作为非期望产出纳入生产模型中，根据托恩（Tone，2001）提出的至强有效前沿最远距离，综合运用超效率SBM模型测算中国各省份全要素视角下的碳排放效率。全要素碳排放效率充分考虑了经济、能源和环境的关系，可以更科学、合理地反映我国经济增长方式是否能有效实现"节能减排"和"经济增长"二者双赢。同时，碳排放发生跨区域流动会导致相邻地区直接产生空间关联影响，②　加上我国跨区域经济发展不平衡，资源禀赋差异明显，导致低碳转型过程中的碳排放效率空间异质性特征更加显著。考察碳排放效率本身固有的空间相关性，能进一步提高分析结果的稳健性并为准确决策提供依据。因此，本章将采用核密度函数和基尼系数分析碳排放效率空间动态演变特征，采用ESDA方法分析碳排放效率的空间异质特征，为下一章构建空间面板模型展开空间分析提供依据。

---

　　①　Färe R, Grosskopf S, Pasurka C A. Environmental Production Functions and Environmental Directional Distance Functions [J]. Energy, 2007, 32 (7): 1055 – 1066.

　　②　朱平芳，张征宇. FDI竞争下的地方政府环境规制工具"逐底竞赛"存在么？——来自中国地级城市的空间计量实证 [J]. 数量经济研究, 2010 (1): 79 – 92.

3.1　超效率 SBM 模型的构建

目前效率测算方法主要有随机前沿分析（SFA）和数据包络分析（DEA）两种。其中，SFA 属于典型的参数估计方法，要求必须构建生产函数模型，通过参数估计和显著性检验测算效率值。SFA 在产出中考虑了随机因素的影响，但是没能解决变量间共线性问题，且没有办法对没能建立生产函数的效率值进行测算，计算过程也较为复杂。

与之相比，DEA 则是一种非参数估计方法，不需要建立生产函数模型，也不需要对总体参数进行估计，而是通过线性规划，根据不同决策单元的产出和投入构建生产前沿面，再通过每个决策单元与该生产前沿的距离测算效率，并向生产前沿面进行投影，以此进一步明确投入要素调整的方向和数量。DEA 适用的数据类型也较多，适用范围比 SFA 更广，能很好拟合包含有非期望产出的生产活动，无须对数据进行无量纲化处理，克服了 SFA 模型中对于权重设置主观因素的影响。DEA 的原理如图 3－1 所示。

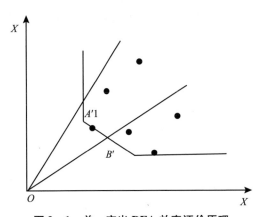

图 3－1　单一产出 DEA 效率评价原理

假设共有 A、B、C、D 四个决策单元，两种投入分别为 X_1 和 X_2，一种产生为 Y，C 和 D 位于生产前沿面上，属于 DEA 有效决策单元，但是 A 和 B

属于 DEA 无效，其效率值根据与前沿面的距离进行测算。假设 A 点和 B 点在生产前沿面上的投影分别为 A′ 和 B′，其效率值分别为 OA′/OA 和 OB′/OB，但 A′ 并不是一个有效点，此时若要将无效点 A 变成有效，就要在 A′ 点投入的基础上缩减对 X_2 要素的投入，并要保持 Y 值不变，将有效的 C 点作为无效 A 点的调整方向。因此，对 A 点的投入调整，一方面是因为技术原因带来的投入冗余 AA′，另一方面是资源配置不当导致的投入冗余 A′C。但是传统的 DEA 会出现多个决策单元同时处于生产前沿面，即效率值都为 1 的情况，从而导致无法评价。因此，安德生和彼得森（Andersen P and Petersen N C，1993）提出了对有效 DMU 进一步区分其有效程度的方法，即"超效率"模型（super efficiency model）。该模型的核心是从参考集中把有效的单元剔除掉。因此，可以进一步对有效 DMU 进行区分，虽然该模型是径向的，但对其他类型的距离函数也适用。如图 3-2 中 B、C、D 均在生产前沿面上，属于 DEA 有效，传统 DEA 则无法对三个有效决策单元进一步评价。因此，构建超效率模型，以 C 为例，在计算 C 的超效率时，要将 C 点从决策单元集合中剔除，所以前沿面由 B 和 D 组成。C 在由 B 和 D 组成的前沿面的投影为 C′，其超效率值为 OC′/OC，可以发现结果大于 1。CC′ 表示 C 点到生产前沿面上投入要素能够增加的程度。但是决策单元 A 和 E 的超效率值与原效率值相等，因为二者并不在生产前沿面上。

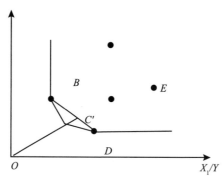

图 3-2 超效率 DEA 模型

传统 DEA 模型与超效率 DEA 是径向距离函数，基于投入或产出的单一角度测算效率值。对无效率程度没有包括松弛改进，使效率存在一定程度的

偏差。于是，提出了 SBM 模型提出了考虑松弛变量的非径向、非角度 SBM
模型（Tone Kaoru，2001），[①] 经济解释意义由效益比例最大化转为了实际利
润最大化。该模型考虑了生产过程中产生的非期望产出，与实际情况更为相
符，所以学者们广泛将其用于碳排放效率、生态效率和能源效率的测算中，
克服了传统 DEA 的投入产出松弛性问题的同时又解决了存在非期望产出时
的效率分析问题，见式（3-1）。

$$\min\rho = \frac{1 - \frac{1}{m}\sum_{i=1}^{m} s_i^-/x_{ik}}{1 + \frac{1}{q}\sum_{r=1}^{q} s_r^+/y_{ik}} \quad (3-1)$$

$$s.t. \begin{cases} X\lambda + s^+ = x^k \\ Y\lambda - s^- = y^k \\ \lambda,\ s^+,\ s^- \geq 0 \end{cases}$$

SBM 模型用 ρ^* 表示被评价单元的效率，该模型是非导向（non-orien-
ted）模型，投入要素和产出要素不能有 0，是一种基于松弛变量测度的非
径向、非角度的 DEA 分析方法。对无效率程度采用各项投入（产出）可以
缩减（增加）的平均比例来衡量。效率值随着投入产出松弛程度的变化而
严格变化，解决了径向模型中对无效率测量没有考虑松弛变量的问题，实现
了无效决策单元中效率值对当前状态与强有效目标值间松弛改进部分的测
量，消除了因传统的径向、角度问题带来的计算偏差和影响。SBM 含义不
具有特异性，任何基于松弛变量计算效率值的方法均可称为 SBM。

假设有 n 个省份，每一个省份是一个生产的决策单元，包括 m 种投入要素
x（要素分为"好"的和"坏"的）、S_1 个期望的产出（y^g）和 S_2 个非期望
的产出（y^b），分别用向量表示。$x \in R^m$，$y^g \in R^{s_1}$，$y^g \in R^{s_1}$，$y^b \in R^{s_2}$。定义矩
阵：$X = [x_1,\ x_1,\ \cdots,\ x_n] \in R^{m \times n}$，$Y^g = [y_1^g,\ \cdots,\ y_n^g] \in R^{s_1 \times n}$，$Y^b = [y_1^b,\ \cdots,$
$y_n^b] \in R^{s_2 \times n}$，假设 $X > 0$，$Y^b > 0$，$Y^b > 0$，将生产可能性集合定义为：

$$p = \{(x,\ y^g,\ y^b)x \geq X\lambda,\ y^g \leq Y^g\lambda,\ y^b \geq Y^b\lambda,\ \lambda \geq 0\} \quad (3-2)$$

① Tone K. A Slacks-Based Measure of Efficiency in Data Envelopment Analysis [J]. European Journal of Operational Research, 2001, 130 (3): 498-509.

λ 为权重向量，$\sum \lambda$ 为 1 表示规模报酬可变（VRS），否则表示规模报酬不可变（CRS）。上述生产可能集的三个不等式分别表示生产中的实际投入量不能低于生产前沿面的投入量，同时实际的期望产出也不能大于前沿面的产出水平，实际的非期望产出不能低于生产前沿面的非期望产出水平。通过查恩斯和库珀（Charnes and Cooper，1978）提出的方法将非线性规划转为线性规划，依据托恩（Tone，2004）提出的 SBM 模型，构造考虑非期望产出的 SBM 模型，见式（3-3）。

$$\rho = \min \frac{1 - \frac{1}{m} \sum_{i=1}^{m} s_i^- / x_{ik}}{1 + \frac{1}{s_1 + s_2} \left(\sum_{r=1}^{s_1} s_r^g / y_{rk}^g + \sum_{r=1}^{s_2} s_r^b / y_{rk}^b \right)}$$

$$\text{s. t.} \begin{cases} X\lambda + s^- = x_k \\ Y^g \lambda - s^g = y_k^g \\ Y^b \lambda + s^b = y_k^b \\ \lambda \geq 0, \ s^g \geq 0, \ s^b \geq 0, \ s^- \geq 0 \end{cases} \tag{3-3}$$

s^-、s^g、s^b 分别为投入、期望产出与非期望产出的松弛变量，ρ 为效率值；当 $\rho \geq 1$ 时，表示被评价的决策单元是相对有效的；反之，当 $\rho < 1$ 时，表示该决策单元相对无效。

然而，利用 SBM 模型进行测算时，同样会出现传统 DEA 分析结果中多个决策单元效率值同时被评价为有效的情况，也就是有一些 DMU 效率值都同时为 1，意味着多个 DMU 同处于生产前沿面最优。为此，托恩（Tone）于 2002 年提出了 SBM 超效率模型，在超效率 SBM 模型下，有效率的 DMU 效率值可以大于 1，并根据效率值大小区分 DMU 的有效顺序。与径向和方向距离函数模型相比，SBM 超效率模型要复杂一些。[1] 首先从生产可能集中删除了有效 DMU，测算其到生产前沿面的距离既实现了对无效 DMU 的排序，又对有效 DMU 进行了区分。[2] 式为（3-4）。

---

[1] 宁论辰，郑雯，曾良恩. 2007—2016 年中国省域碳排放效率评价及影响因素分析——基于超效率 SBM-Tobit 模型的两阶段分析 [J]. 北京大学学报，自然科学版，2021，57（1）：181-188.

[2] 李凯. 基于 Super-SBM 和 Malmquist 指数的中国农业生产效率研究 [D]. 武汉：武汉大学，2017.

$$\rho = \min \frac{1 - \dfrac{1}{m} \displaystyle\sum_{i=1}^{m} s_i^- / x_{ik}}{1 + \dfrac{1}{s_1 + s_2} \left(\displaystyle\sum_{r=1}^{s_1} s_r^g / y_{rk}^g + \displaystyle\sum_{r=1}^{s_2} s_r^b / y_{rk}^b \right)}$$

$$\text{s. t.} \begin{cases} \displaystyle\sum_{j=1, j \ne k}^{n} x_{rj} \lambda_j - s_i^- \leqslant x_{ik} \\[4mm] \displaystyle\sum_{j=1, j \ne k}^{n} x_{rj} \lambda_j + s_i^+ \geqslant y_{rk} \\[4mm] \displaystyle\sum_{j=1, j \ne k}^{n} b_{tj} \lambda_j - s_i^{b-} \leqslant b_{tk} \\[4mm] \lambda \geqslant 0, \ s^- \geqslant 0, \ s^+ \geqslant 0, \ s^b \geqslant 0 \end{cases}$$

$i = 1, 2, \cdots, m; \ r = 1, 2, \cdots, q_1; \ t = 1, 2, \cdots, q_2; \ j = 1, 2, \cdots, n \ (j \ne k)$

$$(3-4)$$

3.2　投入产出指标选取与数据来源

对区域碳排放效率测度首先要界定投入和产出的测算指标。本书选取的投入要素有三个，为资本存量和劳动力以及能源消耗，分别用字母 K、L 和 E 表示。产出指标包含期望产出和非期望产出两种，期望产出是各省份生产总值（GDP），用 Y 来表示，非期望产出为上述基于 IPCC 方法测算出的各省二氧化碳排放量，用 b 表示非期望产出（CO_2）。

1. 产出指标

（1）期望产出（GDP）。本书以 30 个省份的地区生产总值作为期望产出，为消除价格膨胀因素的影响，本书以 2000 年 GDP 为基准，采用 GDP 平减指数将名义 GDP 转换成实际 GDP 进行折算。

（2）非期望产出（CO_2）。指经济发展过程中产生的二氧化碳排放量，根据前面所介绍的公式和方法计算出各省份样本期内的二氧化碳排放量。

2. 投入指标

（1）资本存量（K）。用各地区资本投入量表示，中国没有公布资本存量。根据张军的研究成果，[①] 利用永续盘存制估算省级资本存量，见式（3-5）：

$$K_{it} = (1 - \delta_{it}) \times K_{it-1} + \frac{I_{it}}{p_{it}} \qquad (3-5)$$

p_{it} 表示固定资产投资价格指数，δ_{it} 表示折旧率，采用 9.6%。为了消除价格因素的影响，本书以 2000 年为基年，基期固定资本存量借鉴张军的研究数据。

（2）劳动力投入（L），借鉴相关研究成果采取各省历年年初和年末三次产业从业人员平均值表征。[②]

（3）能源投入（E），由于碳排放主要来源于化石能源消费，本书选取各地区能源消费总量（万吨标准煤）表示各省份能源消耗总量。

本书选择 2000～2019 年 30 个省份为研究样本，投入和产出的数据都来源于历年《中国统计年鉴》《中国环境统计年鉴》《中国科技统计年鉴》《中国能源统计年鉴》和各省统计年鉴。各指标描述性统计结果见表 3-1。

表 3-1　　　　　　　　　投入产出指标描述性统计

变量	样本数	均值	标准差	最小值	最大值
GDP（亿元）	600	10835.73	11080.51	264.59	63682.97
C（万吨）	600	33575.55	26880.98	901.04	155764.19
K（亿元）	600	38016.45	45152.71	739	460624.39
L（万人）	600	2529.94	1692.23	274.90	7141.62
E（万吨标准煤）	600	11544.96	8148.20	480	41390

注：作者根据上述统计年鉴数据整理并计算得到。

---

① 张军，吴桂英，张吉鹏. 中国省级物质资本存量估算：1952—2000 [J]. 经济研究，2004（10）：35-44.

② 赵巧芝，闫庆友. 中国省域二氧化碳边际减排成本的空间演化轨迹 [J]. 统计与决策，2019，35（14）：128-132.

表 3 - 1 的描述性统计结果表明，2000～2019 年全国 30 个省份中，国内生产总值最大值为 63682.97 亿元、最小值为 264.59 亿元，表明我国地区经济发展非常不平衡；从碳排放量来看，最大值为 155764.19 万吨，最小值 901.04 万吨，表明二氧化碳排放量区域差异显著；同样，资本存量、劳动力和能源消费之间也存在很大差距。

由于中国没有官方和权威机构统一公布的二氧化碳排放量计算标准和排放量数据，因此以下将重点对二氧化碳排放总量进行测算和分析。当前更多学者采用联合国政府气候变化专门委员会（Intergovernment Panel on Climate Change，IPCC 2006）提供的测算方法测算碳排放量。依据 IPCC 2006 年推荐的方法，采用国家发展和改革委员会能源研究所推荐的碳排放系数（见表 3 -2），利用《中国能源统计年鉴》中公布的煤炭、焦炭、原油、汽油、煤油、柴油、燃料油和天然气八种主要能源品种，对中国二氧化碳排放量进行测算。碳排放量计算如式（3 -6）所示：

$$CO_2 = \sum_{i=1}^{8} E_i \times R_i \times K_i \qquad (3-6)$$

在式（3 -6）中，CO_2 表示能源消费产生的碳排放量；E_i 代表第 i 种能源的消费量；由于不同能源消费品种在统计中采用的是实物量计量方式，需要折算成标准煤计量，R_i 表示所有第 i 种能源品种的标准煤折算系数，K_i 表示第 i 种能源品种的二氧化碳排放系数。

表 3 - 2　　　　　　　不同能源标准煤的折算系数和碳排放系数

能源	煤炭	焦炭	原油	燃料油	汽油	煤油	柴油	天然气
R	0.7143	0.9714	1.4286	1.4286	1.4714	1.4714	1.4571	1.3300
K	2.7716	4.1305	2.1476	2.2678	2.0306	2.0951	2.0951	1.6438

碳排放总量反映的是一个国家碳排放量的总体情况，不能反映碳排放量与经济增长之间的关系，但碳排放强度可以在一定程度上反映经济发展、技术进步、产业结构、能源消费结构等特征。我国承诺到 2030 年碳排放与 2005 年相比下降 60%～65% 的目标以及"十四五"规划提出的下降 18% 的目标，都是基于碳排放强度制定的。因此，中国实现低碳经济转型和发展，

必须关注各省以及不同区域的碳排放强度。碳排放总量与各地区的地区生产总值相除可以得到碳排放强度，具体见式（3-7）。

$$CI = \frac{CO_2}{GDP} \qquad (3-7)$$

通过式（3-6）、式（3-7）分别测算中国省域碳排放量和碳排放强度，将分成东部、中部、西部三个区域进一步分析。其中东部地区有北京、河北、天津、辽宁、上海、江苏、福建、浙江、山东、广东和海南11个省份，中部地区有山西、吉林、黑龙江、江西、安徽、河南、湖北和湖南8个省份，西部地区有重庆、四川、陕西、贵州、云南、青海、甘肃、宁夏、新疆、广西和内蒙古11个省份。

图3-3显示了2000~2019年各省份年均碳排放量的变化趋势。可以看出，年均碳排放量较高的是山东、河北、山西和江苏，四省份碳排放量合计占全国排放量的36.73%。从三大区域来看，东部年均碳排放量最高，西部最低。原因在于东部地区经济发展水平不断提高，能源利用率相对较低，工业产值较高，导致了较高的二氧化碳排放量。

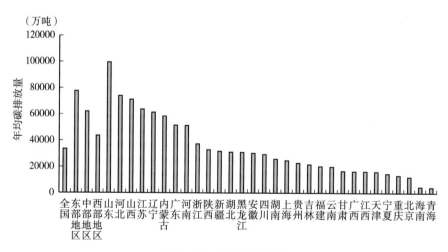

图3-3　年均碳排放量

图3-4反映了我国各省份样本期内年均碳排放强度变化趋势。可以发现，不同省份碳排放强度存在较大差异。山西和宁夏碳排放强度最高，除此

之外，北京、上海、浙江排名靠前。吉林省、黑龙江省、贵州省、云南省、
陕西省、甘肃省、青海省、宁夏回族自治区、新疆维吾尔自治区年均碳排放
总量低于全国碳排放量平均水平，但是碳排放强度却居高不下，原因在于这
些省份技术较为落后，污染密集型的工业比重较大，经济发展仍以粗放式为
主。北京、天津、上海、福建、江西、广西、海南等省份年均碳排放量低于
全国平均水平。与此同时，其碳排放强度也低于全国平均水平。在这些地
区，随着人们环保意识提高和政府减排政策有效实施，减排效果逐步凸显。
上述分析可以看出，碳排放总量低不代表碳排放强度低，碳排放量总量大不
代表碳排放强度也高。一般而言，经济发展水平高的地区，碳排放强度较
小，而经济发展落后的地区，碳排放强度较大。

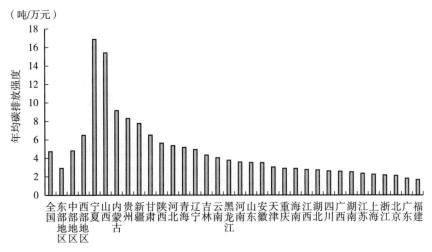

图 3 - 4　年均碳排放强度

3.3　碳排放效率的测算结果及分解

3.3.1　测算结果

基于上述所选取指标和非期望产出 SBM 超效率模型，采用 MaxDEA 软
件，测算我国 30 个省份 2000～2019 年的碳排放效率，测算结果如表 3 - 3

所示。当效率值小于 1 时，表明存在无效损失，有继续改进的空间；当效率值大于或等于 1 时，表明相对有效，此时，碳排放效率值越大，表明与所有相对有效省域相比，该省份碳排放效率水平越高；距离前沿面越远的省份，其碳排放效率越低。

表 3-3　　　　　　　　　　　全要素碳排放效率值

地区	2001 年	2005 年	2009 年	2011 年	2013 年	2015 年	2017 年	2019 年	均值	排名
广东	0.845	0.920	0.960	1.004	1.004	1.004	1.001	1.035	0.969	1
福建	1.013	0.759	0.583	0.585	0.661	0.701	1.001	1.017	0.803	2
青海	0.882	0.702	0.633	0.705	0.800	0.840	0.853	1.005	0.783	3
上海	0.526	0.584	0.652	0.703	0.780	0.840	1.035	1.029	0.733	4
海南	0.961	0.820	0.647	0.608	0.588	0.553	0.573	0.568	0.682	5
江苏	0.536	0.448	0.552	0.617	0.697	0.844	0.934	1.030	0.664	6
天津	0.520	0.551	0.574	0.567	0.616	0.688	0.881	1.015	0.651	7
湖北	0.929	0.656	0.506	0.462	0.522	0.572	0.692	0.786	0.645	8
北京	0.457	0.442	0.509	0.563	0.647	0.757	0.913	1.033	0.625	9
黑龙江	0.523	0.835	0.522	0.477	0.492	0.501	0.566	0.597	0.595	10
浙江	0.567	0.445	0.477	0.498	0.573	0.667	0.762	0.901	0.582	11
湖南	0.619	0.500	0.420	0.413	0.458	0.495	0.574	0.705	0.521	12
辽宁	0.568	0.520	0.406	0.414	0.436	0.452	0.473	0.534	0.499	13
山东	0.548	0.382	0.422	0.455	0.517	0.553	0.603	0.681	0.498	14
江西	0.616	0.427	0.431	0.433	0.456	0.473	0.514	0.556	0.482	15
四川	0.428	0.392	0.380	0.410	0.449	0.487	0.618	0.740	0.468	16
重庆	0.438	0.367	0.368	0.389	0.469	0.507	0.627	0.693	0.464	17
宁夏	1.000	0.470	0.409	0.373	0.357	0.338	0.324	0.315	0.455	18
安徽	0.434	0.432	0.410	0.421	0.429	0.447	0.477	0.510	0.441	19
广西	0.576	0.454	0.385	0.335	0.352	0.379	0.401	0.434	0.426	20
吉林	0.476	0.393	0.352	0.354	0.388	0.418	0.500	0.521	0.419	21

续表

地区	2001 年	2005 年	2009 年	2011 年	2013 年	2015 年	2017 年	2019 年	均值	排名
河南	0.458	0.397	0.332	0.320	0.344	0.380	0.458	0.560	0.404	22
甘肃	0.494	0.368	0.329	0.319	0.320	0.320	0.327	0.355	0.358	23
河北	0.364	0.340	0.327	0.324	0.329	0.347	0.375	0.425	0.352	24
内蒙古	0.487	0.346	0.316	0.306	0.304	0.305	0.324	0.344	0.346	25
云南	0.385	0.324	0.318	0.301	0.309	0.324	0.339	0.353	0.333	26
新疆	0.387	0.355	0.345	0.332	0.300	0.281	0.269	0.267	0.326	27
陕西	0.340	0.302	0.288	0.286	0.295	0.303	0.317	0.332	0.307	28
山西	0.339	0.304	0.253	0.244	0.238	0.228	0.237	0.261	0.271	29
贵州	0.294	0.258	0.261	0.265	0.263	0.259	0.267	0.278	0.267	30
东部地区	0.628	0.565	0.555	0.576	0.623	0.673	0.777	0.843	0.636	1
中部地区	0.549	0.493	0.403	0.390	0.416	0.439	0.503	0.562	0.472	3
西部地区	0.519	0.394	0.367	0.366	0.383	0.395	0.424	0.465	0.415	4

　　根据表 3 - 3 的测算结果计算出中国 2000~2019 年全国碳排放效率均值为 0.511。从各省份碳排放效率平均值分析，北京、天津、江苏、上海、浙江、福建、广东、海南、黑龙江、湖南、湖北和青海的效率值均高于全国平均值，大部分位于东部地区，其余省份均值低于 0.511。从碳排放效率均值排名来看，广东最高，其次是福建、青海、上海和海南。广东省从 2011 年开始碳排放效率值都超过 1；福建 2000~2003 年和 2017 年、2019 年处于生成前沿面，其余年份存在无效损失；上海 2016~2019 年均处于生成前沿面，江苏在 2018 年和 2019 年碳排放效率均大于 1；除此之外，青海碳排放效率也逐渐提高，2019 年处于生成前沿面。从各省碳排放效率变化趋势来看，有些省份逐年上升，呈现 J 形，主要包括广东、上海、浙江、四川、北京和天津。广东省碳排放效率均值在 0.8 以上，后逐年上升；上海从 2015 年开始碳排放效率超过 0.8；北京和天津均在 2018 年超过 0.8，2019 年超过 1。有些省份碳排放效率呈明显下降趋势，呈现倒 J 形，包括海南、宁夏和新疆，海南从 2000 年的 1.136 下降到 2019 年的 0.568，宁夏由 1.007 下降到了

0.315。还有的省份呈现 U 形变化趋势，碳排放效率先下降然后上升，主要包括辽宁、广西、吉林、河南、青海、湖北、湖南、山东、福建。内蒙古、云南和陕西也呈现一定幅度下降在上升，但是变化幅度不大。山西一致呈现下降趋势，但是 2019 年有所提升，贵州变化不明显。图 3 - 5 反映了省域碳排放效率均值的差异。可以看出，广东碳排放效率均值最大，为 0.969，但是仍然没有超过 1；福建、青海和上海在 0.7 ~ 0.8；海南、江苏、湖北、天津和北京在 0.6 ~ 0.7；山东、辽宁、江西、四川、创新、广西、安徽、吉林、河南、甘肃与河北均在 0.5 ~ 0.6，而陕西、山西和贵州平均值比 0.4 低，表明这些省份是节能减排的重点，结论和李涛与傅强（2011）的研究基本一致。因此看出，中国省域全要素碳排放效率差距比较明显，碳排放效率较高的省份主要集中在东部地区，碳排放效率低的省份主要集中在中、西部地区。

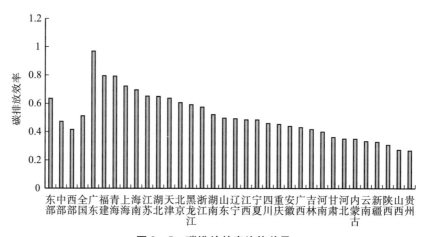

图 3 - 5　碳排放效率均值差异

图 3 - 6 是全国及三大区域的碳排放效率变动趋势。从全国 30 个省份碳排放效率均值来看。2001 ~ 2005 年处于"十五"期间，我国投资急剧扩张，经济发展过快，高耗能产业产品产量迅速增加，年水泥产量和钢材产量、重工业能耗占比迅速提高，直接拉低了碳排放效率的生产前沿面，这一时期的碳效率改善比较慢。

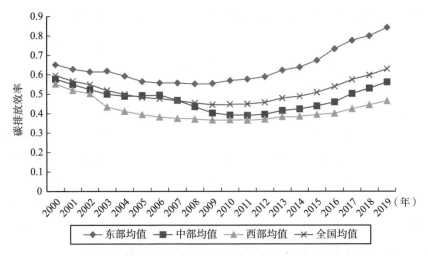

图 3-6　全国及三大区域 2000~2019 年碳排放效率均值变化趋势

2006~2010 年处于我国"十一五"期间，在此期间，我国制订并出台了节能减排约束性指标目标。2009 年国务院提出，到 2020 年我国碳排放强度在 2005 年基础上下降 40%~45%，并纳入国民经济和社会发展中长期规划，中央政府也采取了一系列节能减排措施。但该阶段的主要任务仍是发展经济，工业尤其是重工业发展速度虽然放缓，但是污染依然在不断加重，碳排放效率并没有得到改善，但是在节能减排措施下恶化并不严重，从 2005 年的 0.476 下降到了 2010 年的 0.448。

2011~2015 年我国处于"十二五"规划时期，"十二五"规划提出要扎实推进节能减排，加强生态环保建设，指出到 2020 年非化石能源占一次能源比重要达到 15% 左右，加强和完善了应对气候变化的内容，把单位二氧化碳排放作为约束性指标纳入规划。这一时期碳排放效率得到了很大提升，从 2011 年的 0.449 提升到了 2015 年的 0.509。

2016 年进入了"十三五"时期，"十三五"规划纲要指出要进一步控制碳排放，尤其是重点工业的碳排放，严格落实减排承诺，推进重点领域低碳发展，进一步完善碳排放体系。一系列规划措施改善了碳排放效率，从 2016 年的 0.539 提升到了 2019 年的 0.629。

从三大区域来看，东部平均值最高，达到了 0.635，高于全国均值

0.511；中部次之，为 0.472；西部地区最低，为 0.415，中部和西部均低于全国水平。由此可以看出，我国的碳排放效率具有显著区域差异。这表明即使同时考虑到资本存量要素、劳动力要素和技术投入要素，碳排放效率的区域差异仍然明显。

东部地区历年碳排放效率最高，原因在于，东部地区经济比较发达，具有地理位置优势，经济发达、资源丰富，市场化程度和对外开放程度较高。尽管经济对环境资源具有较强的依赖性，但通过扩大出口、引进外资，以国际市场的技术与资本输入带动了当地经济发展，生产设备不断更新，产业结构不断优化，进一步提高了能源利用效率。同时由于具备先进的生产管理经验和技术优势，可以加强对环境治理的投入，同时兼顾经济与污染治理。碳排放效率均值从 2000 年的 0.65 增长到了 0.84，增幅为 29.29%，样本期内平均效率值维持 0.64 的高水平。

中部地区虽然资源丰富，工业基础较好，但经济发展起步较晚。山西、河南等都是煤炭大省，省内聚集了大量烟煤型企业。随着经济进入快速发展时期，经济发展中的高能耗、高污染特征明显，存在资源浪费、环境污染、产业结构不合理等因素，经济产值增加过度依靠于资源大量消耗，社会生产力没有完全释放，能源利用率较低，生产技术水平远低于东部，以致碳排放量增速和绝对量很高。同时缺乏管理经验、对污染治理投资存在短缺，环境污染超过了环境承载能力，进而导致碳排放效率较差，样本期碳排放效率均值为 0.47 左右，从 2000 年到 2019 年下降了 2.67%。

西部地区历年碳排放效率最低。虽然西部具有丰富的资源，但经济发展水平低，西部地区生态环境脆弱，缺乏先进的治污设备和治污技术，工业多为污染程度较大的重工业，加上东、中部地区在污染治理中可能存在"搭便车"行为，这在一定程度上导致了西部生态建设部分主体责任不明确。西部地区平均碳排放效率值仅为 0.41 左右，距离生产效率边界还有 59% 左右的差距。样本期内碳排放效率下降了 15.8%。

3.3.2　效率分解

钟怡和等（Chung Y H et al.，1997）把方向距离函数（directional distance function）引入了 Malmquist 指数中，目的是处理非期望产出问题，于是提出了 Malmquist-Luenberger（ML）指数，测度存在非期望产出时的全要素生产率，定义方向距离函数如下：

$$\vec{D}_0(x, y, b; g_y, g_b) = sub[\beta : (y + \beta g_y, b - \beta g_b) \in p(x)] \qquad (3-8)$$

$\beta \geq 0$ 表示产出组合（y，b）沿方向向量 g 能同时扩大或缩减的最大的比例。若 $\beta = 0$，表示该决策单元是最有效，否则表示在前沿边界以内，并且 β 值越大，离生产前沿的边界越远。定义 Malmquist-Luenberger（ML）生产率指数为：

$$ML_t^{t+1} = \left[\frac{1 + \vec{D}_0^t(x^t, y^t, b^t, -b^t)}{1 + \vec{D}_0^t(x^{t+1}, y^{t+1}, b^{t+1}; y^{t+1} - b^{t+1})} \right.$$

$$\left. \times \frac{1 + \vec{D}_0^{t+1}(x^t, y^t, b^t; y^t, -b^t)}{1 + \vec{D}_0^{t+1}(x^{t+1}, y^{t+1}, b^{t+1}; y^{t+1}, -b^{t+1})} \right]^{1/2}$$

$$(3-9)$$

该指数在测算时需要选择参比方式，常用的选项有邻接参比和全局参比，选择全局参比能得到各期单独构建前沿面的评价结果以及全局评价结果。基于全局参比的 ML 指数即为 GML，可以有效解决 ML 指数存在的传递性不足和无可行解的情况。为了方便对跨期的比较而且有效克服无可行解，Oh 把生产单元纳入了全局的参考集，[①] 构建了 GML 指数。该指数可进一步分解成技术进步指数（TC）和技术效率指数（EC），分别体现技术效率改进和技术进步对效率变化的贡献。

$$GML_k(t, s) = \frac{1 + \vec{D}_0^G(x_k^t, y_k^{gt}, y_k^{bt}; y_k^{gt}, -y_k^{bt})}{1 + \vec{D}_0^G(x_k^s, y_k^{gs}, y_k^{bs}; y_k^g s_k, -y_k^{bs})} \qquad (3-10)$$

$D_0^G(x_k^t, y_k^{gt}, y_k^{bt}; y_k^{gt}, -y_k^{bt})$ 和 $D_0^G(x_k^s, y_k^{gs}, y_k^{bs}; y_k^g s_k, -y_k^{bs})$ 分别表示研究期内所有投入与产出构成的生产可能集合中作为不同时期共同参照技术集时，第 t 期和第 s 期决策单元的距离函数。当 GML 大于 1 时，表示效率在提升，等于 1 时表示效率不变，小于 1 时表示效率在下降。该指数还可以进

① Oh D H. A global Malmquist-Luenberger Productivity Index [J]. Journal of Productivity Analysis, 2010, 34 (3): 184 - 197.

一步分解为全局技术效率指数（*GEFFCH*）和全局技术进步指数（*GTECH*）。

$$GEFFCH_k(t,\ s) = \frac{1 + \overrightarrow{D_0^t}(x_k^t,\ y_k^{gt},\ y_k^{bt};\ y_k^{gt},\ -y_k^{bt})}{1 + \overrightarrow{D_0^s}(x_k^s,\ y_k^{gs},\ y^bs_k;\ y_k^{gs},\ -y_k^{bs})} \quad (3-11)$$

$$GTECH_k(t,\ s) = \frac{\{1 + \overrightarrow{D^G}(x_k^t,\ y_k^{gt},\ y_k^{bt};\ y_k^{gt},\ -y_k^{bt})\} / \{1 + \overrightarrow{D^t}(x_k^t,\ y_k^{gt},\ y_k^{bt};\ y^g t_k,\ -y_k^{bt})\}}{\{1 + \overrightarrow{D^G}(x_k^s,\ y_k^{gs},\ y_k^{bs};\ y_k^{gs},\ -y_k^{bs})\} / \{1 + \overrightarrow{D^s}(x_k^s,\ y_k^{gs},\ y_k^{bs};\ y_k^{gs},\ -y_k^{bs})\}}$$

$$(3-12)$$

GEFFCH 大于 1 表示技术效率得到改善和提升，小于 1 表示计算效率下降；*GTECH* 大于 1 表示技术得到了提升进步，小于 1 则表示技术倒退。

碳排放效率测度结果分析反映了既定时期各省份与生产边界的相对关系，为了进一步研究在时间跨度加大时期内碳排放效率情况，本节将对碳排放效率进行动态分解，分析效率差异原因。GML 指数是一种动态分析，以各期总和作为参考集，相邻两期在计算时参考的是同一全局前沿面，没有存在前沿交叉。因此，GML 指数只能分解为效率变化指数和技术变化指数两类，不能进行进一步的细分。[①] 本书采用 MaxDEA 8 Ultra 软件测算全要素碳排放效率指数，并将其分解为技术效率变化指数和技术进步指数。

表 3 – 4 给出了三大区域 GML 指数及其分解结果，根据表 3 – 4 可知全国碳排放效率 GML 指数在 2009 年开始指数一直均大于 1，表明碳排放效率从 2009 年开始呈现逐渐上升趋势，其中 2016～2017 年达到了最大，为 6.1%，技术进步贡献率为 4.2%，技术效率贡献率为 1.8%。

对三个区域碳排放效率 GML 测算及分解结果进行分析，可以进一步了解各个区域碳排放效率差异的作用机理。分地区来看，在东部地区，碳排放效率 GML 指数最高，平均增长率为 1.7%，对中部地区而言，2012 年以前 GML 指数一直小于 1，之后开始大于 1，表明整体效率在逐渐上升，西部地区 GML 指数只有 2016～2017 年大于 1，其余年份均小于 1。对碳排放效率 GML 指数进一步分解发现，技术效率在全国和三大区域的均值中对碳排放

---

① 王兵，吴延瑞，颜鹏飞. 中国区域环境效率与环境全要素生产率增长 [J]. 经济研究，2010，45（5）：95－109.

效率均发挥了正向作用，全国技术效率变动指数平均增长率为1.2%，碳排放效率提升主要技术效率，技术进步贡献率为0，意味着我国碳排放效率的提高更多地依靠了技术效率的提高，但是要全面提升碳排放效率，必须要注重技术进步和科技创新。

表3-4　　　　　　　三大区域碳排放效率 GML 指数及其分解

时期	东部地区			中部地区			西部地区		
	GML	GEC	GTC	GML	GEC	GTC	GML	GEC	GTC
2000~2001	0.975	1.091	0.917	0.963	0.997	0.966	0.960	1.006	0.955
2001~2002	0.981	0.966	1.025	0.963	1.017	0.947	0.964	1.092	0.912
2002~2003	1.002	0.993	1.010	0.961	0.995	0.966	0.905	0.940	1.007
2003~2004	0.963	0.973	0.991	0.981	1.096	0.912	0.953	0.940	1.033
2004~2005	0.969	1.002	0.981	0.996	0.996	0.999	0.960	0.986	0.975
2005~2006	0.990	0.974	1.024	0.984	0.954	1.033	0.970	0.991	0.979
2006~2007	0.999	0.975	1.033	0.961	0.978	0.985	0.986	1.028	0.961
2007~2008	0.997	1.022	0.979	0.951	1.005	0.947	0.991	1.005	0.987
2008~2009	1.012	1.015	0.999	0.940	1.039	0.913	0.989	1.003	0.986
2009~2010	1.025	1.000	1.025	0.977	0.992	0.985	0.995	0.988	1.007
2010~2011	1.012	1.006	1.007	0.995	0.965	1.032	0.993	0.988	1.005
2011~2012	1.024	1.002	1.022	1.013	1.007	1.009	1.004	0.982	1.024
2012~2013	1.058	1.020	1.039	1.046	0.919	1.187	1.030	1.012	1.018
2013~2014	1.027	1.015	1.015	1.018	0.990	1.028	1.001	1.004	0.998
2014~2015	1.053	0.997	1.056	1.033	1.006	1.027	1.020	1.026	0.996
2015~2016	1.085	0.992	1.093	1.043	0.946	1.103	1.017	0.943	1.079
2016~2017	1.058	0.995	1.062	1.090	1.051	1.037	1.044	1.018	1.026
2017~2018	1.035	1.061	0.986	1.053	1.339	0.801	1.037	1.203	0.870
2018~2019	1.053	1.075	0.994	1.059	1.042	1.017	1.034	1.015	1.019
均值	1.017	1.009	1.014	1.001	1.017	0.995	0.992	1.009	0.991

从东部、中部与西部三大区域来看，技术进步只有在东部地区实现了增长，发挥了正向的作用，最高值在2015~2016年为8.5%，平均增长率为

1.4%。中部、西部主要是技术效率在提升使得碳排放效率得到提升和改善。东部地区技术效率指数平均增长率为 0.9%，技术进步和技术效率二者均对碳排放效率发挥了正向作用，技术进步对碳排放效率的贡献相对大一些，在一定程度上反映了东部地区强大的技术研发和创新能力。但是对于中部和西部地区，主要依靠技术效率，而技术进步出现了下降，表明中西部地区存在资源投入比例失调、资源配置结构不合理问题，影响了碳排放效率的提升。其中，碳排放技术效率指数反映了环境管理方法以及环境政策是否有效能，碳排放技术进步指数反映了环境改善技术进步的情况。

根据测算结果发现，2000～2019 年全国和三大区域的技术效率和技术进步均得到了不同程度的提升，且对碳排放效率均发挥了不同的作用。东部地区地处沿海，经济发达，国际化程度较高，积极引进并利用外资，技术进步和技术效率均比中部和西部地区高。因此，二者对碳排放效率提升均能发挥积极的正向作用。而中部和西部地区地理位置存在劣势，对技术的吸收和利用不足，但是由于国家逐步加大对环境的治理以及公众环保意识不断增强，技术效率得到了一定提升，进而对碳排放效率的提升发挥了较大的正向作用，但是技术进步并没有做出贡献。

3.4　碳排放效率的动态演化特征测度及分析

3.4.1　碳排放效率的空间分布

2019 年碳排放总量最高的省份依次为山东、山西、内蒙古、河北、江苏、辽宁，均位于华北地区。这些省份的工业偏重于重化工，高碳排放带来了持续严重的雾霾和环境污染。从碳排放强度来看，中国北方省份碳排放强度依然较高，其中宁夏和山西最高，其次是内蒙古和新疆，而南方省市的碳排放强度总体较低。从东部、中部、西部分区域来看，东部地区碳排放强度相对较低，主要原因是东部地区经济比较发达，经济方式慢慢由粗放型转向集约清洁型，逐渐淘汰了污染密集型产业或引导其结构转型，而中部和西部地区经济发展落后，经济发展需要依赖大量资源，导致碳排放强度很高，尤其是西部，随着西部大开发战略以及经济发展的推进，对能源依赖和消耗更强。

对比 2000 年和 2019 年我国省级碳排放效率，可以看出碳排放效率呈现出一定的空间异质性和集聚性特征。福建、青海一直位于生产前沿面（碳排放效率值大于等于 1），处于第一梯度；广东一直处于第二梯度（碳排放效率值为 0.8 ~ 1）；江西、山东、湖南和辽宁一直处于第三梯度（碳排放效率值为 0.5 ~ 0.8）；河北、山西、贵州、云南、陕西和新疆一直处于第四梯度。有些省区碳排放效率所处的梯度随时间变化发生了变化。2019 年北京、天津、上海、江苏均由第三梯度转移到了第一梯度，效率值大于 1，表明这些地区环境得到了较大改善，提升了碳排放效率；浙江由第三梯度转移到了第二梯度；吉林、安徽、四川和重庆由四梯度上升到了第三梯度，广西由第三梯度下降到了第四梯度，宁夏从第一梯度下降到了第四梯度，湖北由第一梯度下降到了第二梯度。可以判断出我国碳排放效率高的省份仍然以东部沿海为主，碳排放效率较低的省份多位于中西部。虽然区域碳生产率的空间分布格局随时间变化而变化，但整体来看，地域因素对碳排放效率影响很大。

3.4.2　基于 Kernel 核密度估计和基尼系数的演变规律

Kernel 核密度估计是一种非参数估计中使用较广泛的方法，优点是从数据本身出发，可以避免参数估计中函数设定的主观因素，能非常贴近数据分布的真实情况。因为只有从样本数据本身出发，才能保证分布函数客观和准确。本节将构造核密度估计，通过其核密度分布图研究碳排放效率差异的动态演变特征。核密度估计见式（3 - 13）。

$$f_n(x) = \frac{1}{nh} \sum_{i=1}^{n} K\left(\frac{X_i - \bar{x}}{h}\right) \qquad (3 - 13)$$

其中，n 为要素总数，x 为要素均值，h 为带宽，其影响者核密度估计的精度水平和核密度图的平滑程度高低。因此，核密度估计结果对 h 非常敏感，需要在核密度估计的偏差和方差之间做出一个权衡，使积分均方误差最小。①

---

① 武鹏，金相郁，马丽. 数值分布，空间分布视角下的中国区域经济发展差距（1952 - 2008）[J]. 经济科学，2010（5）：46 - 58.

　　本节采用非参数 Kernel 核密度估计方法分析 2000～2019 年我国碳排放效率的动态演化规律，选取高斯核对碳排放效率的动态演变趋势进行估计。

　　图 3-7 显示了我国碳排放效率的动态演化特征。横轴代表碳排放效率，纵轴代表核密度大小。可以发现：第一，2000～2005 年核密度曲线波峰明显左移且峰值上升，表明碳排放效率逐步下降，但省份之间碳排放效率差距在缩小；2005～2010 年，波峰继续向左稍微偏移且峰值下降，但陡峭程度基本一致，表示碳排放效率仍在下降，但处于中心值附近的省份变化不大；2010～2015 年，碳排放效率波峰大幅下降并且向右发生了偏移，表明中心值省份在减少，差距在扩大，但碳排放效率得到了一定改善和提升；2015～2019 年，核密度曲线峰值继续向右移动，波峰下降，但是曲线更加平缓，这表明碳排放效率得到了提高和改善，但进一步呈分散趋势。第二，碳排放效率在 2000 年和 2005 年表现为明显双峰分布，2010 年、2015 年和 2019 年表现为单峰分布；2019 年曲线越来越趋"扁平"，说明碳排放效率低和高的省份都有所增加，且区域差异化越来越大。

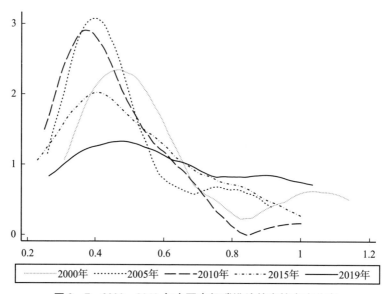

图 3-7　2000～2019 年中国省级碳排放效率核密度分布

　　Kernel 核密度图对碳排放效率的跨区域差距变化解释力存在不足，进一步采用基尼系数解释。基尼系数能进一步衡量碳排放效率的区域差异程度，达格姆（Dagum，1997）提出的按子群分解的基尼系数定义见式（3-14）：

$$G = \frac{\sum_{j=1}^{k} \sum_{h=1}^{k} \sum_{i=1}^{n_j} \sum_{r=1}^{n_h} |y_{ji} - y_{hr}|}{2n^2} \mu \qquad (3-14)$$

其中，$y_{ji}(y_{hr})$ 是 $j(h)$ 地区内任意省份的碳排放强度或碳排放效率，μ 代表平均值，n 是省份个数，k 是地区划分的个数，n_j 是 j 地区内省份的个数。

图 3-8 描述了我国省级碳排放效率地区差距的动态变化特征。样本期内基尼系数的平均值为 0.3685，表明研究区域碳排放效率的区域差异程度较大。基尼系数曲线呈逐步上升趋势，表明碳排放效率差异程度呈现逐渐扩大趋势。

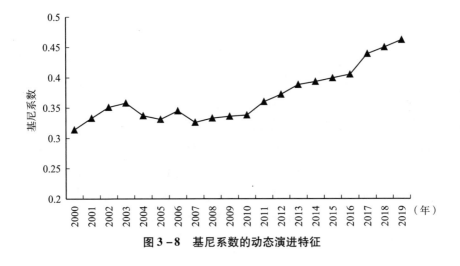

图 3-8　基尼系数的动态演进特征

3.4.3　基于 ESDA 的空间自相关分析

探索性空间数据分析（ESDA）是 20 世纪后期兴起的一系列空间数据分析方法和技术的总称，主要功能是探索空间集聚和空间异质特征，揭示研究单元在空间上的相互作用机制。确定空间相关性是构建空间计量模型的前提。

空间自相关测度主要包括全局空间自相关和局部空间自相关。其中，全局空间自相关可以描述碳排放的整体空间分布特征，局部空间自相关则用于描述空间要素异质性。

目前，衡量数据空间相关性的指标主要有 Moran's I 指数和 Geary C 指数，二者在解决区域数据空间相关性方面具有共性，但 Moran's I 指数受偏离正态分布的影响较小，且抗干扰能力强，结果稳定性高。本书选取 Moran's I 指数进行空间相关性分析。Moran's I 指数又可以分为全局 Moran's I 指数和局部 Moran's I 指数。全局 Moran's I 用来衡量被考察对象全局空间自相关性，能在空间上反映被考察对象是否发生空间集聚、空间离散或者空间随机等空间特征，而局部 Moran's I 指数则可以对被考察对象的局部空间分布特征进行直观反映。1950 年澳大利亚统计学家皮尔斯·莫兰（Pierce Moran）提出 Moran's I 指数，该指数是一个在空间计量经济学领域被广泛使用的全域空间自相关指标，见式（3 – 15）。

$$\text{Moran's I} = \frac{\sum\limits_{i=1}^{n} \sum\limits_{j=1}^{n} w_{ij}(x_i - \bar{x})(x_j - \bar{x})}{s^2 \sum\limits_{i=1}^{n} \sum\limits_{j=1}^{n} w_{ij}} \quad (3-15)$$

其中，n 表示省份数目，i 和 j 表示不同的省份，x_i 和 x_j 分别 i 和 j 地区被考察变量的观测值，$\bar{x}$ 表示被考察变量观测值的均值，s^2 为方差，w 为空间权重矩阵。莫兰指数取值范围在 – 1 和 1 之间。当指数取值为 – 1 时，表明被考察变量的空间特性为完全负相关；指数取值为 1 时，表明空间特性为完全正相关；当其取值等于 0 时，则表示所考察变量没有任何空间相关关系，取值为（0, 1］表示空间正相关，取值为 ［– 1, 0）表示空间负相关。计算出莫兰指数后，需要对其显著性进行统计检验，一般通过正态分布的 Z 检验实现。如果 Moran's I 的 Z-score 正态分布统计量通过了一定置信水平的假设检验，表明 Moran's I 是显著的，检验公式见式（3 – 16）：

$$Z(d) = \frac{[\text{Moran's I} - E(\text{Moran's I})]}{\sqrt{VAR(\text{Moran's I})}} \quad (3-16)$$

全局 Moran's I 虽然是考察数据空间相关性最为普遍的指标，但也存在一定缺陷。如果某区域存在空间负相关性（空间离群效应），但是另外的区域存在着空间正相关性（空间集聚效应），结果有可能造成整体全局 Moran's I 指数正负相抵，无法表征内部具体的空间分布特征，由此可能显示为整体不存在任何空间相关性，与实际结果存在较大偏差。为此，本书引进局部莫兰散点图，莫兰散点图可以进一步反映我国碳排放效率局部空间相关性，反映被考察对象在局部上是否存在空间相关性，反映区域碳排放效率的局部空间依赖性或者空间异质性问题。①

表 3 - 5 为 2000 ~ 2019 年我国碳排放效率的全局空间自相关 Moran's I 统计值结果。可以发现，碳排放效率 Moran's I 值均为正值，LISA 正态统计量 Z 值均通过了显著性水平检验，且呈现出整体逐年上升的变化，这充分验证了我国碳排放效率具有显著的空间正相关特征。可见，碳排放效率的分布并不是随机的，而具有较强的空间聚集特性，各省份碳排放效率会对其相邻地区碳排放效率产生影响，同样也会被相邻地区碳排放效率所影响，即碳排放效率低的省份和碳排放效率高的省份都在空间上呈现了相对集聚特征。因此，在对碳排放效率进行实证研究时，不能忽视空间相关性，否则可能造成模型结果偏差而影响决策。

表 3 - 5　　　　　　　　　　　　碳排放效率的全局莫兰指数

年份	指数	E(I)	sd(I)	Z	P-value	年份	指数	E(I)	sd(I)	Z	P-value
2000	0.142	-0.034	0.121	1.467	0.071	2010	0.335	-0.034	0.114	4.251	0.001
2001	0.177	-0.034	0.121	1.753	0.040	2011	0.302	-0.034	0.115	2.934	0.002
2002	0.160	-0.034	0.121	1.611	0.054	2012	0.290	-0.034	0.117	2.771	0.003
2003	0.251	-0.034	0.119	2.389	0.008	2013	0.279	-0.034	0.119	2.631	0.004
2004	0.321	-0.034	0.118	4.011	0.001	2014	0.288	-0.034	0.121	2.677	0.004
2005	0.249	-0.034	0.120	2.365	0.009	2015	0.295	-0.034	0.121	2.711	0.003
2006	0.180	-0.034	0.117	1.823	0.034	2016	0.346	-0.034	0.122	4.118	0.001
2007	0.240	-0.034	0.116	2.355	0.009	2017	0.320	-0.034	0.123	2.886	0.002
2008	0.288	-0.034	0.113	2.843	0.002	2018	0.308	-0.034	0.123	2.779	0.003
2009	0.347	-0.034	0.114	4.347	0.000	2019	0.285	-0.034	0.123	2.585	0.005

① 彭林. 中国工业企业碳排放效率空间计量分析 [D]. 镇江：江苏大学，2020.

图 3-9 和图 3-10 分别给出了我国 2000 年、2019 年碳排放效率的局部散点图，进一步反映区域碳排放效率的空间集聚性的变化趋势。横坐标代表标准化的碳排放效率，用 Z 表示，纵坐标代表空间权重矩阵加权后的碳排放效率，用 WZ 表示。图中分为四个象限，其中第一象限代表 H-H 集聚，即较高碳排放效率水平的邻近地区碳排放效率也较高；第二象限代表 L-H 集聚，即碳排放效率较低而相邻地区碳排放效率高；第三象限为 L-L 集聚，即碳排放效率较低而相邻地区碳排放效率也低；第四象限为 H-L 集聚，即碳排放效率较高但相邻地区碳排放效率较低。第一、第三象限为空间正相关，空间依赖性显著；第二、第四象限为空间负相关性。根据图 3-9可以看出，位于第一象限的有海南、福建、广东、江西、湖南、广西、浙江7 个省份，占全部样本省份的 23%，均位于东部地区；位于第二象限有新疆、安徽、陕西、重庆、甘肃、上海 6 个省份，占 20%；位于第四象限有湖北、山东、宁夏和青海 3 省份，占 13%；其余均位于第三象限，占 47%。综合来看，位于第一、第三象限占 70%，而位于第二、第四象限只有 30%。

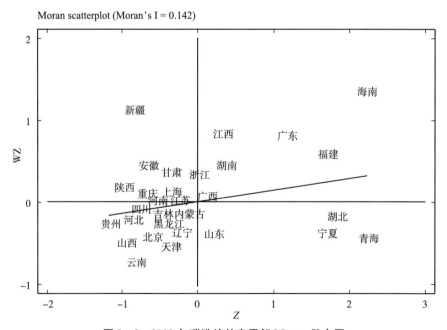

图 3-9   2000 年碳排放效率局部 Moran 散点图

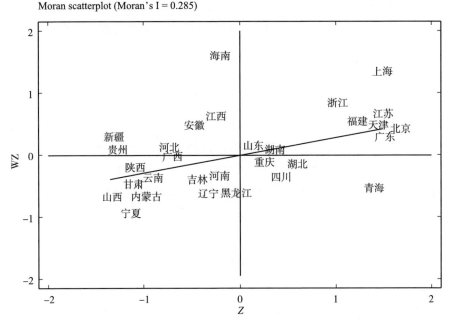

图 3 – 10 2019 年碳排放效率局部 Moran 散点图

我国区域碳排放效率既有空间依赖性，也有空间异质性。根据图 3 – 10 可以发现，其中位于第一象限的有上海、北京、福建、天津、广东、浙江、江苏、山东、湖南 9 个省份，占 30%，这些省份主要位于东部地区；位于第二象限的有海南、江西、安徽、新疆、贵州、河北 5 个省份，占 16%；位于第四象限的仅有湖北、重庆、四川和青海，占 13%；其余均位于第三象限，占 40%，表明我国空间依赖性比较稳定。

3.5 本章小结

（1）构建了测算全要素视角下测试碳排放效率的超效率 SBM 模型，分析了该模型对传统 DEA 以及 SBM 的改进，基于"三投入 + 两产出"框架，选取资本、劳动和能源作为投入要素，以 GDP 为期望产出、CO_2 为非期望产出，测算了省域碳排放效率。

（2）对测算的省域碳排放效率结果进行分析，发现我国省域碳排放效率具有显著区域差异。这表明即使同时考虑到资本存量要素、劳动力要素和技术投入要素，碳排放效率的区域差异仍然明显。从碳排放效率均值排名来看，广东最高，其次是福建、青海、上海和海南。从各省碳排放效率变化趋势来看，有些省份逐年上升，有些省份碳排放效率呈明显下降趋势，还有的省份呈现 U 形变化趋势，碳排放效率先下降然后上升。

（3）对碳排放效率的动态演化特征进行测度并分析。通过碳排放效率的空间分布图发现，碳排放效率高的省份仍然以东部沿海为主，碳排放效率较低的省份多位于中西部。虽然区域碳生产率的空间分布格局随时间变化而变化。但整体来看，地域因素对碳排放效率影响很大；通过 Kernel 核密度估计方法分析省域碳排放效率的动态演化规律，结果发现 2019 年曲线越来越趋"扁平"，说明碳排放效率低和高的省份都有所增加，且区域差异越来越大；基尼系数表明碳排放效率区域差异很大，且差距在还在逐渐扩大；通过探索性空间数据中的莫兰指数和局部莫兰散点图分析发现，碳排放效率在空间上体现为强烈的空间依赖性且空间依赖性特征稳定，因此，具备空间计量的基本前提。

第4章　环境规制工具的区域
碳减排效果研究

环境规制工具水平的提升不会必然带来碳减排效果的提升，环境规制工具的碳减排效果会受到环境规制工具类型以及空间异质性的重要影响。我国目前构建了包括命令控制型、市场激励型和公众参与型等多种类型的环境规制工具体系，不同类型环境规制工具有不同的环境保护倾向和目的,[①] 命令控制型有"强制性"，市场激励型有"灵活性"，公众参与型有"主动性"，不同类型环境规制工具对碳减排影响存在较大差异。[②] 而且，我国经济发展、技术创新、产业结构等方面存在显著区域差异。不同类型环境规制工具有空间差异。[③] 另外，在我国特殊财政分权格局下，环境规制工具空间外溢性的特征不容忽视，各地方政府环境规制标准执行力度参差不齐，导致污染产业就近转移,[④] 异质性环境规制工具产生的空间溢出效应也有显著差异。

本章基于第2章分析的环境规制工具对碳排放效率的影响机理，构建空间模型，从空间溢出视角，分别从省份层面和区域层面实证考察三种不同类型环境规制工具对碳排放效率的差异化影响，为了验证在碳减排过程中地方

---

① 李树，陈刚. 环境管制与生产率增长——以 APPCL2000 的修订为例 [J]. 经济研究, 2013, 48 (1)：17 – 31.

② 彭星，李斌. 不同类型环境规制工具下中国工业绿色转型问题研究 [J]. 财经研究, 2016 (7)：134 – 144.

③ 陈德敏，张瑞. 环境规制工具对中国全要素能源效率的影响——基于省级面板数据的实证检验 [J]. 经济科学, 2012 (4)：49 – 65.

④ 沈坤荣，金刚，方娴. 环境规制工具引起了污染就近转移吗? [J]. 经济研究, 2017, 52 (5)：44 – 59.

财政活动是否会对环境规制工具的减排效果产生影响，同时将考虑财政分权与环境规制工具的交互效应，以期深入揭示经济结构调整与技术进步等因素在区域碳排放效率演变过程中所发挥的不同作用，挖掘"结构红利"以及"技术红利"的贡献。[①]

4.1　基于熵值法的环境规制工具测度及空间特征

4.1.1　测度方法及指标选取

环境规制工具测度方法目前主要包括两种，一种是主观赋权法，另一种是客观赋权法。其中，主观赋权法会由于主观性影响而出现测算结果不稳健，而熵值法作为客观赋权法更能客观评价不同类型的环境规制工具水平。本书采用熵值法对三种不同类型环境规制工具水平测度。先对原始数据标准化，再计算各类指标信息熵和权重，最后用加权求和计算不同年份不同类型环境规制工具的综合得分。假定环境规制工具测量中包含有 r 个年份，m 个省份，n 个测量的指标，构建矩阵 $X_{\theta ij} = \{X_{\theta ij}\}_{mn}(0 \leqslant i \leqslant m,\ 0 \leqslant j \leqslant n,\ 0 \leqslant \theta \leqslant r)$，其中 $X_{\theta ij}$ 代表第 i 个省份、第 θ 个年份、第 j 个指标值，计算步骤如下。

首先，环境规制水平测量指标量纲与量级具有很大差别，为避免量纲差异带来的干扰，采用公式 $X_{ij} = (X_{ij} - X_{\min})/(X_{\max} - X_{\min})$ 对各指标原始值标准化；其次，采用 $Y_{ij} = X_{ij}/\sum\limits_{i=1}^{m} X_{ij}$ 计算第 θ 个年份、第 j 项指标下第 i 省的指标数值比例 $Y_{ij}(0 \leqslant Y_{ij} \leqslant 1)$，并构建比例矩阵 $Y_{\theta ij} = \{Y_{\theta ij}\}$，再计算第 j 项指标的信息熵 $e_j = -k\sum\limits_{\theta=1}^{r} \sum\limits_{i=1}^{m} Y_{\theta ij} \cdot \ln Y_{\theta ij}\ (k > 0,\ k = 1/\ln m \cdot \theta)$，用公式 $d_j = 1 - e_j$ 分别计算第 j 项指标的信息熵和差异性系数 d_j，d_j 决定了权重大小；再次，运算第 j 个单一指标的权重 ω_{ij}，$\omega_{ij} = d_j/\sum\limits_{i=1}^{m} \sum\limits_{j}^{n} d_j$，权重代表指标的重要性；最

[①] 邵帅，范美婷，杨莉莉. 经济结构调整、绿色技术进步与中国低碳转型发展——基于总体技术前沿和空间溢出效应视角的经验考察 [J]. 管理世界，2022（2）：46-67.

后，计算每类环境规制工具每年的综合得分，即为每年的环境规制工具水平。

基于不同主体将环境规制工具划分为三类：命令控制型、市场激励型和公众参与型，并根据实际情况以及数据可得性选取不同指标，构建指标体系，采用熵值法测度。

（1）命令控制型。该类环境规制工具是政府和国家立法机关为监督并督促相关企业在排污时遵守环保政策、减少排污行为造成环境危害而出台的一系列法律规定与政策。其特点是依靠命令手段直接对污染物排放主体排放进行管制，使其行为符合环保标准和规范，具有强制性和约束力，排污者没有选择的余地，达不到标准则需要接受相应的行政处罚。这种环境规制工具见效快，大多国家都在使用，但是忽略了企业减排异质性，不利于企业技术创新，而且需要政府采取严格的监管措施，执行成本较高。目前，命令控制型环境规制工具是我国应用最为广泛的环境规制工具手段。对命令控制型环境规制工具而言，事前控制的包括"三同时"制度、环境影响评价制度等；事中控制环境规制工具包括环境质量标准制度、排污许可证制度；事后控制环境规制工具包括关停并转、限期治理等。但是由于数据搜集困难以及国家对某些指标不再披露等原因，本书选取了以下三个指标。第一，环保系统年末人数。该指标反映了不同地区年末环保系统人员数量，是保证环境规制工具更好得到贯彻执行的重要保证条件，属于支撑系统。环保系统的人数越多，表明政府对环保的投入越大，由此规制强度也越大。第二，环境行政处罚案件数。指不同地区由于企业污染环境而相关部门的行政处罚，这是直接衡量环境规制工具效果的指标之一。因环境被行政处罚案件数越多，表明环境控制越严格。第三，工业污染源治理投资额。工业污染治理源投资额指不同地区当年治理工业"三废"以及其他可能带来环境污染的源头因素的投资总额。工业污染治理源投资额越大，代表该环境规制工具强度越高。

（2）市场激励型。是政府基于市场机制设计的规制工具类型，其充分发挥市场的激励调节作用，采用价格和费用等市场化手段，旨在通过市场机制来引导和控制企业排污决策，将环境规制工具贯穿企业追求经济绩效的过程，降低企业排污水平，在排污者之间有效分配污染排放量或使社会整体排污状况趋于不断优化。不同国家市场激励型环境政策工具表现形式不同，一般包含排污费（税）、可交易排污许可证、政府补贴、补助、押金返还、排污权交易机制、碳排放权交易、税收优惠等。其主要特点是企业有自主选择的权利，但规制工具的使用及其治理效果会受到市场机制的影响，当市场机制不健全时，排污费、排放权交易等无法有效发挥作用，同时企业对环境规制工具反应具有时滞性，也会影响激励效果发挥。对市场激励型环境规制工具而言，我国有排污费、资源税、车船税和消费税、排污权交易和碳排放权交易等。由于环保补贴、环保贷款等数据无法完整获得以及披露口径不一等问题，本书选取了四个有代表指标：第一，排污费收入（环保税）。排污费在我国发展比较早，发展相对比较成熟。征收的排污费越高，一般表明该地区环境规制工具强度越大。由于 2018 年我国开始暂停征收排污费改征环保税。因此，本书中 2018 年以前采用排污费收入，2018 年和 2019 年的数据采用环保税。第二，资源税。我国目前没有征收碳税，因此选取资源税作为指标之一。资源税越高，表明环境规制工具强度越大。第三，车船税。车船税征收越高，表明环境规制工具强度越大。第四，消费税。我国 1994 年开始对汽油和柴油征收消费税，消费税征收越高，环境规制工具强度越大。

（3）公众参与型。这是一种非正式环境规制工具，是社会公众基于自身环保意识加强或在政府引导下自发进行环境保护，通过公共舆论、规劝等方式在企业、政府或非营利组织之间建立一种非法定协议，以实现环境治理的目的，主要通过引入社会调解机制来解决弥补其他两种环境规制工具失灵而无法有效发挥作用的情况。规制工具包括环境协议、环境信访来信件数、环境信访来访人数及两会提案、环境事件披露数、电话及网络投诉量等，主要通过政府宣传、教育、公共舆论引导、通报批评等激励公众自愿参与环保行动，引导个人或企业主动采取污染治理措施改善环境质量，运行成本较低，对环境保护具有长期和根本意义。我国颁布的《环境影响评价公众参与暂行办法》中详细规定了公众参与环境治理的基本原则，公众参与的形式包括环境信访、网络举报、向两会提案等方式。对公众参与型规制工具而言，选取两个指标。第一，两会提案数。两会提案是指人民代表大会提案和政协提案，社会公众可以通过向人大代表和政协委员反映与环境相关的问题，形成提案，在人民代表大会或政协会议上讨论。由于提案仅是通过公众参与环境规制工具的结果，不过多探讨进行提案的途径，因此将两会提案数进行了加总。提案数越多，表示公众参与环境的意识越强，环境规制工具水平越高。第二，环境信访量（微信举报数）。环境信访能反映社会公众对企业和环境问题的监督状况，来信总数越多，表明公众越关注环境问题。我国2017 年起不再进行披露环境信访量，所以 2018～2019 年的数据采用微信举报数进行替代。环境规制工具指标体系见表 4-1。

表 4-1　　　　　　　　　　　环境规制工具指标体系

规制类型	选取的指标	属性	指标含义
命令控制型	环保系统年末人数（个）	正向	当年环保系统年末总人数
	环境行政处罚案件数（个）	正向	当年因环境事件被行政处罚案件数
	工业污染治理投资额（万元）	正向	当年治理工业污染源的投资总额
市场激励型	排污费（环保税）（万元）	正向	当年收缴入库排污收费（环保税）总额
	资源税（万元）	正向	当年征收的资源税总额
	车船税（万元）	正向	当年征收的车船税总额
	消费税（万元）	正向	当年征收的消费税总额
公众参与型	人大以及政协提案（件）	正向	当年人大和政协环境事件的提案数
	环境信访量（封、件）	正向	当年环境事件来信总数

4.1.2　测度结果分析

通过熵值法测算各指标的权重见表 4-2。其中，命令控制型环境规制工具中权重最大的是环境行政处罚案件数，其次是工业污染治理投资，然后是环保系统年末人数。市场激励型环境规制工具中权重最大的是资源税，其次是消费税，再次是排污费，最后是车船税。公众参与型环境规制工具指标中权重最大的是环境信访，其次是两会提案数。

表 4-2　　　　　　　　　　不同环境规制工具测度指标的权重

环境规制工具类型	选取的指标	权重	排序
命令控制型	环保系统年末人数	0.15	3
	环境行政处罚案件数	0.47	1
	工业污染治理投资	0.38	2

环境规制工具类型	选取的指标	权重	排序
市场激励型	排污费收入（环保税）	0.23	3
	资源税	0.41	1
	车船税	0.15	4
	消费税	0.21	2
公众参与型	两会提案	0.20	2
	环境信访	0.80	1

根据上表4-2中各项指标权重，计算出各种工具环境规制水平得分，三类环境规制工具的变化趋势如图4-1所示。可以看出，命令控制型环境规制工具水平经历了波动变化趋势。其可能的原因在于本书选取了环保系统年末人数、环境行政处罚案件数和工业污染治理投资为指标进行的测算，而三个指标各省历年变化呈波动变化，比如以环保系统年末人数为例，各省均值2016年达到最低，如北京市2000年为1448人，2016年大幅下降为435人，2017年为808人。整体命令控制型环境规制工具在2008年以前规制水平最高，发挥着最大的规制作用，从2008年开始逐渐下降趋势，在2016年以后又随着国家对环保法律法规的修订以及加大污染治理力度逐渐上升。

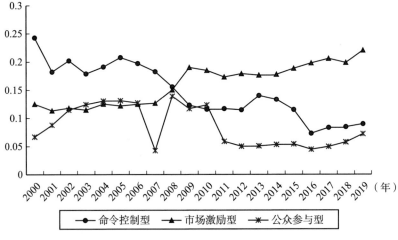

图4-1　不同类型环境规制工具变化趋势

根据图 4 - 1 可以发现，公众参与型环境规制工具在 2007 年大幅度下降，之后大幅度上升，2011 年再次大幅度下降，之后稳步提升。可能的原因在于本书选取的公众参与型环境规制工具衡量指标为环境信访量（微信举报数）和两会提案数。以环境信访量为例，在 2007 年各省份的环境信访量均呈现出大幅下降，以北京为例，2006 年为 23197 件，但是 2017 为年 1342 件。2011 年以后，我国通信网络和工具逐渐发达和普及，有些地方政府建立了专属网站，有些公众开始选择利用网络和通信工具，不再以写信的方式进行信访。随着公众环保意识的增强，公众参与型环境规制工具水平逐渐发挥了更大的监督作用。市场激励型环境规制工具水平在样本期内稳步提升，逐渐发挥越来越重要的激励作用。2008 年以前，市场激励型环境规制工具水平比命令控制型低但比公众参与型水平高，2008 年以后，市场激励型环境规制工具水平最高。2009 年出现了小幅下降趋势，但后来又逐渐上升，表明我国排污费、资源税、车船税和消费税发挥了调节和激励作用。2008 年以前，命令控制型环境规制工具水平最高，发挥着主导作用，自 2008 年以来，市场激励型环境规制工具水平开始提升，大于命令控制型的规制水平，发挥着越来越重要的主导作用。公众参与型环境规制工具水平基本介于命令控制型和市场激励型环境规制工具水平中间，在 2011 年以后虽低于市场激励型环境规制工具水平，但仍呈稳步上升趋势，这表明，我国公众的环保意识逐渐增强，对环境质量要求越来越高，未来要充分重视公众这一群体在环境治理中的积极作用。

表 4 - 3 是我国 2000 年、2019 年全国 30 个省份以及东、中、西部三个区域的三种不同类型环境规制工具水平。总体来看，环境规制工具水平较低。其中，公众参与型、市场激励型环境规制工具水平随着经济发展在不断提升，命令控制型环境规制工具水平在 2016 年以前处于下降趋势。从区域来看，在东部地区，市场激励型环境规制工具水平是最高的；在中部区，公众参与型环境规制工具水平最高；而在西部地区，命令控制型工具水平最高。

公众参与型主要分布在中部地区和东部地区，市场激励型主要集中在北部地区和东部地区，其中东北三省、河北、宁夏、甘肃、云南最高。命令控制型最高的在中、东部地区。

表4-3　　2000年和2019年不同区域不同类型的环境规制工具水平

环境规制工具类型	年份	全国	东部	中部	西部
公众参与型	2000年	0.0670	0.1168	0.1629	0.0758
	2019年	0.0721	0.1038	0.2728	0.0821
市场激励型	2000年	0.1250	0.2684	0.1444	0.1826
	2019年	0.2202	0.3388	0.2283	0.3160
命令控制型	2000年	0.2428	0.2732	0.3052	0.3519
	2019年	0.0900	0.0955	0.0987	0.1360

4.1.3　空间相关性分析

为进一步分析环境规制工具的空间相关性，测算出样本期内三种不同类型环境规制工具的全局莫兰指数，结果三种环境规制工具全局莫兰指数均通过了显著性水平检验。这表明三种环境规制工具空间分布存在显著空间相关性，即明显的高-高集聚和低-低集聚。由于篇幅所限，仅列出2000年、2010年、2016~2019年六年的全局部莫兰指数，结果见表4-4。

表4-4　　　　　　　　环境规制工具全局莫兰指数

环境规制工具类型	指标	2000年	2010年	2016年	2017年	2018年	2019年
公众参与型	Moran' I	0.236	0.370	0.298	0.153	0.199	0.227
	Z值	2.297	3.286	2.774	2.063	2.276	2.225
	P值	0.011	0.001	0.003	0.020	0.011	0.013
市场激励型	Moran' I	0.117	0.159	0.394	0.448	0.410	0.467
	Z值	1.381	1.628	3.501	3.940	3.628	4.094
	P值	0.084	0.052	0.000	0.000	0.000	0.000
命令控制型	Moran' I	0.136	0.183	0.392	0.254	0.251	0.210
	Z值	1.415	1.871	3.529	2.465	2.459	2.053
	P值	0.079	0.031	0.000	0.007	0.007	0.020

根据表 4 - 4 可以看出，首先，三种环境规制工具在置信水平为 1%
或 5% 的水平上的空间自相关是显著的，表明环境规制工具具有显著的
空间集聚特征。其次，全局莫兰指数均显著为正，表明三种环境规制工
具在空间表现为显著的空间正相关性，以"高水平 - 高水平"或"低水
平 - 低水平"两种空间正相关为主要特征。最后，观察三种环境规制工
具莫兰指数的变化趋势，在 2016 年以后指数均逐渐增大。2019 年市场
激励型环境规制工具达到了 0.467，公众参与型环境规制工具达到了
0.227，命令控制型环境规制工具为 0.210。这充分表明了空间相关性
在显著增强。

环境规制工具的全局空间自相关指数验证了环境规制工具在空间上的整
体集聚趋势，但是不能探测出集聚的具体位置和省份之间的相关程度，局部
空间自相关 LISA 指数可以揭示某一个区域单元与其相邻区域的空间相关性
和异质性，识别环境规制工具的空间集聚与空间孤立等空间异质性。[①] 本书
采用莫兰散点图进行局部空间自相关分析，局部空间自相关可划分为高 - 高
（HH）型、高 - 低（HL）型、低 - 低（LL）型、低 - 高（LH）型四个类
型。由于篇幅限制，本书分别列出三种环境规制工具 2019 年的莫兰散点图。
图 4 - 2、图 4 - 3、图 4 - 4 分别为公众参与型、市场激励型和命令控制型环
境规制工具局部莫兰散点图。可以看出，三种环境规制工具位于第一、第三
象限的省份占比较高。以 2019 年为例，公众参与型环境规制工具位于第一
象限有 10 个，第三象限有 10 个，合计占比 66.7%，市场激励型环境规制
工具位于第一象限 11 个，第三象限有 13 个，合计占比 80%，命令控制型
环境规制工具位于第一象限 9 个，第三象限有 12 个，合计占比 70%，进一
步证实了环境规制工具存在显著的高 - 高集聚、低 - 低集聚的空间自相
关性。

---

① 侯光雷，王志敏，张洪岩等. 基于探索性空间分析的东北经济区城市竞争力研究 ［J］. 地
理与地理信息科学，2010，26（4）：67 - 72；梅志雄，徐颂军，欧阳军. 珠三角城市群城市空间吸
引范围界定及其变化 ［J］. 经济地理，2012，32（12）：47 - 52，60.

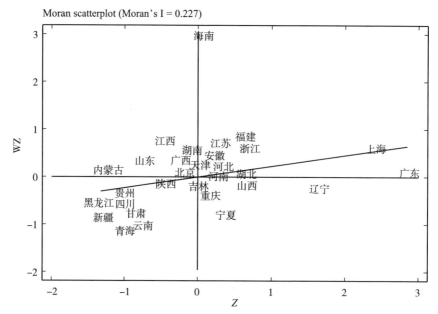

图 4 - 2　公众参与型环境规制工具 2019 年莫兰散点图

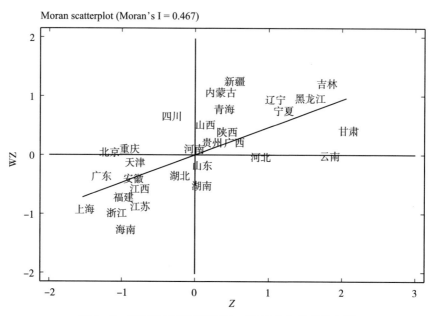

图 4 - 3　市场激励型环境规制工具 2019 年莫兰散点图

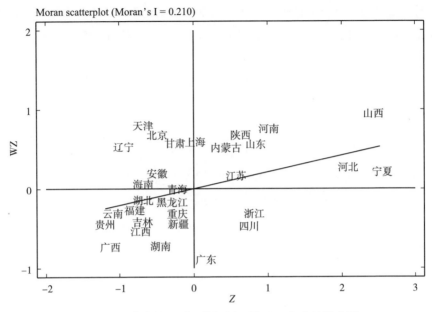

图 4 - 4　命令控制型环境规制工具 2019 年莫兰散点图

4.2　空间面板模型的构建

4.2.1　变量选取与数据来源

1. 被解释变量

被解释变量为区域碳排放效率。第四章运用 SBM 超效率模型,采用 MaxDEA 软件,测算了 30 个省份 2000 ~ 2019 年的碳排放效率值,以此作为被解释变量。

2. 核心解释变量

基于本书对环境规制工具的分类,分别选取公众参与型（ger）、市场激励型（ser）和命令控制型（mer）三种环境规制工具水平作为核心解释变量,各变量取值为前文测度的环境规制工具水平。需要注意的是,碳排放权交易制度已经成为推动低碳经济转型的重要市场化手段，不仅有助于实现碳减排目标，还可以积极应对承担减排义务所带来的不利影响。我国自2011年开始建立碳排放权交易试点政策。因此，本书将碳排放权交易试点（*cet*）作为虚拟变量，以补充市场激励型环境政策，未实行碳排放交易试点政策取值为0，否则取值为1。

3. 其他控制变量

（1）产业结构（*is*）。我国第二产业占比很高，对碳排放产生了严重影响。借鉴罗良文和李珊珊的研究，选用第二产业产值占GDP的比重表示不同地区产业结构的变动情况。[1] 与第一产业和第三产业相比，我国第二产业的高耗能、资源密集型行业占比巨大。当期我国仍处于工业化发展阶段，第二产业规模在短时间内不会发生太大下降。第二产业占比越高，区域二氧化碳排放越多，就会抑制碳排放效率。本书采取第二产业产值在GDP中的比重来衡量产业结构，该指标数值越大，表明地区产业结构越偏向第二产业，反之则偏向第三产业。

（2）能源消费结构（*es*）。我国作为煤炭大国，具有丰富的煤炭资源，在今后相当一段时期内煤炭为主的能源消费结构不可能发生根本改变。因此，选取煤炭占比作为能源消费结果的衡量指标。煤炭消费比重越大，二氧化碳排放量越多，意味着对碳排放效率的抑制作用就会更强。

（3）技术创新（*t*）。目前学者们有的从投入角度衡量技术创新，一般包括研发经费、全要素生产率等。还有从产出角度衡量技术进步，比如专利申请量、专利授权量等。本书选择地区专利申请授权数来衡量技术进步水平。[2]

（4）外商直接投资（*fdi*）。随着对外开放不断发展，外商直接投资规模越来越大，对我国碳排放产生了一定影响。外商投资对于东道国碳排放的影

---

[1] 罗良文，李珊珊. FDI、国际贸易的技术效应与我国省级碳排放绩效 [J]. 国际贸易问题，2013（8）：142-150.

[2] 潘雄锋，张维维. 基于空间效应视角的中国区域创新收敛性分析 [J]. 管理工程学报，2013，27（1）：63-67，62；赵巧芝，朱雅寒，崔和瑞. 中国制造业技术创新效率空间相关、区域差异及收敛性研究——来自信息通信技术部门的证据 [J]. 工业技术经济，2021，40（12）：94-102.

响主要通过技术溢出效应体现。在我国低碳转型和绿色可持续发展的大背景下，高能耗高污染产业会逐渐被淘汰，随着高质量高水平的外资进入，本国同类企业必须要主动提升技术水平，一方面增强自身竞争力，另一方面增强对外资技术的吸纳能力，促进外资的"污染光环"效应发挥。本书将采用外商直接投资额衡量外商直接投资水平。

（5）城镇化水平（u）。在城镇化进程中，一方面，随着配套的基础设施和要素配置的优化，会通过经济集聚效应带来经济效益提升；另一方面也导致大量农村人口涌向城市进而带来了能源消耗增加，人口大规模集中可能引发"拥塞效应"，导致碳排放量增加，抑制碳排放效率提升。本书借鉴林伯强等（2010）的做法，以城镇化人口占总人口比值衡量城镇化水平。[①]

（6）财政分权（fd）。目前有学者探讨了财政分权对碳排放的影响，[②]为了考察财政分权是否会引发环境规制工具的"逐底竞争"导致"污染避难所效应"，本章将引入财政分权变量以及财政分权与环境规制工具的交互项。学者们当前采用收入、支出和财政自主度衡量财政分权。其中，收入和支出不能反映财政同一中央政府下不同地方政府分权程度的差异，但是财政自主度能对地区经济增长和地方公共品供给具有正向作用。[③]因此，本书借鉴陈硕、高琳（2012）的做法，采用财政自主度指标来度量财政分权程度即省本级预算内财政收入占省本级预算内财政支出的比重来衡量。

考虑到数据一致性和可获得性，本章以我国 30 个省、自治区、直辖市 2000～2019 年的省级面板数据为研究样本，不包括西藏、台湾、香港和澳门地区。所有原始数据来源于《中国环境年鉴》、各省统计年鉴、《国家统计年鉴》《中国能源统计年鉴》等，个别年份缺失的数据采用插补法补齐。

---

①　林伯强，刘希颖. 中国城市化阶段的碳排放：影响因素和减排策略［J］. 经济研究，2010，45（8）：66－78.

②　张克中，王娟，崔小勇. 财政分权与环境污染：碳排放的视角［J］. 中国工业经济，2011（10）：65－74；李艳红. 基于 STIRPAT 模型的财政分权对碳排放的影响测度［J］. 统计与决策，2020，36（18）：136－140；方建春，童杨，陆洲. 财政分权、能源价格波动与碳排放效率财政分权、能源价格波动与碳排放效率［J］. 重庆社会科学，2021（7）：5－17.

③　陈硕，高琳. 央地关系：财政分权度量及作用机制再评估［J］. 管理世界，2012（6）：43－59；Qian Y，Xu C. Why China's Economic Reforms Differ：The M-form Hierarchy and Entry Expansion of the Non-State Sector［J］. The Economics of Transition，1993，1（2）：135－170.

各变量的描述性统计见表4-5。

表4-5　　　　　　　　　　变量描述性统计

变量名称	单位	均值	最小值	最大值	标准差
碳排放效率	—	0.511	0.228	1.141	0.204
公众参与型环境规制工具	—	0.085	0.001	0.829	0.082
市场激励型环境规制工具	—	0.139	0.032	0.548	0.078
命令控制型环境规制工具	—	0.147	0.024	0.681	0.093
能源消费结构	%	60.43	2.18	90.44	16.36
产业结构	%	45.53	16.2	61.5	8.14
技术创新	件	28024.09	70	527390	56789.78
碳排放交易试点	—	0.09	0	1	0.29
外商直接投资	万元	402.85	0.29	10499.52	712.54
城镇化水平	%	50.16	0.37	89.6	15.51
财政自由度	%	51.10	14.82	95.09	18.85

4.2.2　空间权重矩阵的设定

在空间计量模型中，权重矩阵是外生的，当前常见的空间权重矩阵包括以下三种。

（1）空间邻接权重矩阵，用 w_1 表示。根据两个不同区域是否有共同边界来定义邻接，w_{ij} 表示 i 区域和 j 区域之间的相邻关系，n 表示地区总数。如果两个空间区域相邻，则权重赋值为1，否则为0。

（2）地理距离空间权重矩阵，用 w_2 表示。基于地理距离空间权重矩阵取决于不同区域之间的实际地理距离，通过经纬度算出两个不同区域之间地理距离，并以距离的倒数作为权重，即 $w_{ij} = 1/d_{ij}$，$i \neq j$；$w_{ij} = 0$，$i = j$。

（3）经济距离型权重矩阵，用 w_3 表示，以两省份之间经济发展水平差距的倒数进行测算，即 $w_{ij} = 1/|y_i - y_j|$，$i \neq j$。

4.2.3　相关检验及模型选择

我国各地区由于经济发展的需要会存在多种联系，存在经济和地域关联的地区会表现出较强的关联性。而环境治理政策往往也被周边相邻地区学习模仿，促使区域空间联动性更强。刘华军等（2015）证实我国地区间生产率增长以及能源消费等宏观经济变量具有明显空间溢出效应。余泳泽（2015）和武红（2015）也得到了类似结论。沈坤荣（2017）研究证实了环境规制工具存在空间溢出效应，会造成污染产业发生就近转移。在第3章和上文中也表明三种环境规制工具和全要素碳排放效率均存在空间依赖性及空间异质性特征。然而，两者之间是否存在依赖关系？为进一步研究环境规制工具对碳排放效率的影响，以下构造空间模型展开分析。

空间计量的前提是变量之间存在空间依赖性，如果不存在空间上的依赖性，则采用普通面板模型即可。因此，空间计量模型是要构建空间权重矩阵，同时把不同截面或个体之间的空间依赖性考虑进来，以减少参数估计误差。①常见的空间计量模型主要有空间滞后模型、空间误差模型和空间杜宾模型。①其中，空间滞后模型假设被解释变量的空间滞后项会对解释变量本身产生影响，影响系数成为空间自回归系数，认为在空间相邻地区的被解释变量可能存在某种相互依赖关系，从而形成均衡结果。所以，模型中考虑了被解释变量的空间滞后项并把它作为了解释变量。空间误差模型认为，变量的空间依赖性有可能通过空间误差项体现，这意味着空间误差项存在空间依赖性，即存在遗漏变量，而且遗漏变量存在一定的空间相关性，或者有不可观测的随机性冲击，②导致空间误差项存在空间相关性，忽略误差项的空间自相关性会导致模型参数估计不准确，因此，空间误差模型考虑了误差项的空间相关性。空间杜宾模型是一般化的模型，假设某个区域的被解释变量会依赖于相邻地区的解释变量。上述空间滞后模型考虑了被解释变量的空间滞后

---

① Elhorst J P. MATLAB Software for Spatial Panels［J］. International Regional Science Review，2012，37（3）：389 – 405.

② 陈强. 高级计量经济学及 Stata 应用（第二版）［M］. 北京：高等教育出版社，2014.

项影响，空间误差模型考虑了空间扰动项的空间滞后项，但是同时将被解释变量和空间误差项的空间滞后项同时进行考虑的就是空间杜宾模型。该模型既包含被解释变量空间滞后项的影响，也包含解释变量空间滞后项的影响，同时考察了二者的空间相关性。

本书拟建立三个空间面板模型，并通过相关检验确定一个最合适的模型展开回归分析，所构建环境规制工具对碳排放效率影响的 SLM、SEM、SDM 模型分别如下。

$$cte_{it} = \rho\omega(cte_{it}) + \beta\left[er(j)_{it}, \ er(j)_{it}^2\right] + X + \varepsilon \qquad (4-1)$$

$$cte_{it} = \beta\left[er(j)_{it}, \ er(j)_{it}^2\right] + X + \varepsilon \qquad (4-2)$$

$$cte_{it} = \rho\omega(cte_{it}) + \beta_1\left[er(j)_{it}, \ er(j)_{ij}^2,\right] + \beta_2\omega\left[er(j)_{it}, \ er(j)_{it}^2\right] + X + \varepsilon$$

$$(4-3)$$

为了考察财政分权在环境规制工具对碳排放效率直接影响中的调节作用，将在上述模型中分别引入财政分权与环境规制工具的交互项，其 SLM、SEM、SDM 模型分别如下：

$$cte_{it} = \rho\omega(cte_{it}) + \beta\left[er(j)_{it}, \ er(j)_{it}^2, \ er(j)_{it} \cdot fd_{it}\right] + X + \varepsilon \quad (4-4)$$

$$cte_{it} = \beta\left[er(j)_{it}, \ er(j)_{it}^2, \ er(j)_{it} \cdot fd_{it}\right] + X + \varepsilon \qquad (4-5)$$

$$cte_{it} = \rho\omega(cte_{it}) + \beta_1\left[er(j)_{it}, \ er(j)_{it}^2, \ er(j)_{it} \cdot fd_{it}\right]$$

$$+ \beta_2\omega\left[er(j)_{it}, \ er(j)_{it}^2, \ er(j)_{it} \cdot fd_{it}\right] + X + \varepsilon \qquad (4-6)$$

上述模型中，$cte_{i,t}$ 表示 i 省份第 t 年的碳排放效率，$er(j)$ 表示环境规制工具，$j=1$，2，3，分别表示公众参与型环境规制工具（$j=1$，ger）、市场激励型环境规制工具（$j=2$，ser）和命令控制型环境规制工具（$j=3$，mer），fd_{it} 表示财政分权，$W(\cdot)$ 为因变量的空间滞后项，β 为相应系数，反映自变量对因变量的影响程度，X 表示控制变量具体包括产业结构、能源消费结构、城镇化水平、外商直接投资、技术创新；ρ 为空间自相关系数，如果系数显著，表明存在显著空间相关性，即相邻地区的自变量对本地区影响显著。ε 是随机扰动项，满足独立同分布且空间不相关。表示误差项的空间自相关系数显著，表明确实存在某些遗漏因素导致误差项空间自相关，表明区域内各单元之间的空间依赖性是由解释变量以外的外生冲击导致的。

由于引入了空间权重矩阵存在空间滞后性，各省份变量除了影响本区域

（直接效应），还会对其周边相邻区域产生影响（间接效应）。因此，除了因变量的空间滞后项外，上述空间模型中的各变量回归系数不能直接反映自变量对因变量的真实影响，且回归系数显著性不能反映自变量对因变量的影响是真实存在的。[①] 基于此，勒萨热和佩斯（LeSage and Pace，2009）提出了采用平均直接效应和平均间接效应的计算方法，用来解释空间计量模型中自变量对因变量的影响。因为本地区的自变量对本地区的因变量之间有相互作用，同时不同区域的因变量之间也会产生相互作用。平均直接效应则反映了某区域某个自变量变化对因变量产生的平均综合影响，一方面包括本地自变量本地因变量产生的直接影响，另一方面也包括这种影响通过空间关联传到相邻地区进而引起周边地区该自变量变化后反过来又对本地因变量产生的影响；平均间接效应也称平均空间溢出效应，反映了某区域某个自变量变动通过空间互动影响空间关联地区因变量的平均影响。本书在采用空间模型回归后，将对空间效应进行分解，并围绕分解后的平均直接效应和平均间接效应展开解释和分析。借鉴佩斯等（Pace，2009）基于偏导矩阵法对空间模型参数的解释方法，[②] 计算直接效应和空间溢出效应，见式（4 - 7）。

$$\left[\frac{\partial CP}{\partial X_1} \cdots \frac{\partial CP}{\partial X_n} \right] = \begin{bmatrix} \dfrac{\partial CP_1}{\partial X_1} \cdots \dfrac{\partial CP_1}{\partial X_n} \\ \dfrac{\partial CP_n}{\partial X_1} \cdots \dfrac{\partial CP_n}{\partial X_n} \end{bmatrix} = (1 - \rho W)^{-1}(aI \times BW) \qquad (4-7)$$

在式（4 - 7）中，等式中间偏导数矩阵中对角线元素之和的平均值即为直接效应，非对角线元素之和的平均值为间接效应，即空间溢出效应，两者之和等于总效应。

是否选择空间计量模型，首先要基于普通面板数据对所构建模型进行 OLS 回归，采用 LM 检验诊断是否存在空间效应。LM 检验的原假设是不存在空间相关项和空间滞后项，通过 LM-err、Robust-err 、LM-lag 和 Robust-lag 判

---

① Lesage J P, Pace R K. Introduction to Spatial Econometrics. CRC Press：FL［M］. 2009；陈强. 高级计量经济学及 Stata 应用（第二版）［M］. 北京：高等教育出版社，2014.

② Pace R Klesage J P. A Sampling Approach to Estimate the Log Determinant Used in Spatial Likelihood Problems［J］. Journal of Geographical Systems，2009，11（3）：209 - 225；Elhorst J P. Spatial Econometrics：From Cross-Sectional Data to Spatial Panels［M］. Physica-Verlag HD，2014.

断是否存在空间相关性，进而判断是否进行空间计量。表4-6中，模型（1）和模型（2）分别为省份层面不加和加入财政分权与环境规制工具交乘项的模型，同时采用豪斯曼检验来判断是选择随机效应模型还是固定效应模型，LM检验和豪斯曼检验结果见表4-6。

表4-6　　　　　　　　　　LM检验结果和豪斯曼检验结果

检验类型	公众参与型		市场激励型		命令控制型	
	模型1	模型2	模型1	模型2	模型1	模型2
Moran's I	5.919 (0.000)	7.669 (0.000)	6.505 (0.000)	6.590 (0.000)	7.375 (0.000)	7.361 (0.000)
LM-ERR	32.192 (0.000)	54.744 (0.000)	39.313 (0.000)	40.129 (0.000)	50.562 (0.000)	50.187 (0.000)
R-LM-ERR	0.001 (-0.981)	1.434 (-0.231)	1.4446 (-0.229)	2.118 (-0.146)	3.481 (-0.062)	3.438 (-0.27)
LM-LAG	36.430 (0.000)	56.695 (0.000)	41.638 (0.000)	40.870 (0.000)	47.600 (0.000)	47.278 (0.000)
R-LM-LAG	4.239 (0.004)	3.385 (0.066)	3.769 (0.123)	2.859 (0.091)	0.159 (0.471)	0.529 (0.467)
豪斯曼检验	38.14 0.0057	101.28 0.0000	102.30 0.0028	59.81 0.0000	83.60 0.0000	176.57 0.0000

注：括号内数值为标准误。

根据表4-6中的LM检验结果可以发现，三种环境规制工具在加入财政分权与环境规制工具交互项前后的两个模型中，针对空间误差模型的LM检验均显著拒绝了"无空间自相关"的原假设，针对空间滞后模型的LM检验也均显著拒绝了该原假设，R-LM-ERR和R-LM-LAG部分也显著拒绝原假设。因此，LM检验结果表明拒绝混合OLS回归，应该选择空间计量分析。进行LM检验还要通过豪斯曼检验来判断采用随机效应还是固定效应模型，本书以空间邻接权重矩阵为例进行了上述三个空间计量模型的豪斯曼检验，表4-6结果中的豪斯曼检验结果显示三种环境规制工具的两个模型均显著拒绝随机效应假设，表明固定效应比随机效应更为恰当，因此要构建空间固定效应模型。

　　豪斯曼检验后，继续通过 LR 检验和 Wald 检验进一步判断模型的具体形式，检验结果见表 4-7。表 4-7 中的检验结果表明，本书构建的空间杜宾模型不会退化为 SAR 模型和 SEM 模型，设定的 SDM 模型合理。接下来需要对固定效应和随机效应进行检验，固定效应有个体固定效应、时间固定效应以及双固定效应模型三种。以命令控制型环境规制工具为例，检验发现两个模型中个体固定效应模型的拟合度最高，分别为 0.5036 和 0.5213，而且 Log-L 统计量分别为 394.8563 和 404.5575，时空双固定效应模型的 R 方分别为 0.0979 和 0.1089，Log-L 统计量分别为 412.5349 和 422.0166，但是其余变量显著性基本保持不变，因此选择个体固定效应模型作为基准模型展开回归分析。在空间回归模型中，极大似然法估计是根据已知的样本结果，对最有可能导致这种结果发生的参数值进行估计，可以对被解释变量空间滞后项引起的内生性问题进行很好的控制，因此被广泛用于空间计量模型估计参数。

表 4-7　　　　　　　　　　　　LR 和 Wald 检验结果

检验类型	公众参与型		市场激励型		命令控制型	
	模型1	模型2	模型1	模型2	模型1	模型2
LR-spatial-lag	97.29 (0.000)	100.20 (0.000)	95.91 (0.000)	97.48 (0.000)	84.28 (0.000)	79.66 (0.000)
LR-spatial-error	141.73 (0.000)	147.11 (0.000)	147.75 (0.000)	144.14 (0.000)	124.89 (0.000)	125.84 (0.000)
Wald-spatial-lag	36.66 (0.000)	40.43 (0.000)	32.36 (0.000)	33.94 (0.000)	16.44 (0.058)	29.90 (0.000)
Wald-spatial-error	47.00 (0.000)	51.89 (0.000)	42.84 (0.000)	42.36 (0.000)	20.90 (0.013)	56.16 (0.000)

注：括号内数值为标准误。

4.3　环境规制工具影响碳排放效率的回归结果

4.3.1　参数估计结果

表4-8为w_1和w_2下环境规制工具对碳排放效率的SDM回归结果。不同类型环境规制工具对碳排放效率的空间杜宾回归结果。

（1）碳排放效率空间滞后项（ρ）。从参数估计结果来看，碳排放效率的空间滞后项在系数均在1%检验水平上显著为正，存在显著的正向空间溢出效应，表明本地区碳排放效率的提高会通过空间作用，显著促进其他地区碳排放效率改善，表现出"涓滴效应"（张华，2014）。在发展各地区经济的同时，地方政府没有更多地限制本地区碳排放效率的空间正向溢出效应。空间正向溢出效应原因在于三种效应。一是竞争效应。由于我国政府把碳排放强度作为节能减排的约束性指标纳入了国家发展规划中，各省份也根据分解的减排任务纷纷制定了具体的约束指标并纳入了各省发展规划。对地方政府官员的考核开始逐渐增加对节能减排效果的考核权重，绿色低碳转型发展已经成为我国各级地方政府的共同发展目标之一，在节能减排约束性目标政策下有助于促进地方政府形成良性的竞争关系。二是示范效应，低碳转型发展成功的地区可以通过地区间要素流动等途径影响周边地区，产生示范效应和模仿效应。三是经济上产生的关联效应，碳排放效率高的地区通过低碳化经济增长方式促进本地区域经济低碳转型，而经济增长方式转变会通过市场机制、产业关联传导至经济关联区域，带动其实现绿色增长，促进经济协同发展。

表4-8　省份层面财政分权、环境规制工具与碳排放效率的回归结果

变量	w_1			w_2		
	ger	ser	mer	ger	ser	mer
lner	-0.382** (0.190)	-0.919** (0.411)	-0.366 (0.235)	-0.461** (0.197)	-0.863** (0.418)	-0.532** (0.241)

续表

变量	w_1			w_2		
	ger	ser	mer	ger	ser	mer
$\ln er^2$	0.171 (0.304)	0.916 (0.716)	1.158 *** (0.392)	0.174 (0.317)	0.505 (0.730)	1.396 *** (0.398)
$\ln fd$	0.205 *** (0.066)	0.178 *** (0.068)	0.242 *** (0.065)	0.145 ** (0.069)	0.079 (0.071)	0.168 ** (0.069)
$\ln es$	−0.895 *** (0.111)	−0.866 *** (0.119)	−0.895 *** (0.111)	−1.220 *** (0.102)	−1.020 *** (0.109)	−1.249 *** (0.101)
$\ln is$	−0.922 *** (0.138)	−0.831 *** (0.146)	−1.042 *** (0.137)	−1.052 *** (0.146)	−0.985 *** (0.148)	−1.127 *** (0.144)
$\ln t$	0.042 ** (0.021)	0.070 *** (0.022)	0.033 (0.021)	0.113 *** (0.022)	0.099 *** (0.021)	0.093 *** (0.021)
$\ln fdi$	0.004 (0.009)	−0.007 (0.009)	−0.005 (0.009)	0.014 (0.010)	0.002 (0.010)	0.005 (0.010)
$\ln u$	0.083 (0.090)	0.107 (0.079)	0.130 (0.080)	0.069 (0.092)	0.177 ** (0.081)	0.175 ** (0.080)
cet	—	0.085 *** (0.028)	—	—	0.102 *** (0.028)	—
ρ	0.179 *** (0.056)	0.145 ** (0.058)	0.215 *** (0.056)	0.307 *** (0.100)	0.280 *** (0.101)	0.319 *** (0.094)
R^2	0.5716	0.5798	0.5689	0.4700	0.4759	0.4639
Log-L	431.464	435.332	433.4703	49.4867	652.854	647.078

注: *** 、** 分别表示在1%、5%的水平上显著, 括号内为标准误。

（2）财政分权（fd）的回归系数在空间邻接和地理距离空间权重矩阵下均显著为正，且分别通过了不同显著性水平检验。这说明我国以财政自由度衡量的财政分权显著提升了碳排放效率。若财政自由度较高，地方政府就会在国家节能减排政策的引导下，尤其是在碳减排承诺目标约束下，进一步追求区域内更好的环境质量这一公共物品，同时财政分权会使地方政府愿意增加投入来促进碳减排。如果财政自由度较低，地方财政来源有限或财政有缺口，则在发展经济过程中没有更多的资金用于环保支持和环境治理的改善，有时甚至会引发"逐底竞争"或者对环境规制工具"非完全执行"的现象，导致"污染避难所"效应发生。

（3）财政分权的空间滞后项（wfd）的回归系数在不同空间权重矩阵下，基于不同类型的环境规制工具，作用有正有负，但是都没有通过显著性检验。这表明地方的财政互动没有对碳排放效率产生溢出效应。其余变量将通过直接效应和间接效应分析。

地方政府具有一定经济支配权力，但财权事权的不匹配造成了有些地方政府在治理环境和发展经济中有所倾向。为了考察财政分权是否会调节不同环境规制工具的碳减排作用，将引入二者交互项。

表4-9报告了加入财政分权与三种环境规制工具交互项的 SDM 回归结果，重点分析交互项的影响作用。在空间邻接和地理距离空间权重矩阵下，三种环境规制工具与财政分权的交互项均通过了显著性水平检验。

表4-9　　　　加入财政分权与环境规制工具交互项的 SDM 回归结果

变更	w_1			w_2		
	ger	ser	mer	ger	ser	mer
lner	0.251 (0.203)	-1.276 *** (0.344)	0.428 ** (0.218)	0.441 ** (0.209)	-1.427 *** (0.536)	0.421 * (0.221)
lner²	0.471 ** (0.231)	0.599 (0.462)	0.687 *** (0.257)	0.585 ** (0.233)	0.461 (0.728)	0.840 *** (0.263)
lnfd	0.315 *** (0.094)	0.005 (0.118)	0.420 *** (0.097)	0.328 *** (0.098)	0.002 (0.183)	0.443 *** (0.101)
lner·lnfd	-1.140 *** (0.336)	1.736 *** (0.554)	-1.197 *** (0.315)	-1.529 *** (0.321)	1.458 * (0.859)	-1.359 *** (0.317)
lnt	0.021 (0.014)	0.044 *** (0.014)	0.007 (0.014)	0.062 *** (0.014)	0.102 *** (0.021)	0.03⁴ ** (0.014)
lnes	-0.431 *** (0.073)	-0.450 *** (0.077)	-0.417 *** (0.074)	-0.597 *** (0.067)	-0.988 *** (0.110)	-0.626 *** (0.067)
lnis	-0.473 *** (0.089)	-0.495 *** (0.093)	-0.588 *** (0.087)	-0.533 *** (0.095)	-0.975 *** (0.145)	-0.619 *** (0.092)

续表

变更	w_1			w_2		
	ger	*ser*	*mer*	*ger*	*ser*	*mer*
ln*fdi*	0.003 (0.006)	−0.007 (0.006)	0.000 (0.006)	0.009 (0.006)	−0.003 (0.010)	0.005 (0.006)
ln*u*	−0.001 (0.059)	0.030 (0.052)	0.015 (0.053)	−0.012 (0.061)	0.166** (0.081)	0.082 (0.055)
cet	—	0.064*** (0.019)	—	—	0.099*** (0.028)	—
ρ	0.105* (0.059)	0.107* (0.060)	0.109* (0.060)	0.208* (0.113)	0.192* (0.112)	0.265** (0.106)
R^2	0.5354	0.5640	0.5380	0.4826	0.4881	0.4764
Log-*L*	691.8003	709.780	93.184	659.514	661.380	657.496

注：***、**、*分别表示在1%、5%、10%的水平上显著，括号内为标准误。

其中，财政分权与公众参与型环境规制工具的交互项回归系数均显著为负，表明财政分权通过公众参与型环境规制工具抑制了碳排放效率的提升，地方财政活动没有充分重视公众的环保诉求，对污染企业治理和监管不力，甚至出现合谋串通。财政分权与命令控制系环境规制工具交互项的回归系数同样显著为负，表明财政分权显著抑制了命令控制型的减排效果，地方财政活动没有对企业达到合规要求或标准起到监督作用。

财政分权与市场激励型环境规制工具交互项的回归系数均为正，且在空间邻接矩阵和地理距离权责矩阵下均显著为正。表明财政分权促进了技术升级和进步，增强了市场激励型环境规制工具对碳排放效率的波特假说效应，显著提升了碳排放效率。

4.3.2　直接效应和空间溢出效应

1. 未加入财政分权与环境规制工具交互项的直接效应

表4-10报告了在空间邻接权重矩阵下三种不同类型环境规制工具对碳排放效率的直接效应和空间溢出效应估计结果。本回归结果没有加入财政分

权变量与三种环境规制工具的交互项。表4-8中没有报告环境规制工具对空间相邻和地理距离邻近地区的碳排放效率的影响结果，是由于将在此对总效应进行分解，分别分析直接效应以及空间以此效应。接下来将通过表4-10分析三种环境规制工具对碳排放效率影响的直接效应。

表4-10　　　　　　　　　　　空间效应分解

变量	ger			ser			mer		
	直接效应	间接效应	总效应	直接效应	间接效应	总效应	直接效应	间接效应	总效应
$lner$	−0.363* (0.186)	0.583* (0.348)	0.220 (0.336)	−0.951** (0.412)	−1.418* (0.797)	−2.368*** (0.855)	−0.384 (0.235)	−0.499 (0.457)	−0.883* (0.517)
$lner^2$	0.079 (0.286)	−2.431*** (0.787)	−2.353*** (0.813)	0.933 (0.696)	2.080 (1.501)	3.013* (1.622)	1.141*** (0.385)	−0.008 (0.843)	1.133 (0.954)
$lnfd$	0.204*** (0.070)	−0.200 (0.130)	0.004 (0.129)	0.182** (0.074)	−0.090 (0.121)	0.091 (0.117)	0.247*** (0.068)	−0.001 (0.130)	0.246* (0.130)
$lnes$	−0.942*** (0.113)	−1.764*** (0.261)	−2.705*** (0.237)	−0.924*** (0.133)	−1.463*** (0.240)	−2.387*** (0.264)	−0.964*** (0.112)	−2.030*** (0.276)	−2.994*** (0.252)
$lnis$	−0.977*** (0.154)	−0.989*** (0.208)	−1.966*** (0.191)	−0.859*** (0.135)	−1.183*** (0.248)	−2.042*** (0.231)	−1.103*** (0.151)	−0.959*** (0.198)	−2.061*** (0.189)
lnt	0.041** (0.021)	−0.103*** (0.024)	−0.062*** (0.018)	0.068*** (0.021)	−0.095*** (0.027)	−0.027 (0.021)	0.030 (0.020)	−0.119*** (0.024)	−0.089*** (0.020)
cet	—	—	—	0.081** (0.031)	−0.225*** (0.049)	−0.144** (0.062)	—	—	—
$lnfdi$	0.005 (0.010)	0.027 (0.020)	0.033 (0.022)	−0.009 (0.009)	0.002 (0.019)	−0.006 (0.021)	−0.004 (0.010)	0.023 (0.020)	0.020 (0.023)
lnu	0.058 (0.077)	−0.296 (0.217)	−0.238 (0.235)	0.104 (0.075)	−0.049 (0.216)	0.055 (0.238)	0.036 (0.081)	−1.380*** (0.409)	−1.344*** (0.428)

注：***、**、*分别表示在1%、5%、10%的水平上显著，括号内为标准误。

直接效应分析如下。

（1）公众参与型环境规制工具产生了负向影响但不显著。公众参与型环境规制工具（ger）的一次方项和二次方项系数均不显著，与碳排放效率呈

U 形关系，计算达到拐点时为 2.52，但当前公众参与型环境规制工具水平仅为 0.1，可能的原因在于我国当前的公众参与型环境规制工具刚刚起步，无论是从公众的环保意识、参与环境治理的保障制度与途径、还是消费偏好等方面都不能对地方政府或企业减少污染形成有效监督，公众环保诉求没得到地方政府足够重视，没起到抑制企业污染排放和污染治理的作用。但是随着我国环保治理体系和各项保障制度的不断完善，社会公众这支庞大的力量会在促进碳减排和提升碳排放效率上发挥正向促进作用。

（2）命令控制型环境规制工具（mer）的一次项回归系数均为负但都没有通过显著性水平检验，二次方项的回归系数均显著为正，与碳排放效率呈现 U 形关系。命令控制型环境规制工具虽然具有强制性，但是一刀切的做法忽视了企业减排能力的异质性，有些企业为了达到环保法规要求和排放标准，要投入资金购买污染处理设备，有些重污染企业甚至有关停的风险，短期内企业加大了治污投入，一定会对生产资金产生挤出效应，进而造成技术创新不足，不能进一步改善碳排放效率。从长期发展来看，随着命令控制型环境规制工具水平的不断提升，企业为避免受到行政处罚会进一步规范和约束自身的环境污染行为，加大对生产线或者技术创新的投入力度，提升治污技术，推动产业结构转型或升级，促进环境保护和经济发展"双赢"，从而发挥碳减排的正向推动作用，这也表明加强技术创新才是提升碳排放效率的根本来源。通过回归系数计算得到命令控制型环境规制工具拐点为 0.17，当前其平均水平为 0.15，即将达到拐点，越过拐点之后将发生显著的"倒逼减排"作用。

（3）市场激励型环境规制工具对本地碳排放效率产生了显著负向影响。市场激励型环境规制工具与碳排放效率之间存在显著 U 形关系。通过计算市场激励型环境规制工具政策的拐点为 0.42，当前平均水平为 0.14，位于拐点左侧。这表明当前市场激励型环境规制工具较弱，没有真正起到激励企业提升碳排放效率的作用。就排污费来说，我国排污费征收制度建立较早，发展比较成熟，对企业排污治污起到了一定的激励作用。但是由于排污收费标准不统一、地区之间执行差异较大、征收不及时不足额等问题，有些企业宁愿缴纳排污费或者被征收更多的环保税也不愿意加大技术创新投资研发技术有效促进碳减排，进而抑制了排污费的激励的作用。从环保税而言，我国

2018 年才开始费改税，毕竟时间较短，税收的调节作用还没得到充分发挥。从资源税而言，资源税的征收也没有真正抑制对化石能源的需求，对抑制碳排放没有起到实质性作用。车船税和消费税也一样，尽管发挥了税收的调节作用，但不足以达到激励企业提升碳排放效率的程度。因此，市场激励型环境规制工具没有对碳排放效率的改善发挥显著促进作用。"碳交易试点"（cet）回归结果表明，在三种空间权重矩阵下碳排放交易试点政策对碳排放效率的影响均在 1% 的显著性水平上为正。这表明我国实行的碳排放权交易试点政策显著提升了碳排放效率，随着交易市场和交易机制的不断完善，该政策将会发挥越来越大的碳减排作用。

（4）从产业结构（is）的回归系数来看，三种环境规制工具在三种权重空间矩阵下，产业结构均在 1% 的显著性水平上抑制碳排放效率上升。这表明第二产业占 GDP 比重的增加会导致碳排放效率下降。由于我国经济处于快速发展阶段，第二产业仍然发挥着重要作用。第一产业、第二产业和第三产业占比在 2000 年分别为 14.7%、45.5%、39.8%，2019 年分别为 7%，39%，54.9%。尽管第二产业占比有所下降，第三产业占比有所提升，但第三产业发展速度较慢，第二产业仍然占据重要地位，第二产业在拉动经济增长中发挥着重要作用，由于工业是第二产业的重要组成部分，而工业仍以煤炭能源消费为主。因此，第二产业比重的增加会对碳排放效率产生负面影响。未来要不断提升第二产业中高耗能行业的能源效率和行业竞争力，并不断提升第三产业比重，这将是节能减排的重要方向。因此推动产业结构"绿色"升级是加速经济低碳转型关键途径之一。

（5）从能源消费结构（es）的回归系数来看，三种环境规制工具在三种空间权重矩阵下，均在 1% 水平上显著抑制了碳排放效率的提升。这表明煤炭占能源消费总量比重的增加导致了碳排放效率下降。近年来，我国大力提出低碳经济和绿色经济，并采取了一系列政策推动能源革命，积极开发利用清洁能源技术，2017～2020 年，我国煤炭消费占一次能源消费总量比重由 60.4% 下降到了 57% 左右，非化石能源消费占比从 14.8% 提高到了 15.8%。但可以看出，煤炭消费占比仍然过半，以煤炭为主的能源消费结构短期内不会改变，大量煤炭能源消费导致碳排放数量仍会继续增加。因此，以煤炭为主的能源消费结构对提升碳排放效率产生极为显著的负面影响。在促进低碳经济和可持续发展过程中，如何发展清洁能源不断替代以煤炭为主的化石能源，会对低碳经济发展起重要作用。因此，优化调整能源结构优化势必会促进碳排放效率的提升。

（6）技术进步（$\ln t$）在三种环境规制工具中，在地理距离权重矩阵（w_2）和经济距离权重矩阵（w_3）下对碳排放效率有显著的提升效应，表现了稳健的"技术红利"，表明我国受理的专利数量可以有效地转化为低碳生产力。尤其是与绿色技术进步、清洁生产相关的技术专利能提高能源利用效率，降低碳排放水平，促进碳排放效率提升。因此，未来在低碳经济发展过程中，要进一步侧重低碳技术发展，加大清洁技术资金的投入力度，促进低碳技术成果转化，以此推动技术创新并加速碳排放效率提升。

（7）外商直接投资在地理距离和经济距离空间权重矩阵中部分显著为负。发挥了"污染避难所"效应，导致了高污染行业的流入。外商直接投资会带来"污染光环"效应和"污染避难所"效应两种效应。因此，要提升当地环境规制水平，制定严格的投资标准和环境标准，真正发挥外商投资的技术溢出效应，促进节能减排目标实现。

（8）城市化水平在空间邻接矩阵和地理距离矩阵中产生了显著正向作用，提升了碳排放效率。随着城市化水平加快，城市集聚效应使其聚集了更优质的生产资源和更高效的资源配置效率，由此具备了提高生产效率的优势。同时，人口和经济活动集聚有助于形成节能减排的集约化，① 高级阶段的城市化可以促进公众环保意识增强，提升环境支付意愿，形成绿色低碳消费理念等，进一步成为促进低碳转型的强大力量。

2. 加入财政分权与环境规制工具交互项的直接效应

表 4 - 11 报告了在空间邻接权重矩阵下、加入了财政分权与环境规制工具交互项的空间效应分解结果。

为了和表 4 - 10 中没有加入交互项的直接效应进行对比，下文将根据表 4 - 11 的结果，分析加入财政分权与环境规制工具交互项之后，三种环境规制工具对碳排放效率的影响变化以及财政分权如何调节了不同类型环境规

---

① 邵帅，李欣，曹建华. 中国的城市化推进与雾霾治理 [J]. 经济研究，2019，54（2）：148 - 165.

制工具对碳排放效率的影响作用，从而考察财政分权的调节作用方向和大小。[①]

表 4 – 11　　　　　　　　加入交互项的空间效应分解

变量	ger			ser			mer		
	直接效应	间接效应	总效应	直接效应	间接效应	总效应	直接效应	间接效应	总效应
$lner$	0.250 (0.204)	−0.105 (0.463)	0.145 (0.498)	−1.246 *** (0.339)	1.308 * (0.757)	0.062 (0.730)	0.433 ** (0.217)	0.188 (0.447)	0.621 (0.470)
$lner^2$	0.414 ** (0.197)	−1.629 *** (0.608)	−1.216 * (0.634)	0.537 (0.419)	−1.072 (1.114)	−0.535 (1.169)	0.658 *** (0.230)	−0.212 (0.572)	0.446 (0.643)
$lnfd$	0.316 *** (0.104)	−0.281 (0.187)	0.034 (0.192)	0.015 (0.128)	0.275 (0.201)	0.290 (0.197)	0.427 *** (0.104)	0.132 (0.194)	0.559 *** (0.188)
$lnfd \cdot lner$	−1.108 *** (0.329)	1.064 (0.707)	−0.044 (0.708)	1.707 *** (0.525)	−2.770 ** (1.080)	−1.063 (1.028)	−1.193 *** (0.301)	−0.609 (0.609)	−1.802 *** (0.609)
lnt	0.021 (0.015)	−0.061 *** (0.017)	−0.039 *** (0.012)	0.044 *** (0.015)	−0.058 *** (0.018)	−0.015 (0.013)	0.007 (0.013)	−0.054 *** (0.017)	−0.047 *** (0.013)
$lnes$	−0.468 *** (0.080)	−1.028 *** (0.144)	−1.495 *** (0.129)	−0.462 *** (0.083)	−0.795 *** (0.168)	−1.257 *** (0.183)	−0.436 *** (0.079)	−1.126 *** (0.154)	−1.561 *** (0.167)
$lnis$	−0.488 *** (0.082)	−0.659 *** (0.138)	−1.147 *** (0.127)	−0.534 *** (0.105)	−0.935 *** (0.170)	−1.469 *** (0.179)	−0.618 *** (0.099)	−0.647 *** (0.138)	−1.265 *** (0.122)
cet	—	—	—	0.061 *** (0.018)	−0.158 *** (0.036)	−0.097 ** (0.041)	—	—	—
$lnfdi$	−0.012 (0.052)	0.025 (0.137)	0.013 (0.152)	0.030 (0.049)	0.041 (0.135)	0.070 (0.152)	0.008 (0.049)	0.104 (0.147)	0.112 (0.161)
lnu	0.039 (0.054)	0.075 (0.154)	0.114 (0.170)	0.086 (0.056)	0.153 (0.130)	0.239 * (0.145)	0.061 (0.050)	0.177 (0.133)	0.238 (0.150)

注：*** 、** 、* 分别表示在 1% 、5% 、10% 的水平上显著，括号内为标准误。

[①] 罗能生，王玉泽. 财政分权、环境规制工具与区域生态效率——基于动态空间杜宾模型的实证研究 [J]. 中国人口·资源与环境，2017，27 (4)：110 – 118.

对表 4 - 11 的分析如下。

(1) 公众参与型环境规制工具与财政分权交互项的回归系数均显著为负，且均通过了 1% 显著性水平检验。表明财政分权显著负向调节了公众参与型环境规制工具对碳排放效率的影响，抑制了碳排放效率提升。意味着财政分权降低了公众参与型环境规制工具的碳减排效率，即财政分权弱化了公众参与型环境规制工具的创新补偿效应。可能的原因在于地方政府忽视了本地公众的环保诉求，放松了对污染企业的监管，甚至可能存在地方政府与污染企业"合谋"现象，企业没有动力和积极性增加防污治污投资，导致本地碳排放增加，碳排放效率下降。

(2) 市场型环境规制工具与环境规制工具交互项（sfd）的回归系数均显著为正，且通过了 1% 水平的检验。这表明财政分权显著正向调节了市场激励型环境规制工具对碳排放的作用。即财政分权强化了市场激励型环境规制工具的创新补偿效应，弱化了其"遵循成本"效应。在财政分权程度高的地区，市场激励型环境规制工具水平的提高提升了碳排放效率。地方政府通过财政活动增加了对环境治理的财政支出水平，刺激和促进了企业的研发和创新技术提升，提升了碳排放效率。

(3) 命令控制型环境规制工具与环境规制工具交互项（mfd）的回归系数在空间权重矩阵、地理距离权重矩阵下，均显著为负，且都通过了 1% 显著性水平的检验。表明财政分权显著负向调节了命令控制型对碳排放效率的影响效应，即财政分权弱化了命令控制型环境规制工具的创新补偿效应。在地方政府财政分权活动下，当地方财政权力充分作用于环境规制工具政策的制定与执行时，会抑制碳排放效率改善。当地的财政活动没有对企业达到规定的标准或技术要求起到促进作用，进而抑制了碳减排效率的提升。当地方政府一味追求 GDP 时，会首先以发展经济为主，降低对污染企业惩罚力度或者监管力度，甚至为了经济发展会导致环境规制工具的"非完全执行"现象，还可能以放松环境管制的方式盲目吸引外资，导致碳排放效率下降。

3. 未加入交互项的空间溢出效应

表 4 - 10 同时报告了没有加入财政分权与环境规制工具交互项的间接效

应（空间溢出效应），即对周边地区碳排放效率的影响效应。在此将根据表 4 - 10 中的间接效应进行分析。根据报告结果，可以发现命令型和市场激励型环境规制工具以及公众参与型三种环境规制工具对碳排放效率具有不同的空间溢出效应。

（1）市场激励型环境规制工具对周边地区产生了显著负向的空间溢出效应。本地市场激励型环境规制工具每提升 1 个单位，将会导致空间关联地区碳排放效率下降 1.508 个单位。原因在于，一方面，企业承担环境治理责任导致生产成本上升，基于成本负担会将污染产业转移到周边环境规制工具水平较低的地区，由此产生了污染转移，导致周边相邻地区碳排放量增加，碳排放效率下降。同时，地方保护主义倾向限制了低碳技术的正向外溢效应，周边地区对低碳技术的学习效仿和吸纳能力、接受能力不匹配会直接影响技术空间溢出作用的发挥，进而影响碳排放效率。另外，地方政府可能存在"搭便车"行为，降低了对本地技术创新的支持力度和积极性，在享受相邻地区外溢好处的同时，减少本地环境治理支出，导致碳排放量增加，抑制了碳排放效率。

（2）命令控制型对周边地区碳排放效率的提升表现为负面溢出影响，但不显著。这可能是由于我国财权分权的制度体系，一旦提高当地环境规制工具标准，对一些转型困难的企业而言会加大其成本压力，进而可能将污染产业进行就近转移，从而对周边地区形成减排压力，因此表现出负的间接效应。

（3）公众参与型环境规制工具对周边地区的空间溢出效应也不显著。可能由于当前我国公众参与型水平很低，远在拐点左侧，对当地碳排放效率都未发挥显著作用，对周边地区溢出效应也更难形成。

（4）第二产业比重上升对空间关联地区的碳排放效率产生了显著负向影响，表明空间关联地区存在典型的产业集聚现象，地区之间产业结构调整存在趋同性，而且产业集聚以污染产业为主，从而不利于空间关联地区碳排放效率的改善。这充分表明产业结构改善将会有助于碳排放效率的提升，进而释放更多的"结构红利"。

（5）从能源消费结构的间接效应看，本地区煤炭能源消费比重的增加对空间关联地区碳排放效率具有显著抑制作用。我国煤炭资源丰富，能源消费结构在很大程度上取决于资源禀赋，而邻近地区一般资源禀赋相似。同时，邻接地区之间运输成本较低，促进了能源储备共享，进而导致空间相邻地区的能源消费结构的调整也存在趋同和一致性。这也表明我国以煤炭为主的能源消费结构对环境负外部性发挥了严重的"锁定"效应，优化能源消费结构将有助于提升碳排放效率，同样会释放更多的"结构红利"。

（6）技术进步对空间关联地区产生了显著负向影响。虽然技术进步存在空间外溢效应，但是由于地方政府的保护倾向会阻碍创新要素的跨区域流动，进而弱化了技术创新的正向空间溢出效应。同时技术创新正向溢出还取决于空间关联地区对技术的学习和吸纳能力，如果接受能力不匹配会直接影响技术空间溢出作用的发挥，进而影响碳排放效率。另外，地方政府可能存在的"搭便车"行为，[1] 也会降低对本地技术创新的支持力度和积极性。

（7）外商直接投资在地理距离矩阵和经济距离矩阵下发挥了显著负向空间溢出效应，尽管外商投资会扩张当地的经济规模，带来先进生产技术，且有助于发挥产业结构优化调整作用，但是同时外商直接投资还有"污染避难所"效应。由于当地较为严格的环境规制工具导致外资流入周边环境规制工具较低的地区，造成周边地区碳排放效率下降。城市化水平对空间关联地区没有发挥显著的溢出效应。

4. 加入交互项的空间溢出效应

表 4–11 同时报告了加入交互项的间接效应，即对周边地区碳排放效率的影响。根据表 4–11 间接效应结果，财政分权与公众参与型环境规制工具交互项的空间溢出效应为正但不显著，与命令控制型环境规制工具交互项空间溢出效应为负但不显著。表明财政分权没有在这两种环境规制工具对碳排放效率的影响中发挥显著调节作用，而只有与市场激励型环境规制工具的回归系数显著为负，即财政分权通过市场机制对周边地区碳排放效率产生了抑制作用。表明当地政府保护主义阻碍了技术创新要素跨区域流动，从根本上弱化了技术进步的创新补偿效应，产生了"污染就近转移"，加上相邻地区

---

① 李小平，余东升，余娟娟. 异质性环境规制工具对碳生产率的空间溢出效应——基于空间杜宾模型 [J]. 中国软科学，2020 (4)：83–95.

存在"逐底竞争"和"搭便车",本地在碳减排上技术创新削弱了周边地区绿色技术创新的积极性和动力,进而对碳排放效率产生了消极影响。还有可能是相邻地区的效仿能力和技术吸纳能力较差,不能充分提升本地技术优势,导致碳排放效率降低。

4.4　稳健性检验

4.4.1　采用 GS2SLS 估计方法

为检验上述回归结果的稳健性,本书将采用 GS2SLS 法,即广义空间两阶段最小二乘法进行检验,该方法不仅既能处理模型中可能存在的内生性问题,还能处理可能存在的异方差问题。通过采用联合运用两阶段最小二乘法和空间转化的广义最小二乘法,可以控制模型中关键变量存在的内生性问题,同时矫正可能在空间相互影响中存在的一些不可预测的因素,进而保证参数估计结果的一致性。本书上述采用空间杜宾模型进行回归时,模型中包含了各解释变量一阶空间滞后项的影响,由此造成模型中减少了很多强工具变量。因此,为了避免可能存在弱工具变量,模型中应该包含各解释变量的二阶空间滞后项。在空间邻接权重矩阵下,采用 GS2SLS 进行检验的结果见表 4 – 1 中的"稳健性检验 1"。

由表 4 – 1 中采用 GS2SLS 检验部分的 F 统计量可以发现,在公众参与型环境规制工具下的两阶段 F 统计量分别为 11.47 和 346.37,在市场激励型环境规制工具下分别为 17.38 和 388.68,在命令控制型环境规制工具下分别为 12.65 和 359.25。可以发现,第一阶段 F 统计量都大于 10,这表明模型中不存在弱工具变量。进一步分析发现,在空间邻接权重矩阵下,改变参数估计方法后的碳排放效率的空间滞后项(ρ)回归系数,在三类不同环境规制工具下在 1% 水平上仍然均通过了显著性检验,进一步表明碳排放效率具有稳健的正向空间溢出效应,与前文结果一致。在分析三类环境规制工具以及其他变量的回归系数发现,回归符号以及显著性程度和前文均保持一致。可见,在引入各解释变量二阶空间滞后项后,本书所构建模型的参数估计结果均具有很好的稳健性。

4.4.2　替换空间权重矩阵

为了进一步验证本书所构建模型的稳健性，在此将引入经济距离空间权重矩阵（w_3）。采用经济距离空间权重矩阵替换上述模型中的空间邻接权重矩阵（w_1）和地理距离空间权重矩阵（w_2）进行参数估计，对各变量的影响进行稳健性检验，结果如表 4 – 12 所示。根据表 4 – 11 中替换空间权重矩阵的回归结果发现，无论是否加入财政分权与环境规制工具的交互项，碳排放效率的空间滞后性的回归系数均显著为正，表明具有稳健的空间溢出效应。三类不同环境规制工具的回归系数在没有加入交互项时，公众参与型和市场激励型环境规制工具的一次方项均显著为负，在加入交互项时市场激励型环境规制工具仍显著为负，命令控制型环境规制工具的回归系数显著为正，这和表 4 – 8 以及表 4 – 9 中采用空间邻接矩阵和地理距离权重矩阵的回归结果保持一致，表明三种环境规制工具对碳排放效率的影响同样具有稳健性。其余财政分权变量和技术创新均在该矩阵下对碳排放效率起到显著促进作用；能源消费结构、产业结构均显著抑制碳排放效率提升；外商直接投资在市场激励型环境规制工具下没有有效促进碳排放效率的提升。城镇化水平同样显著提升了碳排放效率。这些回归结果基本和表 4 – 8 与表 4 – 9 保持一致，表明本书构建的空间模型具有良好的稳健性。

表 4 – 12　　　　　　　　　　稳健性检验结果

变量	稳健性检验 1 (GS2SLS 法)			稳健性检验 2 (采用空间权重矩阵 w_3)					
	ger	ser	mer	ger	ser	mer	ger	ser	mer
lner	0.458 ** (0.222)	– 0.869 *** (0.271)	– 0.319 * (0.164)	– 0.457 *** (0.117)	– 0.029 ** (0.260)	– 0.088 (0.151)	0.313 (0.197)	– 0.296 ** (0.301)	0.436 ** (0.202)
lner²	0.342 (0.232)	1.036 ** (0.496)	0.816 *** (0.275)	0.249 (0.191)	– 0.382 (0.468)	0.448 * (0.249)	0.644 *** (0.205)	– 0.272 (0.457)	0.527 ** (0.248)

续表

变量	稳健性检验1（GS2SLS法）			稳健性检验2（采用空间权重矩阵 w_3）					
	ger	ser	mer	ger	ser	mer	ger	ser	mer
lnfd	0.351***(0.094)	0.222**(0.090)	0.293***(0.092)	0.207**(0.088)	0.156*(0.092)	0.251***(0.089)	0.297***(0.089)	0.137(0.113)	0.381***(0.094)
lner·lnfd	−1.175***(0.332)	−0.329***(0.086)	−0.326***(0.086)	—	—	—	−1.385***(0.288)	0.604(0.500)	−1.033***(0.293)
ln$t$	−0.008(0.006)	0.003(0.006)	−0.008(0.006)	0.073***(0.012)	0.061***(0.013)	0.055***(0.012)	0.070***(0.012)	0.054***(0.012)	0.048***(0.012)
lnes	−0.522***(0.078)	−0.521***(0.078)	−0.535***(0.077)	−0.692***(0.062)	−0.643***(0.067)	−0.718***(0.062)	−0.651***(0.061)	−0.588***(0.066)	−0.681***(0.062)
lnis	−0.516***(0.098)	−0.571***(0.098)	−0.546***(0.097)	−0.651***(0.084)	−0.664***(0.087)	−0.816***(0.083)	−0.573***(0.084)	−0.683***(0.084)	−0.788***(0.082)
lnfdi	0.005(0.007)	−0.001(0.007)	0.005(0.007)	−0.004(0.006)	−0.642**(0.261)	−0.009(0.006)	−0.004(0.006)	−0.015**(0.006)	−0.007(0.006)
ln$u$	−0.065(0.064)	−0.081(0.057)	−0.084(0.058)	0.011(0.057)	0.050(0.052)	0.105**(0.051)	0.032(0.056)	0.085*(0.050)	0.092*(0.051)
cet	—	0.062***(0.018)	—	—	0.061***(0.018)	—	—	0.061***(0.017)	—
ρ	0.131***(0.017)	0.106***(0.017)	0.126***(0.017)	0.290***(0.076)	0.284***(0.081)	0.228***(0.076)	0.232***(0.066)	0.129*(0.069)	0.201***(0.068)
第一阶段F值（P值）	43.49(0.000)	45.43(0.000)	45.02(0.000)	—	—	—	—	—	—
第二阶段F值（P值）	58.26(0.000)	38.81(0.000)	54.93(0.000)	—	—	—	—	—	—
R²	—	—	—	0.5515	0.5457	0.5377	0.5420	0.5562	0.5395
Log-L	—	—	—	8.655	94.579	690.712	701.259	704.392	696.535

注：***、**、*分别表示在1%、5%、10%的水平上显著，括号内为标准误。

4.5　区域异质性分析

中国幅员辽阔，东、中、西部地区资源禀赋、自然环境、经济发展水平存在较大差异，为了比较财政分权、环境规制工具对碳排放效率的影响是否存在区域异质性，将全国样本划分为东、中、西部地区进行空间回归，仅报告空间邻接矩阵的回归结果。

4.5.1　相关检验与模型选择

表 4 - 13、表 4 - 14、表 4 - 15 分别给出了东部、中部和西部地区模型（1）与模型（2）的参数检验结果。模型 1 仍为没有加入财政分权与环境规制工具交互项，模型 2 加入了财政分权与环境规制工具的交互项。

从东部地区三种环境规制工具的 LM-err 和 LM-lag、Robust LM-err 统计量来看，除了公众参与型环境规制工具的 R-LM-LAG 没有通过显著性检验之外，其余全部通过了不同程度显著水平检验，这充分证明了模型中的残差项存在显著空间自相关。再看 LR 检验结果和 Wald 检验结果，均表明所构建的空间杜宾模型不能退化为空间误差模型和空间滞后模型。

中部地区的三种环境规制工具的 LM-err、和 LM-lag、Robust LM-err 统计量也全部通过了显著性水平检验，R-LM-LAG 没有通过检验。但是均通过了 LR 和 Wald 检验，统一采用空间杜宾模型回归。

西部地区的公众参与型和市场激励型环境规制工具的 R-LM-LAG 统计量没有通过检验之外，其余 LM-err、Robust LM-err 和 LM-lag、Robust LM-lag 统计量全部通过了显著水平检验。进一步通过 LR 和 Wald 检验发现，SDM 模型均不会退化为 SAR 模型或者 SEM 模型。因此，同样采用 SDM 模型展开分析。

表 4 - 13　　　　　　　　　　　　东部地区检验结果

检验方法	ger		ser		mer	
	模型 1	模型 2	模型 1	模型 2	模型 1	模型 2
Moran's I	13.063 (0.000)	12.993 (0.000)	12.002 (0.000)	11.750 (0.000)	11.564 (0.000)	11.630 (0.000)
LM-ERR	154.322 (0.000)	152.059 (0.000)	126.194 (0.000)	118.748 (0.001)	118.249 (0.190)	116.531 (0.207)
R-LM-ERR	9.874 (0.002)	9.561 (0.000)	6.683 (0.010)	12.314 (0.000)	1.719 (0.000)	1.591 (0.098)
LM-LAG	145.121 (0.000)	143.533 (0.000)	126.245 (0.002)	109.446 (0.000)	129.879 (0.000)	127.497 (0.000)
R-LM-LAG	0.673 (0.412)	1.035 (0.309)	6.735 (0.009)	3.012 (0.008)	13.350 (0.000)	12.558 (0.004)
LR 检验 (SAR)	65.58 (0.000)	74.55 (0.000)	120.83 (0.000)	137.93 (0.000)	56.14 (0.000)	112.25 (0.000)
LR 检验 (SEM)	69.48 (0.000)	78.54 (0.000)	125.25 (0.000)	141.22 (0.000)	60.05 (0.000)	116.15 (0.000)
Wald 检验 (SAR)	47.54 (0.000)	61.50 (0.000)	292.14 (0.000)	67.33 (0.000)	12.33 (0.090)	27.75 (0.0005)
Wald 检验 (SEM)	57.49 (0.000)	503.76 (0.000)	184.17 (0.000)	278.29 (0.000)	20.44 (0.004)	41.55 (0.0000)

注：括号内数值为标准误。

表 4 - 14　　　　　　　　　　　　中部地区检验结果

检验方法	ger		ser		mer	
	模型 1	模型 2	模型 1	模型 2	模型 1	模型 2
Moran's I	6.770 (0.000)	6.738 (0.000)	7.305 (0.000)	7.034 (0.000)	6.903 (0.000)	6.835 (0.000)
LM-ERR	38.215 (0.000)	37.791 (0.000)	43.384 (0.000)	39.388 (0.000)	39.192 (0.000)	37.128 (0.050)

续表

检验方法	ger		ser		mer	
	模型 1	模型 2	模型 1	模型 2	模型 1	模型 2
R-LM-ERR	4.285 (0.038)	4.094 (0.043)	9.962 (0.141)	8.253 (0.004)	5.649 (0.017)	4.410 (0.090)
LM-LAG	35.484 (0.000)	35.327 (0.000)	33.878 (0.000)	31.802 (0.000)	34.451 (0.000)	34.094 (0.000)
R-LM-LAG	1.554 (0.213)	1.630 (0.202)	0.456 (0.499)	0.667 (0.414)	0.907 (0.341)	1.376 (0.131)
LR 检验 (SAR)	62.22 (0.000)	65.92 (0.000)	50.94 (0.000)	55.11 (0.000)	51.07 (0.000)	60.54 (0.000)
LR 检验 (SEM)	65.82 (0.000)	69.49 (0.000)	52.86 (0.000)	56.96 (0.000)	54.89 (0.000)	64.03 (0.000)
Wald 检验 (SAR)	954.09 (0.000)	118.02 (0.000)	674.68 (0.000)	1077.99 (0.000)	63.55 (0.000)	99.50 (0.000)
Wald 检验 (SEM)	96.25 (0.000)	73.63 (0.000)	241.47 (0.000)	406.91 (0.000)	46.24 (0.000)	18.90 (0.0085)

注：括号内数值为标准误。

表 4 – 15　　　　　　　　　西部地区检验结果

检验方法	ger		ser		mer	
	模型 1	模型 2	模型 1	模型 2	模型 1	模型 2
Moran's I	12.906 (0.000)	12.993 (0.000)	10.994 (0.000)	11.001 (0.000)	12.950 (0.000)	11.879 (0.000)
LM-ERR	140.770 (0.000)	140.917 (0.000)	95.822 (0.000)	94.325 (0.000)	139.623 (0.000)	113.566 (0.000)
R-LM-ERR	26.365 (0.000)	26.243 (0.000)	42.772 (0.000)	45.509 (0.001)	27.276 (0.019)	20.361 (0.000)
LM-LAG	118.171 (0.000)	118.507 (0.000)	53.085 (0.000)	48.874 (0.000)	115.873 (0.000)	100.488 (0.000)

检验方法	ger		ser		mer	
	模型 1	模型 2	模型 1	模型 2	模型 1	模型 2
R-LM-LAG	3.766 (0.052)	3.833 (0.361)	0.035 (0.852)	0.058 (0.809)	3.526 (0.060)	7.282 (0.007)
LR 检验 （SAR）	27.39 (0.000)	28.91 (0.000)	32.67 (0.000)	35.72 (0.000)	18.86 (0.016)	24.80 (0.003)
LR 检验 （SEM）	35.35 (0.000)	36.89 (0.000)	37.17 (0.000)	38.67 (0.000)	21.31 (0.006)	28.89 (0.000)
Wald 检验 （SAR）	20.61 (0.0044)	14.95 (0.0601)	16.54 (0.0353)	16.09 (0.0411)	17.84 (0.012)	45.85 (0.000)
Wald 检验 （SEM）	15.25 (0.0545)	22.11 (0.008)	22.39 (0.007)	22.98 (0.006)	21.82 (0.002)	35.90 (0.000)

注：括号内数值为标准误。

4.5.2 环境规制工具影响碳排放效率的区域回归结果

表 4 – 16、表 4 – 17、表 4 – 18 分别为空间邻接矩阵下公众参与型环境规制工具、市场激励型和命令控制型环境规制工具分区域的回归结果，其中模型（1）为没有加入财政分权与环境规制工具交互项，模型（2）为加入了与环境规制工具的交互项。接下来将根据空间杜宾回归结果分析碳排放效率本身的空间相关性以及财政分权的影响效应，关于不同类型环境规制工具的影响效应将通过空间效应分解进行分析。

表 4 – 16 公众参与型控制型环境规制工具区域回归结果

变量	东部		中部		西部	
	模型 1	模型 2	模型 1	模型 2	模型 1	模型 2
$\ln er$	0.281* (0.147)	0.343** (0.166)	0.004 (0.180)	0.135 (0.250)	0.339** (0.148)	0.624*** (0.159)
$\ln er^2$	−0.126 (0.161)	0.267 (0.521)	−0.249 (0.189)	−0.022 (0.357)	0.180 (0.161)	1.102*** (0.275)

续表

变量	东部		中部		西部	
	模型 1	模型 2	模型 1	模型 2	模型 1	模型 2
lnfd	− 0. 009 (0. 243)	0. 030 (0. 247)	0. 223 (0. 287)	0. 326 (0. 318)	− 0. 301 (0. 236)	− 0. 162 (0. 231)
lner · lnfd	—	− 0. 519 (0. 655)	—	− 0. 647 (0. 863)	—	− 2. 358 *** (0. 580)
lnes	− 0. 555 *** (0. 139)	− 0. 560 *** (0. 139)	− 0. 659 *** (0. 195)	− 0. 656 *** (0. 195)	− 0. 564 *** (0. 094)	− 0. 530 *** (0. 091)
lnis	− 1. 627 *** (0. 176)	− 1. 610 *** (0. 177)	− 0. 024 (0. 143)	− 0. 037 (0. 143)	− 0. 728 *** (0. 154)	− 0. 757 *** (0. 150)
ln$t$	− 0. 000 (0. 012)	− 0. 000 (0. 012)	− 0. 027 (0. 018)	− 0. 026 (0. 018)	− 0. 023 *** (0. 008)	− 0. 018 ** (0. 008)
lnfdi	− 0. 024 (0. 014)	− 0. 024 * (0. 015)	− 0. 017 (0. 016)	− 0. 017 (0. 016)	− 0. 001 (0. 008)	− 0. 005 (0. 008)
ln$u$	− 0. 188 ** (0. 088)	− 0. 178 ** (0. 088)	0. 420 (0. 332)	0. 403 (0. 332)	0. 107 (0. 094)	0. 106 (0. 091)
ρ	0. 134 ** (0. 065)	0. 137 ** (0. 063)	0. 314 *** (0. 098)	0. 315 *** (0. 098)	0. 311 *** (0. 078)	0. 293 *** (0. 077)
sigma2_e	0. 007 *** (0. 001)	0. 007 *** (0. 001)	0. 007 *** (0. 001)	0. 006 *** (0. 001)	0. 005 *** (0. 001)	0. 015 *** (0. 002)
R^2	0. 6067	0. 6083	0. 6554	0. 3032	0. 5281	0. 3292
Log-L	224. 6492	224. 9630	105. 3610	181. 9497	282. 9186	247. 0956

注：*** 、** 和 * 分别表示 1% 、5% 和 10% 显著性水平，括号内数值为标准误。

表 4 – 17　　　　　　市场激励型环境规制工具分区域回归结果

变量	东部		中部		西部	
	模型 1	模型 2	模型 1	模型 2	模型 1	模型 2
lnfd	0. 296 ** (0. 138)	− 0. 351 (0. 227)	0. 193 (0. 164)	0. 259 (0. 332)	0. 126 (0. 143)	− 0. 117 (0. 194)

续表

变量	东部		中部		西部	
	模型 1	模型 2	模型 1	模型 2	模型 1	模型 2
lner	0.757 * (0.413)	− 1.214 * (0.686)	− 1.564 *** (0.428)	− 1.422 * (0.760)	− 1.331 *** (0.330)	− 1.704 *** (0.386)
lner²	− 0.922 * (0.502)	− 0.409 (0.510)	1.883 *** (0.695)	1.958 ** (0.771)	1.998 *** (0.583)	1.813 *** (0.587)
lner · lnfd	—	2.535 *** (0.714)	—	− 0.374 (1.647)	—	1.426 * (0.780)
lnes	− 0.466 *** (0.142)	− 0.447 *** (0.138)	− 0.589 *** (0.195)	− 0.601 *** (0.203)	− 0.493 *** (0.095)	− 0.483 *** (0.095)
lnis	− 1.742 *** (0.183)	− 1.920 *** (0.186)	− 0.168 (0.135)	− 0.153 (0.150)	− 0.485 *** (0.157)	− 0.457 *** (0.157)
lnt	− 0.008 (0.010)	− 0.010 (0.009)	− 0.003 (0.016)	− 0.004 (0.017)	− 0.010 (0.009)	− 0.008 (0.009)
lnfdi	− 0.000 (0.000)	− 0.000 (0.000)	− 0.020 (0.015)	− 0.019 (0.015)	− 0.013 * (0.008)	− 0.019 ** (0.009)
cet	0.008 (0.027)	− 0.004 (0.027)	− 0.132 *** (0.035)	− 0.132 *** (0.035)	0.057 (0.040)	0.078 * (0.042)
lnu	− 0.153 ** (0.069)	− 0.109 (0.069)	0.375 (0.295)	0.385 (0.298)	0.194 ** (0.091)	0.213 ** (0.091)
ρ	0.150 ** (0.066)	0.112 * (0.066)	0.257 *** (0.099)	0.256 *** (0.099)	0.200 ** (0.084)	0.208 ** (0.083)
sigma2_e	0.008 *** (0.001)	0.007 *** (0.001)	0.007 *** (0.001)	0.006 *** (0.001)	0.005 *** (0.001)	0.015 *** (0.002)
R²	0.6016	0.6280	0.2783	0.5035	0.4228	0.4226
Log-L	223.7674	229.9212	182.2305	195.1756	260.9627	262.6170

注: ***、** 和 * 分别表示 1%、5% 和 10% 显著性水平, 括号内数值为标准误。

表 4 – 18   命令控制型环境规制工具分区域回归结果

变量	东部		中部		西部	
	模型 1	模型 2	模型 1	模型 2	模型 1	模型 2
$\ln fd$	0. 352 *** (0. 136)	0. 588 *** (0. 158)	0. 076 (0. 289)	− 0. 593 (0. 399)	0. 347 ** (0. 138)	1. 196 *** (0. 172)
$\ln er$	− 0. 317 (0. 233)	1. 220 ** (0. 593)	− 0. 478 (0. 356)	− 1. 162 ** (0. 453)	− 0. 815 *** (0. 199)	1. 124 *** (0. 323)
$\ln er^2$	0. 890 ** (0. 354)	0. 371 (0. 394)	0. 510 (0. 456)	− 0. 362 (0. 579)	1. 802 *** (0. 300)	1. 199 *** (0. 283)
$\ln er \cdot \ln fd$		− 1. 935 *** (0. 689)		2. 932 ** (1. 228)		− 4. 312 *** (0. 601)
$\ln es$	− 0. 565 *** (0. 134)	− 0. 610 *** (0. 132)	− 1. 368 *** (0. 319)	− 1. 546 *** (0. 324)	− 0. 459 *** (0. 086)	− 0. 378 *** (0. 078)
$\ln is$	− 1. 639 *** (0. 165)	− 1. 651 *** (0. 162)	− 0. 058 (0. 234)	− 0. 026 (0. 232)	− 0. 669 *** (0. 139)	− 0. 881 *** (0. 130)
$\ln t$	0. 002 (0. 011)	0. 000 (0. 011)	0. 006 (0. 028)	0. 018 (0. 028)	− 0. 019 ** (0. 008)	− 0. 020 *** (0. 007)
$\ln fdi$	− 0. 022 (0. 014)	− 0. 026 * (0. 014)	− 0. 023 (0. 025)	− 0. 027 (0. 025)	− 0. 007 (0. 007)	− 0. 008 (0. 007)
$\ln u$	− 0. 123 * (0. 067)	− 0. 124 * (0. 066)	− 0. 461 (0. 498)	− 0. 452 (0. 491)	0. 166 * (0. 085)	0. 226 *** (0. 077)
ρ	0. 135 ** (0. 063)	0. 124 ** (0. 063)	0. 381 *** (0. 090)	0. 362 *** (0. 090)	0. 201 ** (0. 078)	0. 175 ** (0. 074)
sigma2_e	0. 007 *** (0. 001)	0. 007 *** (0. 001)	0. 016 *** (0. 001)	0. 015 *** (0. 002)	0. 005 *** (0. 001)	0. 015 *** (0. 002)
R^2	0. 6274	0. 6429	0. 5095	0. 6696	0. 4655	0. 6619
Log-L	230. 6121	234. 4887	195. 2013	102. 5502	271. 8322	295. 0649

注： ***、 ** 和 * 分别表示 1%、5% 和 10% 显著性水平，括号内数值为标准误。

　　首先来看财政分权变量（fd），可以看出财政分权在三大区域对碳排放效率的影响存在显著差异。在三种不同类型环境规制工具下，财政分权对碳排放效率的影响只在东部地区和西部地区显著，在中部地区不显著。而且财政分权的空间滞后性也只在东部地区和西部地区显著。通过对样本期内财政分权均值进行比较可知，排名前十的省市依次分别为上海、北京、广东、浙江、江苏、天津、山东、福建、辽宁、重庆，全部来自东部地区和西部地区，这符合我国区域经济发展的客观情况。

　　东部地区经济发达，对外开放较早，无论贸易还是投资都很活跃，经济水平高，地方政府财政自由度也就较高。

　　西部地区地广人稀，经济发展相对落后，但是中央政府给予了很大程度的政策倾斜，转移支付、对口支援等。因此东、西部地区呈现出财政分权程度较高且分布集中的现象，这表明财政分权程度越高，对当地企业创新效率作用越大，越能促进节能减排。

　　中部地区经济发展落后，人口密度大，地方政府财政分权度低，低水平的财政分权导致地方政府出现"搭便车"行为，从而显著抑制碳排放效率的提升。

　　碳排放效率的空间滞后项（ρ），表4－16、表4－17、表4－18中ρ的回归系数均显著为正，和全国回归结果一致，再次表明了在区域层面碳排放效率仍具有显著正向的空间溢出效应，同样体现了"一荣俱荣，一损俱损"的特征。

　　表4－16为在公众参与型环境规制工具下，东部、中部和西部地区加入交互项与没有加入交互项的对比回归结果。可以看出，在东部和中部地区，财政分权与公众参与型环境规制工具交互项均不显著，表明财政分权没有调节公众参与型环境规制工具对碳排放效率的影响作用。但是在西部地区，财政分权与公众参与型环境规制工具的交互作用显著为负，表明财政分权显著降低了公众参与型环境规制工具的减排效率，当地政府没有足够重视公众的环保诉求，放松了对污染企业的监管。与全国回归结果一致，原因在于地方政府比中央政府掌握更多关于本区域的有效信息，提升了市场激励性环境规制工具的使用效率。

　　表4－17为在市场激励型环境规制工具下，东部、中部和西部地区加入

交互项与没有加入交互项的对比回归结果。通过交互项的结果可以看出，财政分权与市场激励型环境规制工具交互项系数在东部地区显著为正（2.535***），①表明财政分权显著强化了市场激励型环境规制工具对碳排放效率的"创新补偿效应"，这和省份层面的结果是一致的。原因在于东部地区经济发达、技术先进，财政分权可以进一步促进市场激励型环境规制工具的激励效应。在西部地区，财政分权与市场激励型环境规制工具交互项系数也显著为正（1.426*），这表明，在西部地区财政分权通过市场激励型环境规制工具对碳排放效率产生了现在正向促进作用，原因在于西部地区尽管经济相对落后，但是当地政府的财政支出活动强化了市场激励对技术创新的促进作用，产生了波特假说效应。在西部地区交互项不显著，且回归系数为负，表明财政分权降低了市场激励型环境规制工具的激励作用，甚至地方政府可能为了发展经济而牺牲环境。

　　表 4 - 18 为在命令控制型环境规制工具下，东、中和西部地区加入交互项与没有加入交互项的对比回归结果。可以发现，财政分权与命令控制型交互项在三个区域均发生了显著调节作用，但是作用方向不同。在东部地区，财政分权与命令控制型环境规制工具交互项作用显著为负（-1.935***），表明财政活动通过命令控制型环境规制工具显著抑制了碳排放效率的发挥，表明财政分权强化了命令控制型环境规制工具的"遵循成本"效应，意味着在财政分权活动下，命令控制型环境规制工具的实施加大了企业的成本约束，对技术创新产生了挤出效应。在中部地区，财政分权与命令控制型环境规制工具的交互项显著为正（2.932**），表明财政分权强化了命令控制型环境规制工具的"创新补偿效应"，中部地区经济相对落后，地方财政活动进一步强化了企业为了达到技术标准和合规要求加大技术资金投入的力量，从而发挥了正向促进作用。在西部地区，交互项的回归系数显著为负（-4.312***），表明财政分权活动负向调节了命令控制型环境规制工具的碳减排效率，原因可能在于地方政府为了发展经济而降低了合规标准或者对污染行为监管不力，从而加剧了环境污染，造成碳排放量增加，技术投入资金不足，导致碳排放效率下降。

①　注：***、**和*分别表示该数字在1%、5%和10%的水平上显著，后同。

4.5.3 直接效应和空间溢出效应

表 4-19 报告了模型 1 和模型 2 的空间效应分解结果，其中模型 1 没有加入财政分权与环境规制工具的交互项，模型 2 加入了交互项。

表 4-19　　　　　　　　不同环境规制工具分区域的空间效应分解

变量	地区	模型 1			模型 2		
		直接效应	间接效应	总效应	直接效应	间接效应	总效应
ger	东部	-0.127 (0.163)	-0.019 (0.029)	-0.146 (0.189)	0.273 (0.528)	0.048 (0.097)	0.321 (0.611)
	中部	-0.257 (0.202)	-0.118 (0.098)	-0.375 (0.293)	-0.021 (0.282)	-0.008 (0.125)	-0.029 (0.394)
	西部	0.186 (0.166)	0.074 (0.074)	0.260 (0.234)	1.133*** (0.284)	0.442** (0.225)	1.575*** (0.452)
ser	东部	0.769* (0.421)	0.141 (0.124)	0.910* (0.517)	-1.219* (0.693)	-0.156 (0.130)	-1.376* (0.785)
	中部	-1.592*** (0.433)	-0.501* (0.297)	-2.093*** (0.599)	-1.452* (0.782)	-0.527 (0.436)	-1.980* (1.128)
	西部	-1.345*** (0.332)	-0.306* (0.168)	-1.651*** (0.407)	-1.729*** (0.394)	-0.478* (0.280)	-2.207*** (0.576)
mer	东部	-0.318 (0.236)	-0.048 (0.048)	-0.367 (0.275)	1.234** (0.601)	0.177 (0.152)	1.411** (0.705)
	中部	-0.500 (0.377)	-0.297 (0.275)	-0.797 (0.630)	-1.206** (0.471)	-0.609* (0.349)	-1.815** (0.754)
	西部	-0.824*** (0.201)	-0.197* (0.109)	-1.022*** (0.266)	1.137*** (0.329)	0.238 (0.161)	1.376*** (0.435)

注：***、**和*分别表示1%、5%和10%显著性水平，括号内数值为标准误。

为了进一步对比考察加入财政分权变量与环境规制工具交互项以后的影

响效应，以下将空间效应分解为直接效应和间接效应。直接效应反映了本地区解释变量对本地区碳排放效率的影响，包括了本地解释变量对周边地区的碳排放效率的影响又反过来影响本地区碳排放效率的反馈效应，其系数是空间杜宾回归模型的回归系数与反馈效应的和。间接效应是空间溢出效应，是相邻地区的某个解释变量对本地区碳排放效率的影响，不能单纯依靠空间回归系数检验。

1. 东部地区不同类型环境规制工具的直接效应分析

根据表 4-19 中的模型 2，对加入交互项前后的不同类型环境规制工具对碳排放效率的直接效应进行分析。

（1）公众参与型环境规制工具对碳排放效率的影响作用不显著，无论是否加入与财政分权的交互项，系数分别为 -0.127 和 0.273，尽管符号发生了改变，但是均没有通过显著性水平检验。虽然东部地区地区公众参与型环境规制工具水平相对最高，但是整体而言无论参与形式还是参与力度都没能对企业减少污染起到有效监督和倒逼减排作用。财政分权与其交互项作用不显著，财政分权没有通过公众参与型环境规制工具对碳减排发挥显著影响作用。

（2）市场激励型环境规制工具对碳排放效率的直接效应显著为正，表明对碳排放效率起到显著促进的作用。加入交互项之前，市场激励型环境规制工具提升一个单位，对碳排放效率提升 0.768 个单位。这表明当前我国市场激励型环境规制工具在东部地区显著地促进了技术改造与创新，激励了企业通过技术创新提高生产效率，在发展经济的同时降低了对环境的污染，达到了碳减排效果。加入交互项之后，回归系数为（-1.219*），表明财政分权通过市场激励型环境规制工具抑制了碳排放效率的提升，意味着财政活动负向调节了市场激励型环境规制工具对碳排放效率的影响作用，原因可能在于地方政府注重发展经济，对企业排污治污监管不力，甚至与企业有某些利益捆绑。

命令控制型环境规制工具在加入与财政分区交互项后，一次方系数由不显著（-0.318）变成显著为正（1.234**），且显著为正，这表明命令控制型环境规制工具受到财政分权活动影响较大。财政分权通过命令控制型环境规制工具促进了当地碳排放效率的提升。表明在财政分权活动下，企业努力为达到合规要求提升技术水平，加快技术创新，从而促进了碳排放效率的提升。

2. 中部地区不同类型环境规制工具的直接效应分析

（1）公众参与型环境规制工具对碳排放效率的影响作用也不显著，无论是否加入财政分权，一次方和平方项的回归系数均不显著，公众对环境质量要求和环保意识不强，难以形成人力资本和科技创新优势。

（2）市场激励型环境规制工具一次项显著为负，表明中部地区的环境规制工具对碳排放效率呈现显著的 U 形特征。在表 4 - 10 中通过计算可知拐点为 0.41，当前水平为 0.15，仍处在拐点左侧，意味着当前对碳排放效率起着抑制作用。应努力提升环境规制工具水平，促进其尽快达到并越过拐点发挥"创新补偿效应"，促进碳排放效率的提升和改善。可能的原因在于中部地区经济发展水平较为落后，发展经济仍是首要任务，同时由于资金和技术的限制影响了节能减排效果。

（3）命令控制型环境规制工具一次项系数不显著，加入与财政分权交互项后显著为负，其平方项也为负但不显著，不在表现为非线性效应。命令控制型环境规制工具具有"一刀切"的特点，忽视了企业减排能力差异。有些企业在严格的命令控制手段和标准下，可能会遇到技术瓶颈或转型困难，进而可能破产或倒闭。因此，命令控制型环境规制工具尽管会减少碳排放，但同时也会抑制经济增长，因此要制定适度的标准和法律法规。

3. 西部地区不同类型环境规制工具的直接效应分析

（1）在加入与财政分权交互项后，公众参与型环境规制工具与财政分权交互项对碳排放效率的影响系数显著为正。意味着考虑财政分权影响后，公众参与型环境规制工具可以显著促进西部地区碳排放效率提升。可能的原因在于西部地区尽管经济发展水平相对落后，但是公众具有一定的环保意识，对环境质量要求也不断提高。

（2）市场激励型环境规制工具一次项均显著为负，表明中部地区的环境规制工具对碳排放效率呈现显著的 U 形特征，这和中部的回归结果是完全一致的。通过计算可知拐点为 0.33，当前水平为 0.17，处在拐点左侧。其原因和中部地区一样，都是经济发展水平相对落后，经济增长是首要任务，同时受制于技术资金制约，影响碳排放效率。

（3）命令控制型环境规制工具回归系数显著为负，通过表 4-11 发现命令控制型环境规制工具一次项系数限制为负，平方项显著为正，表明存在显著的 U 形特征。通过计算得到拐点为 0.23，当前水平为 0.076，仍处于拐点左侧，发挥了负向抑制作用。这意味着命令控制型手段尽管具有强制性，但由于经济发展水平和资金制约，没有推动企业为了达到合规要求进行技术创新或升级，抑制了碳排放效率的提升。在加入与财政分权交互项后显著为正，表明财政分权为正向调节了命令控制型环境规制工具与碳排放效率的作用关系，提升了该工具的减排效率。

根据表 4-19 的间接效应结果可以发现，公众参与型环境规制工具在三大区域均没有发生显著的空间溢出效应。可能的原因为我国的公众参与型环境规制工具刚起步，公众自身环保意识比较薄弱，对碳排放效率的影响作用不显著。但是在加入财政分权交乘项后，西部地区的公众参与型环境规制工具发生了显著的正向空间溢出效应。意味着在考虑当地财政活动后，当地公众参与型环境规制工具水平的提高促进了周边地区公众参与力度与积极性，促进了当地的碳减排效率提升。

市场激励型环境规制工具在中部和西部地区均产生了显著的负向空间溢出。这表明当地市场激励型环境规制工具水平的提升反而降低了周边地区的碳排放效率。原因在于中部和西部地区经济较为落后，经济发展是首要任务，在市场激励型环境规制工具手段下，当地市场激励型环境规制工具标准提高，比如排污费标准增加等，会增加企业成本压力，于是导致污染产业转移，进而引起周边地区碳排放增加，污染严重。同时，还可能由于地方政府的"搭便车"行为，一味享受外溢性的好处，却不积极增加本地环境污染治理支出或促进技术创新，导致环境污染不断增加，进而影响碳排放效率。

命令控制型环境规制工具只在西部地区产生了显著的负向溢出效应，原因可能在于地方政府一旦采取严格的命令控制型环境规制工具，由于其强制性的特点，导致某些转型困难的企业无法达到合规标准和要求，因此可能出现污染转移，对周边地区产生负向的间接溢出效应。

通过上述分析发现，不同类型环境规制对碳排放效率的影响存在较大差异。其中，公众参与型环境规制显著抑制了碳排放效率提升，表明我国公众环境规制工具刚刚起步，没有充分起到"倒逼减排"的改善碳排放效率的作用；市场激励型环境规制显著抑制了碳排放效率提升，表明当前我国市场激励型环境规制手段激励效应有限，但是"碳排放交易试点政策"发挥了显著的正向作用，显著提升了碳排放效率，因此要积极完善全国碳交易市场，充分发挥碳排放权交易的正向碳减排作用；命令控制型环境规制没有对碳排放效率产生显著影响，但越过拐点后将发挥"倒逼减排"效应，要加速完善和优化命令控制型环境规制，推动拐点尽快到来，发挥积极的碳减排作用。同时，不同类型环境规制具有不同方向的空间溢出效应。公众参与型环境规制发生了正向空间溢出效应，表明本地公众参与型环境规制水平提升会促进周边相邻地区碳排放效率得到改善；市场激励型环境规制的强化造成周边相邻地区碳排放效率下降，发生了显著负向空间溢出，原因在于周边地方政府存在"搭便车"行为，或本地政府保护主义限制了技术要素流出；命令控制型环境规制没有发生显著的溢出效应。

通过上述分析环境规制对碳排放效率影响的空间效应差异性以及区域异质性发现，不同类型环境规制具有不同的影响效应，其背后的原因如下。

第一，我国的环境规制机构缺乏一定的独立性，职责划分存在交叉，也就是存在政企不分现象。环境规制机构的人员有些来自被规制的国有企业等，直接影响环境规制工具的规制效果，使得规制执行过程缺乏独立性。同时，各地的环境规制标准存在不一致性，政出多门现象较为普遍，缺乏对环境规制的统一领导和管理，尤其遇到跨域污染等重大污染事件时，应急协同机制较差，由于利益协调不均衡导致需要由国家成立专门的环境污染治理小组来协调地方的环境保护工作等。尽管改革后我国的环保机构具有了一定的独立性，但仍存在有些机构和部门之间的职能重叠，从而引发责任确实或者越权操作，进而影响环境规制工具的规制效果。

第二，针对碳减排的环保法律法规不健全和完善。在西方国家已经实现了较为完善的二氧化碳税等，而我国在2018年才将实现多年的排污费改征环保税。在抑制碳排放的规制方法上，过多地依赖于政府的行政干预而没有充分发挥市场机制的调节作用，不能利用市场机制发挥环境资源的有效配置，进而影响环境规制的碳减排效果。同时我国的环境规制功能隶属于不同的行政规制机构，缺乏统一的立法规划，易造成现有不同省份的环保法规之间不协调，加上各地区对环境规制工具的执行标准不统一，都会造成环境规制对碳减排的影响效果差异。

第三，缺乏以绿色 GDP 为主的政绩考核体系。片面追求经济增长，忽视环境治理，可能引发环境规制的"逐底竞争"或者"政企合谋"、忽略公众的环保诉求等，进而牺牲了环境。对环境污染治理投入不足，对环境规制标准执行不力，加上中央政府与地方政府之间的信息不对称，中央政府不能对地方政府实施有效监管，导致环境恶化，在这种情况下，环境规制工具就不能有效发挥碳减排作用。

第四，信息与沟通机制不健全。由于缺乏必要的监督和信息反馈机制，环境规制工具失灵时不能及时发现存在的问题以及由此引发的后果，同时监督机构独立性较差。因此，为了保证环境规制工具有效发挥作用，需要建立独立的监督机构，同时要有科学的信息沟通和反馈机制，加强通过媒体、社会公众或者专业的中介机构进行监督，真正保证公众的环保诉求被有效反馈给相关环保部门或机构并得到足够重视，以此提高环境规制工具的减排效果。

4.6　本章小结

本章对不同类型环境规制工具进行了有效区分和测度，构建空间计量模型实证考察了不同类型环境规制工具对碳排放效率的影响以及区域异质性，研究结论如下。

1. 省份层面的研究结论

（1）不同类型环境规制工具对碳排放效率的影响存在较大差异。其中，公众参与型环境规制工具显著抑制了碳排放效率提升，表明我国公众环境规制工具刚刚起步，没有充分起到"倒逼减排"的改善碳排放效率的作用；

市场激励型环境规制工具显著抑制了碳排放效率提升，表明当前我国市场激励型环境规制工具手段激励效应有限，还未达到拐点，但是"碳排放交易试点政策"却发挥了显著的正向作用，显著提升了碳排放效率，因此要积极完善全国碳交易市场，充分发挥碳排放权交易的正向碳减排作用；命令控制型环境规制工具没有对碳排放效率产生显著影响，但是命令控制型环境规制工具水平（0.15）即将达到拐点（0.17），越过拐点后将发挥"倒逼减排"效应，要加速完善和优化命令控制型环境规制工具，推动拐点尽快到来，发挥积极的碳减排作用。

（2）不同类型环境规制工具具有不同方向的空间溢出效应。公众参与型环境规制工具发生了正向空间溢出效应，表明本地公众参与型环境规制工具水平提升会促进周边地区碳排放效率得到改善；市场激励型环境规制工具提升却造成周边相邻地区碳排放效率下降，发生了显著负向空间溢出，原因在于周边地方政府存在"搭便车"行为，或本地政府保护主义限制了技术要素流出；命令控制型环境规制工具没有发生显著的溢出效应。

（3）碳排放效率在三种空间权重矩阵下均具有显著为正的空间溢出效应，意味着本地碳排放效率的提升会促进周边地区碳排放效率改善，表现了"一荣俱荣"的典型特征，原因在于地区之间存在的竞争效应、示范效应和经济关联效应。

（4）财政分权在不同环境规制工具、不同空间矩阵下均显著提升了碳排放效率。表明我国将节能减排目标纳入国家发展规划后，在节能减排约束目标政策下，各地方政府也积极根据分解的减排任务制定自身的减排目标，不再仅仅重视经济增长，而是积极寻求低碳转型发展。

（5）财政分权与环境规制工具的交互效应存在差异。表明财政分权在不同类型环境规制工具对碳排放效率影响中发挥了显著不同的调节作用。财政分权与公众参与型环境规制工具交乘项的回归系数显著为负，表明财政分权显著负向调节了公众参与型环境规制工具对碳减排效率的影响作用，弱化了公众参与型的"创新补偿效应"；与市场激励型交互项的回归系数显著为正，表明财政分权显著强化了市场激励型环境规制工具的"创新补偿效应"，提升了激励效应，促进了碳排放效率；与命令控制型环境规制交互项的回归系数显著为负，表明显著降低了命令控制型环境规制工具的减排效率，产生了严重的"遵循成本"效应。同时，不同的交互项也产生了不同的空间溢出效应。

（6）其他控制变量的影响。产业结构对一个区域的碳排放效率产生了显著负向影响，空间溢出效应也显著为负，表明优化和调整产业结构将是我国为了节能减排的重要方向，因此，要积极调整产业结构，推动技术创新促进产业结构升级转型或积极发挥外商直接投资的产业导向作用。

能源消费结构均在1%的显著性水平下抑制了碳排放效率的提升。表明提升能源利用效率、优化能源结构会释放更多减排压力，因此，要积极提高煤炭利用效率，同时大力开发可再生清洁能源，不断降低化石能源消费比重，降低煤炭资源对环境污染的"锁定"效应。

技术创新对本地碳排放效率的影响均显著为正，但是技术创新空间溢出效应显著为负，这表明技术创新是提升碳排放效率的根本驱动力，因此，要依靠技术创新不断提高生产效率、促进产业结构调整、更好地吸纳外资企业的先进技术，从根本上促进经济发展方式转变，为中国经济实现高质量发展提供动力。由于对周边地区的溢出效益为负，因此要积极鼓励地区之间交流学习，促进共同进步。

外商直接投资对周边地区产生了显著负向空间溢出效应。表明未来要提高外商直接投资的水平和质量，积极发挥外资企业的正向技术溢出效应，避免外资企业通过要素集聚产生的中心效应。

2. 分区域层面的研究结论

（1）不同类型环境规制工具对碳排放效率的影响具有区域异质性。东部地区只有市场激励型环境规制工具发挥了显著正向作用，即市场激励型环境规制工具显著提升了碳排放效率。公众参与型和命令控制型环境规制工具均未发挥显著作用；中部地区也只有东部地区只有市场激励型环境规制工具发挥了显著作用，但其作用显著为负，即显著抑制了碳排放效率的提升。公众参与型和命令控制型环境规制工具也没有发挥显著作用；西部地区的市场激励型环境规制工具和中部一样显著为负，显著抑制了碳排放效率的提升。命令控制型环境规制工具的影响也显著为负。

（2）不同类型环境规制工具空间溢出效应方向不同。公众参与型环境规制工具在三个区域均没有发生显著的溢出效应；市场激励环境规制工具规制在中部和西部地区发生了显著的负向空间溢出效应，即本地市场激励性环境规制工具水平提高，会显著降低周边地区碳排放效率；命令控制型环境规制工具在西部地区发生了显著负向空间溢出效应，即本地命令控制型环境规制工具水平提高会显著降周边地区碳排放效率。

（3）财政分权对碳排放效率的影响存在显著差异。财政分权对碳排放效率的影响只在东部和西部地区显著为正，中部地区不显著。这与财政分权的空间分布特征是有密切关系的。

（4）财政分权与不同类型环境规制工具交互项在不同区域作用方向不同。财政分权与公众参与型环境规制工具交互项在西部地区显著为负，与市场激励型环境规制工具交互项在东部和西部显著为正，与命令控制型环境规制工具交互项在中部显著为正，在东部和西部地区显著为负。

其他变量的影响作用和全国一致，产业结构、能源消费结构、技术进步和外商直接投资都对本地区和周边地区产生了显著影响。

第 5 章　环境规制工具促进区域碳减排的协同优化研究

第 3 章研究发现中国省域碳排放效率整体水平偏低且存在显著的空间正相关性，碳排放本身的区域流动性以及碳排放效率显著的正向空间溢出效应也进一步表明传统的"属地治理"模式很难成功实现低碳转型（邵帅、范美婷和杨莉莉，2022）。通过环境规制工具协同治理碳排放，形成"联防联控"的碳减排协同机制是低碳经济发展的重要途径。第 4 章实证结果表明，三种异质性环境规制工具在省份层面和三大区域层面均发生了不同空间溢出效应。倘若单纯依靠单一类型的环境规制工具，一味通过提升该种环境规制工具强度来实现减排目标，有可能再次产生"绿色悖论"效应（张华，2014）；倘若只针对碳排放严重的区域进行较强的环境规制工具，则有可能导致污染企业就近转移（沈坤荣、金刚和方娴，2017），进而造成整体碳排放效率下降。

基于前述研究，本章将根据第 2 章三个维度的协同优化机理分析框架，基于环境规制对碳减排的直接影响以及间接影响探究环境规制工具的协同优化。首先，探讨跨区域的环境规制工具协同优化，测算环境规制工具跨区域协同度；构建面板模型，检验环境规制工具跨区域协同对碳排放效率的治理效率，识别出跨区域协同优化方向。其次，探讨区域内环境规制工具协同优化，测算环境规制工具区域内纵向协同度，通过实证分析识别出区域内协同优化方向。再次，基于环境规制工具可以通过产业结构、技术创新、外商投资间接影响碳减排且三者均具有显著的空间溢出效应，进一步构建中介效应模型，根据中介效应检验结果，提出在充分考虑产业政策、技术创新和外商投资政策下的环境规制工具的协同优化方向。最后，从三个维度形成较为完整的环境规制工具协同优化体系，为从环境规制工具协同视角促进低碳转型提供经验支持。

5.1　跨区域环境规制工具协同优化

碳排放效率的空间外溢性和碳排放的跨区域流动性表明，各地应该突破碳减排的"属地治理"模式，各区域之间以及区域内多主体要通过环境规制工具协同积极进行联防联控，促进整体节能减排目标的实现。我国 1998 年提出的酸雨和二氧化硫治理的"两控区"是最早的大气污染区域联合治理的雏形。后来京津冀大气污染防治协作治理机制在 2013 年正式建立，促进了大气污染联合治理的发展。[①] 2014 年长三角区域大气污染防治协作小组建立，同年 3 月，珠三角地区创建了我国第一个大气污染联防联控技术示范区，并制订了第一个区域层面的清洁空气行动计划。于是，我国三大经济圈分别形成了大气污染治理联盟，开始了不同程度的大气污染联合治理行动。尽管我国没有单独制定有关碳排放的污染防治法，但是《大气污染防治法》中规定了联防联控制度，二氧化碳也属于大气中的重要污染气体，因此，《大气污染防治法》对环境规制工具协同治理碳减排也提供了指导作用。环境规制工具的碳减排协同治理要考虑碳排放的跨区域空间流动，同时还要考虑碳排放效率本身的空间溢出。

5.1.1　跨区域协同度的测算及结果分析

为探索环境规制工具对碳排放的横向跨区域协同治理和纵向利益相关者协同治理，本章将基于区域面板数据和省级面板数据分别进行研究。相邻地区之间产生碳排放跨区域污染的情况比距离远的地区更为严重，因此相邻地区有更大的协同治理需求，对跨区域污染涉及的产权和责任不清等问题也比

---

① 房雪. 京津冀环境协同治理政策优化研究［D］. 秦皇岛：燕山大学，2021.

较容易协同，转移污染源也比较便利。

按照国家自然地理划分标准，我国分为七个区域。其中，东北地区包括吉林、辽宁、黑龙江三个省份，华北地区包括北京、天津、河北、山西、内蒙古，华东地区包括上海、江苏、浙江、安徽、福建、江西、山东，华中地区包括河南、湖北、湖南，华南地区包括广东、广西、海南，西南地区包括重庆、四川、贵州、云南，西北地区包括陕西、甘肃、青海、宁夏、新疆。

环境规制工具横向跨区域协同度是在各区域所包含省份的三类环境规制工具水平基础上采用熵值法测算得到环境规制工具综合水平，以此为基础进行测算。区域内协同度是以各省份三类环境规制工具水平为基础测算得到的。

对环境规制工具横向跨区域协同度的衡量，借鉴胡志高等（2019）的研究方法，公式为：

$$D_1 = \left\{ \left[\prod_{i=1}^{n} er_i \bigg/ \left(\frac{1}{n} \sum_{i=1}^{n} er_i \right)^n \right]^k \left(\sum_{i=1}^{n} a_i er_i \right) \right\}^{1/2} \tag{5-1}$$

其中，D_H 为环境规制工具横向跨区域协同度，$i = 1, \cdots, n$，i 表示各区域，n 表示各区域内省份数量，$k \geq 2$，表示调整系数。

根据式（5-1）测算了环境规制工具横向跨区域协同度，结果见表 5-1。可以发现横向跨区域协同以后和单个省份的环境规制工具水平相比有了显著提高，但是区域内各省份地理位置、经济发展程度、环境治理投入等存在显著差异，导致环境规制工具横向协同度也有较大差异。总体来看，2000～2010 年华东地区、华中地区协同度最高，西北、西南和华北地区较低；2011～2019 年，西北地区横向协同度最高，华东地区最低。在碳排放越高的区域，环境规制工具横向协同水平也就较高。

表 5-1　　　　环境规制工具的横向跨区域协同度测算结果

地区	2000 年	2005 年	2010 年	2015 年	2016 年	2017 年	2018 年	2019 年
华北	1.00	0.91	1.06	0.63	0.66	0.80	0.73	0.66
东北	1.01	0.71	0.86	0.84	0.81	0.84	0.89	1.06
华东	1.02	1.09	1.16	0.73	0.56	0.48	0.51	0.71

续表

地区	2000 年	2005 年	2010 年	2015 年	2016 年	2017 年	2018 年	2019 年
华中	1.19	1.17	1.13	0.85	0.63	0.74	0.74	0.85
华南	1.09	0.84	1.07	0.79	0.53	0.76	0.76	0.85
西南	0.86	1.06	0.82	0.79	0.57	0.75	0.79	0.90
西北	0.59	0.68	1.28	1.15	1.16	1.19	1.18	1.24

　　图 5-1 为样本期内各区域环境规制工具横向协同度的变化趋势，进一步直观看到，不同区域之间横向协同度波动较大。但是各区域环境规制工具变化趋势基本相同，均呈现先下降、再上升、又下降、再上升的波动变化过程。这与区域内各省份的碳排放水平有密切关系。一般而言，如果区域内各省份碳排放量较高，则省份之间的横向合作协同就会有所加强。华中地区、东北地区、华东地区、华北地区在 2000~2010 年协同度都处于较高水平。为了更好地进行比较，将结合区域碳排放效率一并分析。

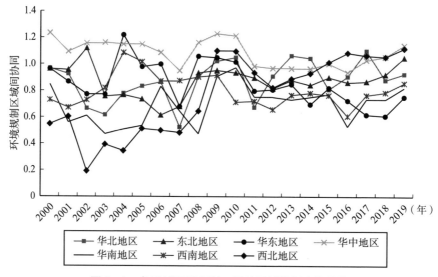

图 5-1　各区域环境规制工具跨区域协同变化趋势

　　图 5-2 为样本期内 7 个区域的碳排放效率变动趋势。华中地区包含河南、湖北和湖南三个省份，其中河南省作为人口大省和能源消费大省，碳排

放量较高，2000 年华中地区的碳排放总量为 49335 万吨，其中河南省为
25148 万吨，湖北省为 17454 万吨，湖南省为 10124 万吨，较高的碳排放量
使得区域之间倾向于协同，2000 年的环境规制工具协同度为 1.19。较高的
环境规制工具协同度促进了碳排放效率的提升，2000 年华中地区的碳排放
效率为 1.024，因此，区域协同提升了碳排放效率。2019 年华中地区的碳排
放量为 126534 万吨，其中河南省为 54582 万吨，湖北省为 39287 万吨，湖
南省为 32665 万吨，碳排放总量仍然很高，2019 年环境规制工具协同度为
0.85，也处于较高水平，测算得到区域碳排放效率为 0.847，同样表明较高
的环境规制工具协同度提升了碳排放效率。

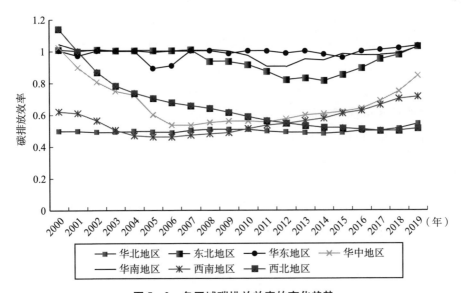

图 5 - 2　各区域碳排放效率的变化趋势

东北地区包括黑龙江、吉林和辽宁，其中辽宁省是我国重要的传统重工
业基地，大多城市的工业二氧化碳排放比例高，除了沈阳和鞍山以外其余城
市的工业排放所占比重均超过了 70%，而抚顺达到了 90% 以上，可见，碳
排放量非常大。黑龙江也是典型的资源型省份，"一油四煤"的能源产业是
其经济发展的重要支撑，火力发电需要大量原煤是造成碳排放量居高不下的
重要原因。东北地区的环境规制工具协同度也比较高，2000 年协同度为

1.01，碳排放效率为 1.011；2019 年协同度为 1.06，碳排放效率为 1.03，同样表明了在碳排放量较高的区域之间协同度较高，较高的协同度促进了碳排放效率的提升。

华北地区包括北京、河北、天津、山西和内蒙古，其中河北和山西的能源消费总量在全国名列前茅，内蒙古碳排放量增速也很快。2000 年区域碳排放总量为 96932 万吨，环境规制工具协同度为 1.00，但是碳排放效率为 0.49。到了 2019 年协同度为 0.66，碳排放效率为 0.54。这主要是区域之间差异过大导致的。其中，山西省作为产煤大省，碳排放总量、人均碳排放量都是最高的，原因在于煤炭在能源消费中占比很高，直接导致碳排放量不断增加。同时，能源使用效率低也进一步增加了对能源的消耗。因此，山西省应大力提供能源利用效率，降低对煤炭的过度依赖，同时要做好节能减排。河北省第二产业比重很高，承接了很多重工业，加剧了碳排放。而内蒙古经济比较落后，工业多为传统产业，加上工艺落后，导致节能减排效率较低。因此，在工业化进程中，应该加强技术进步，有选择性地承接转移来的企业。

华东地区包括了上海、江苏、浙江、安徽、福建、江西、山东。2000 年碳排放总量为 116085.9 万吨，其中山东省为 26924.6 万吨，江苏为 25148 万吨，环境规制工具协同度为 1.02，碳排放效率为 1.00。到了 2019 年，碳排放总量为 423762 万吨，环境规制工具协同度为 0.71，碳排放效率为 1.03。同样表明了环境规制工具协同促进了碳排放效率的提升。山东省和江苏省都是工业大省，第二产业比重过高，均在 50% 左右，虽然 2019 年山东省第二产业比重有所下降，但依然为 40%。过高的第二产业比重直接导致能源消费总量不断增加。尤其是山东省外资企业中有些韩资和日资企业为了躲避本国环境规制工具压力而进入。因此，山东省应该在推进产业结构升级时，提高环境法规政策水平和力度。

在 2016 年以后，随着我国越来越重视生态环境，各区域环境规制工具协同度开始呈现不同幅度的上升趋势。西北地区的协同度 2019 年处于较高水平，可能的原因在于，西部地区经济发展落后，地方政府仍然以发展经济为主，由于重工业占比较高的产业结构以及以煤炭等高碳能源为主的能源消费结构直接导致了碳排放不断增加。但随着国家节能减排目标约束以及对生态文明建设的重视，各省纷纷制定了本省发展规划以及具体的减排目标，在此基础上促进了跨区域省份的环境规制工具协同,以此推动区域整体节能减排。

5.1.2　基于跨区域协同度的协同治理模型构建

1. 变量选取

(1) 被解释变量。被解释变量仍为碳排放效率,但由于将进行环境规制工具横向跨区域协同效应研究,需要在区域划分的基础上进一步测算区域碳排放效率。因此,仍以"三投入 + 两产出"为框架,在计算区域内投入指标和产出指标的基础上,分别测算我国七大区域 2000～2019 年的碳排放效率,并作为横向跨区域协同治理模型的被解释变量。

(2) 核心解释变量。核心解释变量为环境规制工具横向协同度。由于要进行横向跨区域协同和区域内纵向协同分析,因此,解释变量进一步分为环境规制工具横向跨区域协同度和区域内纵向协同度。其余控制变量仍为产业结构、技术创新、能源消费结构、财政分权和人口规模、城镇化水平,各变量定义与第 4 章一致。表 5 - 2 为区域面板数据下相关变量的描述性统计结果。

表 5 - 2　　　　　　　　区域面板数据描述性统计结果

	变量	单位	N	平均值	标准差	最小值	最大值
被解释变量	碳排放效率	–	140	0.7577	0.2162	0.4613	1.1410
解释变量	横向协同度	–	140	0.8688	0.2062	0.2100	1.3200
	环境规制工具	–	140	0.2284	0.1792	0.0048	0.7953
控制变量	专利授予量	万件	140	120103	199215	2849	1087424
	能源消费结构	%	140	0.6132	0.0990	0.4215	0.7520
	产业结构	%	140	0.4617	0.0449	0.3245	0.5372
	外商直接投资	万元	140	2531347	3077971	51400	15500000
	财政分权	%	140	0.5260	0.1421	0.2965	0.7894
	人口规模	万人	140	18881	9135	9033	41298

2. 横向跨区域协同治理模型

环境规制工具跨区域协同治理主要是突出横向跨区域的规制协同对碳排放效率的影响，因此，需要在区域碳排放效率的影响模型基础上考虑环境规制工具跨区域协同的影响。第 4 章已经实证检验了不同类型环境规制工具对碳排放效率的影响。为了进一步检验环境规制工具横向跨区域协同治理对碳排放效率的影响，需要在第 4 章模型的基础上引入环境规制工具横向跨区域协同度。由于横向协同本身是基于自然地理位置进行的区域划分，因此此处不用再构建空间计量模型，构建普通面板回归模型就能达到分析目的。构建的普通面板模型如下：

$$\ln cte = \varphi_0 + \varphi_1 \ln er + \varphi_2 \ln^2 er + \varphi_3 \ln X + \varepsilon \qquad (5-2)$$

为进一步考察环境规制工具协同对碳排放效率的影响，在模型（5-2）基础上引入环境规制工具横向跨区域协同度，构建模型：

$$\ln cte = \varphi_0 + \varphi_1 \ln D_H + \varphi_2 \ln er + \varphi_3 \ln^2 er + \varphi_4 \ln X + \varepsilon \qquad (5-3)$$

由于环境规制工具横向协同度还可以对区域环境规制工具产生调节作用，因此为了全面考察环境规制工具横向跨区域协同治理作用，进一步引入环境规制工具跨区域横向协同度与区环境规制工具的交乘项，构建模型：

$$\ln cte = \varphi_0 + \varphi_1 \ln D_H + \varphi_2 \ln er + \varphi_3 \ln^2 er + \varphi_4 \ln D_H \cdot \ln er + \varphi_5 \ln X + \varepsilon \qquad (5-4)$$

模型（5-3）和模型（5-4）中的 $\ln D_H$ 表示取对数的环境规制工具横向跨区域协同度，$\ln cte$ 表示取对数的区域碳排放效率，$\ln er$ 表示取对数的各区域环境规制工具水平，X 表示控制变量，ε 表示随机误差项，X 表示控制变量，与第 4 章的控制变量相同。

5.1.3 跨区域协同治理的回归结果分析

面板数据同时具有时间序列和截面双重性质的数据形式和数据特征，在时间和横截面上都很有可能存在异方差现象。艾歇尔（Eicker，1967）和怀特（White，1980）提出在残差项符合独立分布前提下可以采用异方差稳健方差矩阵估计的方法。如出现异方差，仍可使用 OLS，但要结合稳健标准误。帕克斯（Parks，1967）又提出了可行广义最小二乘法（FGLS），尽管该方法在处理异方差上比 OLS 结合稳健标准误更有效，但前提需要估计条件方差的函数形式。德里斯科尔和克雷（Driscoll and Kraay, 1998）提出了一种非参数协方差矩阵估计方法，能计算控制异方差、自相关的一致标准误。本书采用的空间面板数据中，不可避免存在异方差和空间自相关问题，而区域面板数据是典型的"大 T 小 N"短面板数据，将采用 Driscoll-Kraay 的修正异方差和自相关估计方法对模型（5-4）进行估计，并采用伍尔德里奇（Wooldridge）提出的稳健豪斯曼检验对模型进行选择。检验结果显示，稳健豪斯曼检验卡方值为 128.488，P 值为 0.0000，在 1% 显著水平上拒绝随机效应模型，结果见表 5-3。

表 5-3　　　　　　环境规制工具横向协同治理固定效应回归结果

变量	模型（5-5）	模型（5-6）	变量	模型（5-5）	模型（5-6）
$\ln D$	0.076* (0.074)	0.214*** (0.006)	$\ln fd$	0.346 (0.161)	0.440 (0.120)
$\ln er \cdot \ln D$	—	0.054** (0.036)	$\ln p$	0.920** (0.030)	0.971** (0.022)
$\ln er$	-0.112** (0.027)	-0.090* (0.098)	$\ln t$	0.030 (0.526)	0.051 (0.299)
$\ln^2 er$	0.076* (0.077)	0.214*** (0.008)	$\ln fdi$	0.015 (0.289)	0.012 (0.390)
$\ln es$	-2.282*** (0.000)	-2.292*** (0.000)	Constant	-6.944* (0.077)	-7.658* (0.052)
$\ln is$	-0.510 (0.130)	-0.511 (0.128)	F 统计量	407.46	192.52
			R^2	0.7219	0.7394

注：***、**、*分别表示在1%、5%、10%的水平上显著。

根据表 5-3 的回归结果可以发现，环境规制工具横向协同度的回归系数在加入与区域环境规制工具水平交乘项前后均显著为正。在加入交乘项以后，横向协同度的回归系数由 0.076* 变为 0.214***，显著性水平由 5% 变为

1%，这表明环境规制工具协同度提高 1 个单位，碳排放效率会提高 0.076 个单位，当考虑环境规制工具协同度与环境规制工具交互项后，环境规制工具协同度提高 1 个单位时，碳排放效率会提高 0.214 个单位，表明环境规制工具横向协同度显著促进了碳排放效率的提升。第 4 章研究发现单个省份为中心的"属地治理"模式下只有市场激励型环境规制工具能发挥显著作用，且作用显著为负。如果一个地区加大碳减排控制力度，强化减排措施，提升碳排放效率，但是相邻地区却消极懈怠，一定会导致跨区域横向协同度下降，降低协同治理效率。然而，基于环境规制工具跨区域横向协同度却可以提升区域碳排放效率，各区域省份之间可以通过环境规制工具协同提升碳排放效率，只有将跨区域各地方政府、企业和公众作为多元环境治理的主体，在一定目标下积极统一行动，才能努力提升环境规制工具的横向协同度，有效促进碳减排，提升碳排放效率，真正实现联防联控。同时，环境规制工具横向协同度与环境规制工具交乘项的回归系数为 0.054，且在 5% 的水平上显著为正。这表明，环境规制工具协同度进一步通过区域环境规制工具水平对碳排放效率起到了正向促进作用，即环境规制工具的协同可以通过加强区域之间政府、企业以及公众之间的协作水平进一步提升碳排放效率，实现良性互动关系，充分体现了区域之间多主体的协同行为对提升碳排放效率显著有效。

就区域环境规制工具水平而言，一次方项回归系数在 10% 水平下显著为负，平方项回归系数显著为正，呈典型的 U 形特征，表明环境规制工具对碳排放效率显著发挥"遵循成本"效应，拐点之后会发挥"倒逼减排"作用。其余控制变量的回归结果在引入环境规制工具横向协同度以及与环境规制工具交乘项之后，影响方向并没发生实质改变。能源消费结构依然显著抑制着碳排放效率的提升。财政分权回归系数为正但不显著，表明地方政府活动对提升碳排放效率起到了一定的正向促进作用，但是作用不明显。产业结构影响不显著，可能的原因在于区域内省份的产业结构不均衡，存在相互抵消的情形。人口规模显著促进了碳排放的提升，可能的原因在于人们的环保意识不断增强，在节能减排政策下不断改变消费结构和消费偏好，促进了碳排放效率的提升。

5.1.4　跨区域协同优化方向

1. 建立环境规制工具协同治理的府际利益协调机制

前面实证分析发现，不同环境规制工具具有不同的空间溢出效应，基于环境规制工具的横向协同和纵向协同可以有效促进碳减排。然而对于各地方政府而言，利益是最核心、最根本和最实质的关系。[①] 如何在环境规制工具协同治理中建立利益协调机制是有效发挥协调效应、促进环境规制工具政策同步、有效避免污染产业就近转移的重要内容和关键所在。

（1）要形成环境协同治理的成本分摊机制。建立健全环境规制工具协调治理的府际利益协调机制是协同的核心。在跨区域协调治理中，涉及不同省份不同层次的众多直接和间接利益相关者，这些利益相关者的利益诉求是环境规制工具协同治理的直接驱动力。而不同区域的协调首先要解决的就是利益平衡关系，[②] 前提是明确成本分摊机制。由于碳排放具有跨区域流动性，这就会造成积极进行减排治理的区域不能完全享受治理所带来的全部收益，这也直接导致了相邻地区的"搭便车"现象。各政府之间联动，必须有公平公正的减碳成本分摊机制和资金补偿机制，根据成本分摊机制完成协调合作。同时要考察各区域之间的经济发展水平和碳排放水平，衡量协同减排成本，制定协同治理方案和规划，在维护整体利益的基础上，实现各自节能减碳指标。全国七大区域内部，有的区域各省份碳排放量、碳排放强度存在较大差异。以华北地区为例，河北省是能源消费大省和工业大省，承接了北京的部分产业转移，在带来经济发展的同时也造成了严重的环境污染，在一定程度上由于污染的跨区流动导致京津受到影响。尽管 2015 年出台了《京津冀协同发展规划纲要》，但是在碳排放的协同治理上还有待继续加强。要改善和治理京津冀的整体生态环境，必须依靠公平的成本分摊机制。一方

---

① 苏黎馨，冯长春. 京津冀区域协同治理与国外大都市区比较研究 [J]. 地理科学进展，2019，38（1）：15 – 25.

② 崔嘉文，张琳，侯君. 密云水库上游地区生态补偿现状分析——以河北省丰宁满族自治县为例 [J]. 河北农业科学，2014，18（4）：89 – 92，96.

面河北省要实现与企业的良性互动，加大对污染企业的监管和治理；另一方面要探讨成本分摊机制，共同推动京津冀一体节能减碳。

（2）要积极建立多种补偿机制，引导利益均衡。多元化的补偿机制可以有效提高企业防污治污积极性，建立生态补偿机制是有效促进环境规制工具协同治理碳减排的重要政策手段。各区域之间应该根据"污染者付费""受益者支付"的原则，制定合理的生态补偿额度和利益补偿机制。

首先要分割区域节能降碳的治理责任和任务，分割后根据治理责任可以将任务转移到治理成本较低的区域；还可以将治理任务和成本分离，可以采取区域内财政转移支付方式由一个省市支付本区域内其他省市减排任务以外所承担的治理成本，从而避免该地区因承受额外的治理成本而利益受损，[①]以此提升该地区的协同降碳积极性。

其次，可以由各区域共同设立专项节能降碳基金，以此作为杠杆，减少各区域协同治理的不均衡性。在资金筹集和使用中要充分考虑各地在碳排放量和节能降碳上的贡献程度和区域差异，充分发挥基金的激励作用。

最后，政府要加大对技术研发的资金支持，对研发治污新技术的企业进行降级奖励，同时完善税收杠杆，完善由社会、企业、公众等多元主体的资金补偿投入机制，释放政府财政压力，多方努力共同促进绿色共赢。通过多种补偿和利益协同机制来平衡不同利益主体的利益关系，有效解决在协同治理过程中的跨区域生态补偿事件和环境污染事件，真正解决环境污染，提升环境规制工具正向协同效应。

2. 建立环境规制工具协同治理的法治政策体系

环境规制工具协同治理的法治政策体系是实现环境规制工具跨区域和区域内协同治理的重要保证，能有效提升协同治理能力和治理效果。不同区域的人大常委会法制工作部门要结合区域内各地的实际情况和差异，进行沟通协商，拟订区域协同治理节能降碳的法律法规，关注限期治理的实施程序以及公众参与环境评价的方式等，加强协同立法工作，保证立法部门之间及时

---

① 魏娜，赵成根. 跨区域大气污染协同治理研究——以京津冀地区为例 [J]. 河北学刊，2016，36（1）：6.

有效沟通，形成有效的环境规制工具协同体系，比如制定防污治污条例并各自在各地方人大会上审议并同步实施。区域内联合制定并实施统一的环保标准和及时标准，共同完成宣传和解释工作的协同，以此保证环保法律法规的有效实施，要杜绝区域内标准不一而导致的执法不严等不良现象，加大对区域边界跨省市和跨区域的环境污染实际，加大监督力度，各级环保执法部门积极联合执法，发挥合力，在完善环保法律法规基础上，强化环保执法联动机制。

3. 建立环境规制工具协同治理的信息沟通机制

信息沟通交流与共享是跨区域环境规制工具协同发展的关键，需要建立跨区域环境规制工具信息共享网络平台，充分交流与沟通相关信息。我国目前形成的京津冀大气污染防治协作治理机制、长三角区域大气污染防治协作小组、珠三角大气污染联防联控技术示范区都是联合治理的有效借鉴。这些专门的协作小组作为治理机构，由于我国特殊的行政体制，信息主要在政府系统内部传递和交流，省级政府之间的交流较多，但是地市之间的交流成本较高。虽然有协作小组，但也不是常设机构，一般每年开几次会，不能保证信息的及时有效。因此，要建立可以打破信息传递壁垒的交流机制和平台，比如 2005 年珠三角地区建立的首个区域性空气质量监测平台系统。因此，可以参考建立规制协同治理小组，并依托计算机、网络等技术搭建网络信息共享平台，为环境规制工具协同治理提供经验。

5.2　区域内环境规制工具协同优化

5.2.1　区域内协同度的测算及结果分析

环境规制工具区域内纵向协同治理研究，仍以 30 个省级面板数据为样本。省级面板数据来源与本书第 4 章各变量的数据来源相同。对于环境规制工具区域内纵向协同度的衡量，借鉴徐维祥、舒季君、唐根年（2015）的方法，公式如下：

$$D_Z = \left\{ (ger \cdot ser \cdot mer) / \left[(ger + ser + mer)/3 \right]^3 \right\}^k \qquad (5-5)$$

其中，D_Z 为环境规制工具协调水平，ger、ser、mer 分别为公众参与型环境规制工具、市场激励型环境规制工具、命令控制型环境规制工具水平。但是协调水平只能刻画出环境规制工具之间发展的协调性，难以反映环境规制工具协调发展水平的高低，因此需要在综合考虑环境规制工具协同发展水平基础上构造环境规制工具协同度，并以此度量整体环境规制工具发展水平，即综合收益，用 D_s 表示，公式如下：

$$D_s = \sqrt{D_Z \cdot (ger + ser + mer)/3} \qquad (5-6)$$

根据式（5-5）和式（5-6）对环境规制工具纵向区域内协同度进行测算，结果见表5-4，由于篇幅限制，只列出了部分年份结果。

表5-4　　　　　　　　环境规制工具纵向协同度测算结果

地区	2000年	2010年	2013年	2014年	2015年	2016年	2017年	2018年	2019年	平均	排名
宁夏	0.224	0.389	0.461	0.211	0.366	0.281	0.230	0.285	0.293	0.330	1
浙江	0.263	0.377	0.352	0.398	0.362	0.298	0.283	0.307	0.327	0.320	2
重庆	0.318	0.238	0.299	0.323	0.328	0.210	0.271	0.278	0.275	0.304	3
广东	0.348	0.346	0.231	0.249	0.255	0.185	0.256	0.302	0.329	0.293	4
江苏	0.268	0.330	0.229	0.297	0.282	0.246	0.230	0.211	0.306	0.288	5
天津	0.286	0.399	0.158	0.209	0.189	0.160	0.219	0.228	0.244	0.284	6
福建	0.235	0.342	0.320	0.117	0.316	0.251	0.256	0.239	0.228	0.276	7
陕西	0.188	0.393	0.193	0.240	0.237	0.129	0.168	0.229	0.235	0.254	8
湖北	0.129	0.326	0.259	0.271	0.264	0.245	0.169	0.187	0.218	0.250	9
江西	0.170	0.331	0.230	0.268	0.233	0.138	0.176	0.210	0.213	0.244	10
内蒙古	0.143	0.351	0.144	0.206	0.215	0.139	0.203	0.097	0.161	0.242	11
北京	0.322	0.288	0.150	0.180	0.215	0.222	0.224	0.258	0.261	0.239	12
青海	0.248	0.289	0.227	0.232	0.239	0.227	0.179	0.226	0.165	0.233	13
辽宁	0.215	0.403	0.247	0.248	0.210	0.128	0.140	0.166	0.165	0.229	14
新疆	0.190	0.278	0.236	0.238	0.205	0.115	0.132	0.125	0.134	0.223	15
山东	0.220	0.259	0.161	0.216	0.207	0.185	0.215	0.207	0.220	0.221	16

续表

地区	2000 年	2010 年	2013 年	2014 年	2015 年	2016 年	2017 年	2018 年	2019 年	平均	排名
四川	0.180	0.190	0.198	0.220	0.190	0.108	0.175	0.217	0.211	0.218	17
安徽	0.179	0.234	0.237	0.218	0.244	0.193	0.172	0.194	0.249	0.216	18
广西	0.184	0.275	0.135	0.123	0.158	0.113	0.085	0.110	0.129	0.205	19
上海	0.326	0.251	0.167	0.237	0.208	0.182	0.228	0.245	0.310	0.200	20
吉林	0.204	0.166	0.125	0.106	0.125	0.105	0.080	0.123	0.139	0.197	21
河南	0.154	0.243	0.178	0.222	0.202	0.193	0.242	0.249	0.296	0.195	22
山西	0.126	0.183	0.163	0.183	0.147	0.221	0.263	0.294	0.329	0.192	23
湖南	0.173	0.266	0.221	0.215	0.227	0.086	0.118	0.157	0.211	0.191	24
河北	0.192	0.252	0.218	0.210	0.181	0.166	0.220	0.217	0.289	0.187	25
海南	0.209	0.280	0.150	0.175	0.119	0.052	0.137	0.217	0.238	0.183	26
甘肃	0.148	0.227	0.147	0.188	0.124	0.091	0.077	0.083	0.112	0.182	27
黑龙江	0.215	0.205	0.126	0.158	0.124	0.048	0.047	0.084	0.108	0.174	28
云南	0.108	0.186	0.193	0.201	0.191	0.080	0.065	0.086	0.077	0.156	29
贵州	0.181	0.034	0.183	0.200	0.226	0.033	0.149	0.115	0.099	0.136	30
全国	0.212	0.278	0.218	0.219	0.220	0.161	0.180	0.198	0.219	0.229	—

　　将表 5 - 4 中的样本按照期内各省份环境规制工具纵向协同度的均值由高到低进行列示，可以发现宁夏的纵向协同度最高，原因可能在于宁夏经济发展较为落后。根据第 3 章的区域碳排放量和碳排放强度分析结果可知，尽管宁夏碳排放总量不是最高，但是碳排放强度最高，人均碳排放量以及碳排放量的增速比较快。因此，环境规制工具协同度较高。从 2000 年到 2019 年，环境规制工具协同度增幅为 31%。增幅最大的是河南省，2000 年环境规制工具协同度为 0.154，2019 年为 0.296，增幅达到了 92.75%。原因在于河南省是能源消费大省，能源消费导致碳排放量迅速增加，需要协同促进节能减排。其次是湖北省，增幅为 68.69%，原因在于湖北省能源消费结构很难改变，但是作为首批碳排放权交易试点城市，在"十三五"以来，深

入贯彻落实绿色发展理念，推动节能降碳走向了国家前列。河北省环境规制工具协同度增幅为 50.99%，随着 2015 年京津冀协同发展规划纲要出台，三地政府陆续出台了环境治理相关法规政策，河北省政府将环境治理指标纳入了政绩考核体系，不断推动各界节能降碳。

基于表 5－4 环境规制工具协同度的测算结果，进一步分析各年和各省份环境规制工具纵向协同度的变化趋势，见图 5－3 和图 5－4。从图 5－3 来看，环境规制工具纵向协同度经历了一定的波动。在 2000～2005 年的"十五"规划期间呈不断上升趋势，当时我国大力发展重工业，导致各省份内碳排放均不断增加，所以各种环境规制工具协同加强。2008～2012 年，环境规制工具纵向协同度下降，原因在于随着我国开始制订并出台节能减排约束性指标，并承诺二氧化碳排放要比 2005 年要下降 40%～45%，在各级政府和企业等共同努力下，碳排放得到了一定的控制，环境规制工具的纵向协同度有所下降。2013～2015 年以及从 2016 年开始环境规制工具协同度又开始有所上升，原因在于尽管我国政府不断出台节能减排措施，但是产业结构、能源消费结构等约束导致二氧化碳排放绝对值仍在不断上升，区域内协同度仍有所上升，多种主体合作促进碳减排。这正与我国"十二五"规划提出要扎实推进节能减排、加强生态环保建设相吻合。随着我国政府对生态环境的重视程度不断加强，对环境治理也提出了更高要求，通过建立环境治理体系促进协同碳减排将是提高碳排放效率的重要手段。

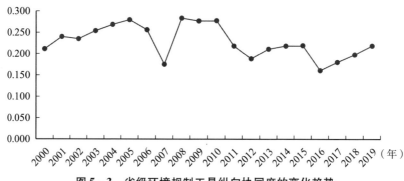

图 5－3　省级环境规制工具纵向协同度的变化趋势

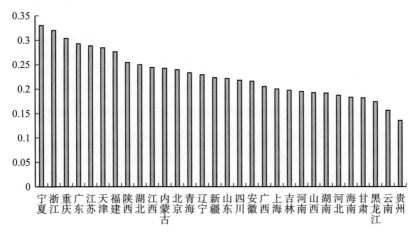

图 5 - 4　各省份环境规制工具协同度

从图 5 - 4 省份环境规制工具协同度变化趋势，结合第 3 章各省份年均碳排放量的发展变化趋势特征发现，基于环境规制工具的纵向协同大致呈现碳排放量较高或者碳排放强度较高的省份环境规制工具协同度较高的特征。综合大多数省份碳排放、环境规制工具纵向协同度以及年均碳排放效率可以发现，碳排放量高的省份环境规制工具协同度一般也较高。比如宁夏，地处西部地区，尽管碳排放总量较低，但是碳排放增速较快，人均排放量最高，碳排放份额高于能源使用份额，年均碳排放强度全国最高。因此，环境规制工具纵向协同度较高，其年均碳排放效率在 0.6 左右，也属于全国较高省份。表明环境规制工具促进了碳排放效率的提升。以广东为例，广东省 2000 年碳排放量为 24708 万吨，环境规制工具纵向协同度为 0.348，其碳排放效率为 0.878。而碳排放较低的省份环境规制工具协同度也相对较低，如贵州、云南、甘肃等。以贵州为例，贵州地处西部，虽然碳排放较低，但是碳排放强度较高，在经济增长过程中仍然会伴随较高的碳排放量。可能的原因在于经济比较落后，第一产业向第二产业转移中也会增加碳排放量。贵州省碳排放效率较低，环境规制工具协同度也不高。在不影响经济增长的前提下，应以引进先进技术和利用清洁能源为主。因此加强技术进步是节能减排关键所在。也有一些地区，本身碳排放量不高，因此协同度也较低，但是并不代表碳排放效率最低。比如海南，2000 年碳排放量为 901.04 万吨，环境规制工具协同度为 0.208，碳排放效率为 1.135。

综上分析发现，碳排放效率较高的省份大多数分布在中国东部地区，碳排放效率低的省份主要分布在中、西部地区。而环境规制工具协同度较高的省份集中在东部地区，纵向协同度较低的省份集中在中、西部地区，其中云南、贵州处于全国最后水平。因此，可以初步判断环境规制工具纵向协同度对碳排放量能起到抑制作用，对提升碳排放效率能起到正向促进作用。

为分析我国环境规制工具纵向协同度的空间特征，进一步测算出我国各省份环境规制工具协同度的全局自相关莫兰指数，见表 5 – 5。

表 5 – 5　　　　　　　　环境规制工具纵向协同度的全局莫兰指数

指标	2000 年	2005 年	2010 年	2015 年	2016 年	2017 年	2018 年	2019 年
Moran' I	0.190	0.169	0.167	0.122	0.198	0.231	0.239	0.423
Z 值	1.845	1.474	1.697	1.300	1.894	2.167	2.227	3.719
P 值	0.033	0.070	0.045	0.097	0.029	0.015	0.013	0.000

表 5 – 5 结果显示，环境规制工具纵向协同度的全局莫兰指数均通过了 Z 统计量和 P 值检验，表明环境规制工具纵向协同度在空间上呈现显著的空间自相关性，这种集聚特征不容忽视。同时，莫兰指数均为正值，意味着存在正的空间相关性，以高 – 高集聚或低 – 低集聚为主，即纵向协同度高的省份，其邻近地区协同度也较高，协同度低的省份，其邻近地区协同度也较低。再看其发展变化趋势，2005 年和 2015 年在 10% 置信水平上显著，其余年份均在 5% 的置信水平上显著，尤其 2019 年 P 值为 0。2015 ~ 2019 年莫兰指数越来越大，2019 年达到最大值，为 0.423。这表明了我国环境规制工具纵向协同度空间上的显著正相关性，空间集聚效应非常明显。

图 5 – 5 是环境规制工具纵向协同度全局莫兰指数的变化趋势图，可以直观地看到环境规制工具协同度的趋势变化，2000 ~ 2015 年呈下降趋势，2015 年开始逐渐上升，到 2019 年莫兰指数达到最高。

图 5 - 5　环境规制工具纵向协同度的莫兰指数

表 5 - 6 是 2000 年、2010 年和 2019 年环境规制工具协同度的 LISA 集聚结果，图 5 - 6、图 5 - 7 和图 5 - 8 分别为 2000 年、2010 年和 2019 年的环境协同度的莫兰散点图。可以发现，我国绝大部分省份环境规制工具纵向协同度都位于第一象限和第三象限，表明环境规制工具协同度存在局部空间自相关性。其中，2000 年位于第三象限的省份最多，呈现出低 - 低集聚特征，其次是第一象限的高 - 高集聚，然后是第四象限高 - 低集聚，最后是第二象限低 - 高集聚。到 2010 年，位于第一象限的省份仍最多，但是与第二象限和第三象限相差不大，第四象限高 - 低集聚最少，体现了显著高 - 高集聚效应。尤其到 2019 年，高 - 高集聚和低 - 低集聚趋势非常明显，体现出来很强的空间集聚效应，其中低 - 高集聚只有湖北和江西，高 - 低集聚只有重庆、宁夏和广东。总体来看，可以发现，尽管环境规制工具协同度的空间演化特征经过了一些变化，但仍在空间上形成了显著的集聚效应。

表 5 - 6　　　　　　　　　　环境规制工具协同度的 LISA 集聚结果

集聚类型	2000 年	2010 年	2019 年
高 - 高 （HH）型	上海、北京、天津、江苏、浙江、福建、海南	北京、江苏、浙江、海南、福建、江西、广东、宁夏、湖北	上海、北京、天津、江苏、浙江、福建、海南、河北、河南、山西、安徽、陕西、山东

续表

集聚类型	2000 年	2010 年	2019 年
低 - 低 （LL）型	安徽、江西、新疆、吉林、陕西、河南、陕西、内蒙古、甘肃、山西、贵州、四川、云南	河南、山东、湖南、新疆、黑龙江、四川、重庆、广西、云南	湖南、辽宁、内蒙古、广西、贵州、云南、甘肃、青海、新疆、青海、四川、黑龙江
高 - 低 （HL）型	山东、辽宁、黑龙江、宁夏、青海、重庆、广东	陕西、天津、辽宁、青海	广东、重庆、宁夏
低 - 高 （LH）型	湖南、江西、河北	上海、吉林、山西、甘肃、安徽、河北	江西、湖北

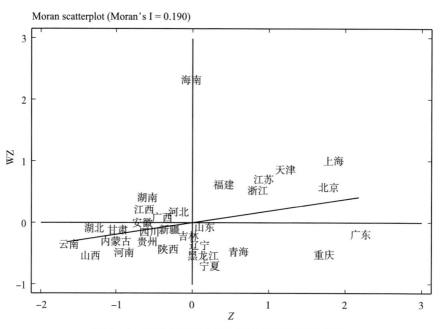

图 5 - 6　2000 年环境规制工具协同度莫兰散点图

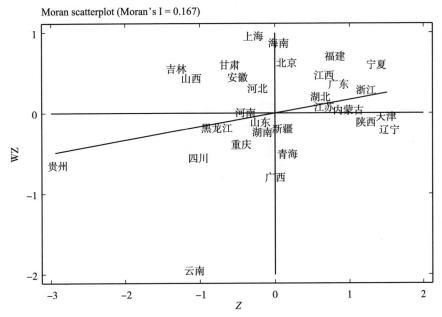

图 5-7　2010 年环境规制工具协同度莫兰散点图

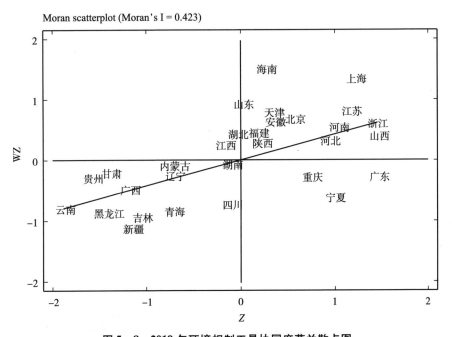

图 5-8　2019 年环境规制工具协同度莫兰散点图

　　上述分析表明我国环境规制工具协同度既存在显著的空间集聚特征，也存在显著的地区差异。本节将采用非参数核密度估计模型进一步考察我国环境规制工具协同发展水平的整体演变趋势。非参数核密度估计是研究不均衡分布时常用的一种方法，核密度估计主要从数据本身出发研究数据的分布特征，克服了参数估计中的主观性，通过波峰的形状、数量进一步判断环境规制工具协同水平的分布形态以及演变趋势。借助 Stata15 软件，选取高斯核对我国环境规制工具协同发展水平动态演变趋势进行估计，对 2000 年、2006 年、2012 年和 2019 年四个年份展开分析。

　　图 5-9 反映了全国 30 个省份环境规制工具协同度的动态演变趋势，比较四个年份的核密度函数图可以发现，波峰均为单峰，经历了先右移然后左移再向右移的过程，图形峰值呈下降—上升—下降的变化过程。具体来看，相比较 2000 年，2006 年的波峰右移，峰值下降，波宽有所增加，同时左右都有托翼，表明省份之间环境规制工具协同水平在逐渐提高，但是差距逐渐加大，位于协同水平较低和较高的省份都在不断增加。2012 年与 2006 年相比，波峰由典型的单峰变为多峰并再次发生左移，且峰值有所上升，这表明协同水平下降，但省份之间的差距逐渐缩小。2019 年与 2015 年相比，波峰再次向右移动，峰值有所下降，表明环境规制工具协同水平又逐渐提高，同时省份之间的差距也在加大。

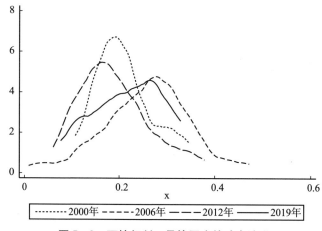

图 5-9　环境规制工具协同度的动态演进

5.2.2 基于区域内协同度的协同治理模型构建

1. 变量选取及测度

（1）被解释变量。对于纵向协同治理，仍以省份面板数据测算的省级碳排放效率为被解释变量，即第 4 章通过超效率 SBM 模型测算的全要素碳排放效率。

（2）核心解释变量。核心解释变量为区域内纵向协同度。

其余变量同环境规制工具跨区域横向协同治理中的变量。数据来源同第 4 章。纵向区域内协同治理模型中变量的描述统计结果见表 5 -7。

表 5 -7 省级面板数据描述性统计结果

	变量	单位	N	平均值	标准差	最小值	最大值
被解释变量	碳排放效率	无	600	0.511	0.204	0.229	1.141
解释变量	纵向协同度	无	600	0.223	0.073	0.009	0.461
	公众参与型环境规制工具	无	600	0.085	0.082	0.001	0.829
	市场激励型环境规制工具	无	600	0.139	0.078	0.032	0.547
	命令控制型环境规制工具	无	600	0.1465	0.093	0.024	0.681
控制变量	专利授予量	万件	600	28024	56789	70	527390
	能源消费结构	%	600	60.43	16.36	2.18	90.44
	产业结构	%	600	45.53	8.14	16.20	61.50
	外商直接投资	万元	600	402.85	712.54	0.295	10499.5
	财政分权	%	600	51.10	18.85	14.83	95.09
	城镇化水平	%	600	50.16	15.52	0.37	89.6

2. 区域内协同治理模型

环境规制工具纵向协同治理是同一个区域内基于政府、企业与公众三个主体的协同，即命令控制型、市场激励型以及公众参与型环境规制工具的协同。第 4 章已经证实了三种不同类型环境规制工具的一次方项和平方项对碳排放效率具有非线性影响。为了考察纵向协同对碳排放效率的影响，需要将命令控制型、市场激励型和公众参与型三种环境规制工具同时纳入一个模型，并引入各自的平方项，并构建模型如下。

$$\ln cte = \varphi_0 + \varphi_1 \ln ger + \varphi_2 \ln^2 ger + \varphi_3 \ln ser + \varphi_4 \ln^2 ser$$
$$+ \varphi_5 \ln ger + \varphi_6 \ln^2 ger + \varphi_7 \ln X + \varepsilon \qquad (5-7)$$

为了检验环境规制工具纵向协同对碳排放效率的影响，将在模型（5-7）基础上引入环境规制工具区域内纵向协同度，构建模型如下：

$$\ln cte = \varphi_0 + \varphi_1 \ln D_S + \varphi_2 \ln ger + \varphi_3 \ln^2 ger + \varphi_4 \ln ser + \varphi_5 \ln^2 ser + \varphi_6 \ln mer$$
$$+ \varphi_7 \ln^2 mer + \varphi_8 \ln X + \varepsilon, \ \ \varepsilon = \lambda \omega \varepsilon + \gamma, \ \gamma \sim N(0, \ \sigma_{it}^2) \qquad (5-8)$$

为了从空间展开分析，分别构建模型（5-8）的 SLM 模型和 SEM 模型如下：

$$\ln cte = \varphi_0 + \varphi_1 \ln D_S + \varphi_2 \ln ger + \varphi_3 \ln^2 ger + \varphi_4 \ln ser + \varphi_5 \ln^2 ser$$
$$+ \varphi_6 \ln ger + \varphi_7 \ln^2 ger + \varphi_8 \ln X + \varepsilon, \ \varepsilon \sim N(0, \ \sigma_{it}^2) \qquad (5-9)$$

$$\ln cte = \varphi_0 + \rho \omega \ln cte + \varphi_1 \ln D_S + \varphi_2 \ln ger + \varphi_3 \ln^2 ger + \varphi_4 \ln ser$$
$$+ \varphi_5 \ln^2 ser + \varphi_6 \ln mer + \varphi_7 \ln^2 mer + \varphi_8 \ln X + \varepsilon$$
$$\varepsilon = \lambda \omega \varepsilon + \gamma, \ \gamma \sim N(0, \ \sigma_{it}^2) \qquad (5-10)$$

在模型（5-7）至模型（5-10）中，$\ln cte$ 表示取对数的省份碳排放效率，$\ln D_S$ 表示取对数的环境规制工具纵向协同度，ger、ser、mer 分别为公众参与型、市场激励型和命令控制型环境规制工具，λ 反映空间溢出效应，γ 反映随机误差项，X 表示控制变量。

5.2.3 区域内协同治理的回归结果分析

前面对省级纵向协同治理构建了空间滞后模型和空间自回归模型，根据空间计量方法，空间相关是进行空间回归的前提。因此，首先进行空间性检验。表 5-8 是模型（5-9）和模型（5-10）的 LM 及豪斯曼检验结果。空间误差模型中的莫兰指数和 LM-ERR 通过了 1% 显著性水平检验，但 R-LM-ERR 没有过检验；空间自回归模型中两个统计量均通过了 1% 显著性水平检验。结果表明该模型中碳排放效率依然存在显著的空间自相关性。另外，比较 1% 显著水平上的统计量发现，空间自回归模型中的 LM 统计量值更大，而且其 R-LM-LAG 同样显著，因此，空间自回归模型明显优于空间滞后模型。本节采用该模型进行解释，但为了进一步对比，同时给出了两种模型的回归结果。采用豪斯曼检验判断是选择随机效应模型还是固定效应模型，卡方统计量在 1% 水平上显著为正，即应选择固定效应模型。表 5-9 列示了空间滞后模型和空间自回归模型中三种效应的回归结果。比较拟合度发现，个体固定效应和时空双固定效应均优于时间固定效应，个体效应优于双固定效应，但是变量显著性基本一致。基于此，选取个体固定效应进行解释。

表 5-8　　　　　　　　LM 及豪斯曼检验结果

检验	统计量	P 值
Moran's I	4.900	0.000
LM-ERR	21.236	0.000
R-LM-ERR	0.145	0.703
LM-LAG	29.8971	0.000
R-LM-LAG	8.807	0.003
Hausman test	105.07	0.000

表 5-9　　　环境规制工具协同治理的空间自回归模型检验结果

变量	SEM 模型			SAR 模型		
	SFE	TFE	STFE	SFE	TFE	STFE
$\ln D_S$	0.0834 * (0.0452)	0.408 *** (0.0670)	0.135 *** (0.0435)	0.0853 ** (0.0419)	0.467 *** (0.0698)	0.120 *** (0.0425)

续表

变量	SEM 模型			SAR 模型		
	SFE	*TFE*	*STFE*	*SFE*	*TFE*	*STFE*
ln*ger*	−0.0805 * (0.0473)	−0.362 *** (0.0719)	−0.141 *** (0.0461)	−0.0829 * (0.0448)	−0.426 *** (0.0762)	−0.127 *** (0.0453)
$\ln^2 ger$	0.0039 (0.0086)	0.0426 *** (0.0136)	0.0114 (0.0087)	0.0063 (0.0081)	0.0591 *** (0.0144)	0.0097 (0.0086)
ln*ser*	0.322 * (0.192)	−0.822 *** (0.271)	0.438 ** (0.190)	0.336 * (0.179)	−0.479 * (0.274)	−0.431 ** (0.182)
$\ln^2 ser$	−0.0815 ** (0.0361)	0.128 ** (0.0503)	−0.0970 *** (0.0356)	−0.0789 ** (0.0338)	0.0650 (0.0512)	0.0928 *** (0.0341)
ln*mer*	−0.372 *** (0.0986)	−0.818 *** (0.152)	−0.258 *** (0.0951)	−0.278 *** (0.0920)	−0.836 *** (0.157)	−0.219 ** (0.0938)
$\ln^2 mer$	0.0700 *** (0.0186)	0.150 *** (0.0282)	0.0485 *** (0.0180)	0.0518 *** (0.0175)	0.141 *** (0.0296)	0.0413 ** (0.0177)
ln*es*	−0.222 *** (0.0371)	−0.209 *** (0.0398)	−0.227 *** (0.0329)	−0.213 *** (0.0329)	−0.240 *** (0.0409)	−0.214 *** (0.0320)
ln*is*	−0.432 *** (0.0764)	0.00474 (0.0678)	−0.460 *** (0.0744)	−0.409 *** (0.0598)	−0.0553 (0.0750)	−0.457 *** (0.0714)
ln*t*	0.100 *** (0.0214)	0.133 *** (0.0223)	0.0970 *** (0.0210)	0.0790 *** (0.0186)	0.101 *** (0.0223)	0.0914 *** (0.0204)
ln*fdi*	−0.0300 *** (0.0104)	0.0312 ** (0.0133)	−0.00446 (0.0103)	−0.0210 ** (0.0099)	0.0395 *** (0.0134)	−0.0051 (0.0101)
ln*u*	−0.216 (0.143)	−0.139 *** (0.0345)	0.443 ** (0.181)	−0.253 ** (0.124)	−0.0721 ** (0.0348)	0.358 ** (0.177)
ln*fd*	0.123 (0.0773)	−0.615 *** (0.0679)	−0.0384 (0.0842)	0.0960 (0.0689)	−0.514 *** (0.0628)	−0.0209 (0.0829)
sigma2_e	0.0178 *** (0.0010)	0.0486 *** (0.0029)	0.0157 *** (0.0009)	0.0165 *** (0.0010)	0.0529 *** (0.0031)	0.0154 *** (0.0009)

续表

变量	SEM 模型			SAR 模型		
	SFE	TFE	STFE	SFE	TFE	STFE
λ/ρ	0.254 *** (0.0840)	0.461 *** (0.0644)	0.0712 (0.0732)	0.352 *** (0.0466)	0.192 *** (0.0479)	0.212 *** (0.0571)
R^2	0.4429	0.6478	0.3173	0.4960	0.7086	0.3853
Log-L	353.3054	39.6358	394.5396	374.5518	31.0071	400.5597

注：***、**、*分别表示在1%、5%、10%的水平上显著。

首先，环境规制工具纵向协同度 $\ln D_S$ 的回归系数为 0.120，且在 5% 水平上显著为正，表明环境规制工具纵向协同度水平提高一个单位，碳排放效率就会提高 0.120 个单位，表明基于政府、企业和公众三个利益相关者的环境规制工具纵向协同度有助于解决不同主体对提升碳排放效率的差异问题，环境规制工具纵向协同可以显著有效地改善区域碳排放效率。根据不同类型环境规制工具回归系数发现，基于公众利益相关者的公众参与型环境规制工具一次方项的回归系数为 −0.125，且在 5% 水平上显著，二次方为正但不显著，这表明当前我国公众参与型环境规制工具并没有发挥提升碳排放效率的作用，可能的原因在于，一方面公众的参与性有待加强，另一方面公众的消费偏好和监督不足以对企业形成倒逼作用。但是平方项回归系数为正，尽管不显著，表明随着公众参与环境治理的渠道和途径更加广泛和有效，形成规模效应后会有效提升碳排放效率。这与本书第 4 章中公众参与型环境规制工具对碳排放效率的影响保持一致；基于企业利益相关者的市场激励型环境规制工具一次方回归系数显著为正，表明引入市场激励性环境规制工具促进了碳排放效率的提升，二次方项回归系数显著为负，表明市场激励型环境规制工具对碳排放效率呈倒 U 形关系，对碳排放效率起到了先促进后抑制的作用。因此，为了抑制市场激励型环境规制工具的负向作用，需要在拐点到来之前配合采用其他手段进行规制。命令控制型环境规制工具一次方项回归系数在 10% 水平上显著为负，二次方项 1% 水平上显著为正，对碳排放效率呈 U 形关系，表明政府命令控制型环境规制工具对碳排放效率起到了先抑制后促进的作用，应制定适度的命令控制型环境规制工具，推动拐点提前到来，促进减排正向作用的发挥。

5.2.4　区域内协同优化方向

前文实证分析了环境规制工具区域内纵向协同对碳排放效率的协同效应，结果表明环境规制工具协同度显著促进了碳排放效率的提升。根据实证分析结果，基于环境规制工具协同视角提出如下促进碳减排的区域内基于不同主体权责的协同优化方向。

无论是省域还是按照地理位置划分的不同区域，经济发展水平和环境规制工具水平都参差不齐，要实现环境规制工具协同，各地方政府必须充分认识到区域整体协调发展对各自低碳转型发展的关键作用。科学决策，兼顾多个利益相关者利益，统一发展思想和理念基础，加强环境规制工具协同权责治理体系，是实施环境规制工具协同治理的前提和基础。实证结果表明碳排放效率具有显著的空间溢出效应，财政分权没有造成"逐底竞争"，在国家节能减排目标约束下，追求低碳经济发展成为各地方政府共同的目标之一。面对各省分解的减排任务和目标，地方政府要充分认识到区域整体协调发展对各自低碳转型发展的关键作用，要在统一的发展思想和理念基础上，积极探索彼此的增信机制，构建节能减排的信息共享机制和网络，通过区域内共同规划、共同实施节能减排方案，实现区域内部各主体减排成本最小。协同治理首先要明确政府和企业在治理中的权利和责任，必须建立"强化政府的约束和监管、激励企业落实治污主体的责任、保障公众多渠道参与环境治理的法律途径"的多元主体协同治理体系，落实各类主体责任，不断完善"政府为主导、企业为主体、公众共同参与"的环境治理体系，发挥多元主体在减排过程中的积极作用。

第一，突出政府主导。要强化中央政府环境规制工具约束力和权威引领地位，加强督导力度。我国中央政府是环保政策的制定者，发挥着权威引领作用。指导环境规制工具协同治理碳减排的宏观战略决策，必须提高中央政府环保立法和督查强度，减少由于信息不对称或者督查不到位造成地方政府执行不力。如果地方政府为了追求政治晋升或政治业绩与污染企业合谋，会进一步导致企业对治污的消极态度以及公众的不参与。基于此，必须强化中央政府的环境规制工具约束，加强督导力度。

第二，加强地方政府的执法力度和监管职责。省政府引领与协调市级地方政府形成协同治理网络，同时，各政府和相关部门之间要加强协作，一起努力完成环保任务。① 地方政府是环保政策的执行者，为了避免"竞争到底"等现象，要完善政绩考核体系，避免一味追求地方经济增长，更要将环境保护和环境治理纳入体系中来，不能相机抉择不同类型环境规制工具强度，不能以牺牲环境为代价追求地方经济增长。强化地方政府对治污企业污染治理的监管责任，不能与企业合谋串通，要真正落实地方政府的监管职责，促进企业积极主动承担减排责任。同时要明确区域内各省、市和相关部门在节能减碳中的责任分担机制，明确分担原则，明确划分治理成本和涉及的部门，并建立追责监督机制，以此推动协同治理碳排放。

第三，建立保障公众积极参与环境治理的法律机制，提高公众参与促进碳减排的渠道和途径。目前，我国公众参与环境治理程度偏低，但公众是一个庞大的社会群体。② 政府应积极引导公众参与环境保护立法和政策的制定，将公众意愿融入环境治理协同政策，给予公众充分的尊重和认可，严格执行现有环境治理信息公开制度，为公众参与协同治理提供良好的制度环境。③ 随着绿色经济、低碳经济、可持续发展理念的深入以及公众受教育程度的提升，公众对环境的要求越来越高，对生活质量和消费需求也发生了巨大变化。因此，一是要鼓励公众对地方政府加强监督，防止地方政府不作为，二要通过举报、投诉等对污染企业加压，三是要积极改变自身消费习惯、消费方式、消费结构等，以此影响企业的生产行为促进碳减排。

---

① 胡中华. 关于完善环境区域协同治理制度的思考 [J]. 法学论坛，2020，35 (5)：29 – 37.

② 周晓丽. 论社会公众参与生态环境治理的问题与对策 [J]. 中国行政管理，2019 (12)：148 – 150.

③ 高壮飞. 长三角城市群碳排放与大气污染排放的协同治理研究 [D]. 杭州：浙江工业大学，2019.

5.3　考虑其他政策效应的环境规制工具协同优化

5.3.1　中介效应空间模型构建

在理论分析中发现环境规制工具可以通过产业结构、技术创新和外商直接投资间接影响碳排放效率，但是不同类型的环境规制工具作用路径和渠道有所不同。同时，基于实证分析发现，产业结构、技术进步和外商直接投资不仅会对本地区碳排放效率产生显著影响，而且还会对周边地区产生显著的空间外溢效应。而中介效应法能检验不同类型环境规制工具如何通过影响外商直接投资、产业结构及技术创新三个中介变量进一步影响碳排放效率。关于中介效应，本书借鉴温忠麟等（2004）提出的依次检验程序方法进行检验。具体检验步骤为：首先，将环境规制工具变量对碳排放效率进行空间面板数据模型回归，如果环境规制工具的回归系数显著，则表明环境规制工具显著作用于碳排放效率；其次，分别将环境规制工具对三个中介变量（技术创新、产业结构和外商直接投资）进行空间回归，如果环境规制工具变量回归系数显著，则表明环境规制工具可以显著影响中介变量；最后，将环境规制工具变量和中介变量同时纳入一个空间计量模型对碳排放效率进行回归，如果环境规制工具的回归系数显著性下降或者不显著，表明环境规制工具部分或完全通过影响中介变量来影响碳排放效率，否则中介效应没有得到验证。假设自变量为 X，因变量为 Y，在考察 X 对 Y 的影响时，若 X 通过变量 Z 影响 Y，则 Z 就被称为中介变量。c 为 X 对 Y 的总效应，ab 为经过中介变量 Z 传导的中介效应，[①] c' 为直接效应。图 5-10 为中介效应传导路径，图 5-11 为中介效应检验程序。

---

①　张忠杰. 环境规制工具对产业结构升级的影响——基于中介效应的分析 [J]. 统计与决策，2019（22）：142-145.

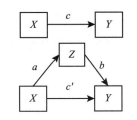

图 5 – 10　中介效应传导路径

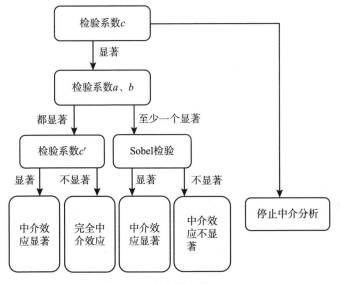

图 5 – 11　中介效应检验程序

Sobel 检验统计量用 Z 表示（$Z = ab/\sqrt{a^2 s_b^2 + b^2 s_a^2}$）。在检验中，如果 ab 至少有一个不显著，若 ab 乘积和检验系数 c 的符号同向，则表明存在中介效应，如果异号，则表明存在遮掩效应。基于中介效应路径构建中介效应模型，研究环境规制工具影响碳排放效率的中介路径。

1. 检验步骤一

分别将三种环境规制工具对碳排放效率进行回归，考察总效应。

公众参与型环境规制工具对碳排放效率影响的 SEM 模型和 SLM 模型分别为：

$$\ln cte = \varphi_0 + c_1 \ln ger + \varphi_1 \ln X + \varepsilon, \ \varepsilon \sim N(0, \ \sigma_{it}^2) \quad (5-11)$$

$$\ln cte = \varphi_0 + \rho \omega \ln cte + c_1 \ln ger + \varphi_1 \ln X + \varepsilon$$

$$\varepsilon = \lambda \omega \varepsilon + \gamma, \ \gamma \sim N(0, \ \sigma_{it}^2) \quad (5-12)$$

市场激励型环境规制工具对碳排放效率影响的 SEM 模型和 SLM 模型分别为：

$$\ln cte = \varphi_0 + c_1 \ln ser + \varphi_1 \ln X + \varepsilon, \ \varepsilon \sim N(0, \ \sigma_{it}^2) \quad (5-13)$$

$$\ln cte = \varphi_0 + \rho \omega \ln cte + c_1 \ln ser + \varphi_1 \ln X + \varepsilon$$

$$\varepsilon = \lambda \omega \varepsilon + \gamma, \ \gamma \sim N(0, \ \sigma_{it}^2) \quad (5-14)$$

命令控制型环境规制工具对碳排放效率影响的 SEM 模型和 SLM 模型分别为：

$$\ln cte = \varphi_0 + c_1 \ln mer + \varphi_1 \ln X + \varepsilon, \ \varepsilon \sim N(0, \ \sigma_{it}^2) \quad (5-15)$$

$$\ln cte = \varphi_0 + \rho \omega \ln cte + c_1 \ln mer + \varphi_1 \ln X + \varepsilon$$

$$\varepsilon = \lambda \omega \varepsilon + \gamma, \ \gamma \sim N(0, \ \sigma_{it}^2) \quad (5-16)$$

2. 检验步骤二

将产业结构、技术创新和外商直接投资作为中介变量，使用三种环境规制工具分别对其进行回归。

在公众参与型环境规制工具下，以产业结构为中介变量，其 SEM 模型和 SLM 模型分别为：

$$\ln is = \varphi_0 + a_1 \ln ger + \varphi_1 \ln X + \varepsilon, \ \varepsilon \sim N(0, \ \sigma_{it}^2) \quad (5-17)$$

$$\ln is = \varphi_0 + \rho \omega \ln cte + a_1 \ln ger + \varphi_1 \ln X + \varepsilon$$

$$\varepsilon = \lambda \omega \varepsilon + \gamma, \ \gamma \sim N(0, \ \sigma_{it}^2) \quad (5-18)$$

在公众参与型环境规制工具下，以技术创新为中介变量，其 SEM 模型和 SLM 模型分别为：

$$\ln t = \varphi_0 + a_1 \ln ger + \varphi_1 \ln X + \varepsilon, \ \varepsilon \sim N(0, \ \sigma_{it}^2) \quad (5-19)$$

$$\ln t = \varphi_0 + \rho \omega \ln cte + a_1 \ln ger + \varphi_1 \ln X + \varepsilon$$

$$\varepsilon = \lambda \omega \varepsilon + \gamma, \ \gamma \sim N(0, \ \sigma_{it}^2) \quad (5-20)$$

在公众参与型环境规制工具下，以外商直接投资为中介变量，其 SEM 模型和 SLM 模型分别为：

$$\ln fdi = \varphi_0 + a_1 \ln ger + \varphi_1 \ln X + \varepsilon, \quad \varepsilon \sim N(0, \ \sigma_{it}^2) \qquad (5-21)$$

$$\ln fdi = \varphi_0 + \rho \omega \ln cte + a_1 \ln ger + \varphi_1 \ln X + \varepsilon$$

$$\varepsilon = \lambda \omega \varepsilon + \gamma, \quad \gamma \sim N(0, \ \sigma_{it}^2) \qquad (5-22)$$

在市场激励型环境规制工具下，以产业结构为中介变量，其 SEM 模型和 SLM 模型分别为：

$$\ln is = \varphi_0 + a_1 \ln ser + \varphi_1 \ln X + \varepsilon, \quad \varepsilon \sim N(0, \ \sigma_{it}^2) \qquad (5-23)$$

$$\ln is = \varphi_0 + \rho \omega \ln cte + a_1 \ln ser + \varphi_1 \ln X + \varepsilon$$

$$\varepsilon = \lambda \omega \varepsilon + \gamma, \quad \gamma \sim N(0, \ \sigma_{it}^2) \qquad (5-24)$$

在市场激励型环境规制工具下，以技术创新为中介变量，其 SEM 模型和 SLM 模型分别为：

$$\ln t = \varphi_0 + a_1 \ln ser + \varphi_1 \ln X + \varepsilon, \quad \varepsilon \sim N(0, \ \sigma_{it}^2) \qquad (5-25)$$

$$\ln t = \varphi_0 + \rho \omega \ln cte + a_1 \ln ser + \varphi_1 \ln X + \varepsilon$$

$$\varepsilon = \lambda \omega \varepsilon + \gamma, \quad \gamma \sim N(0, \ \sigma_{it}^2) \qquad (5-26)$$

在市场激励型环境规制工具下，以外商直接投资为中介变量，其 SEM 模型和 SLM 模型分别为：

$$\ln fdi = \varphi_0 + a_1 \ln ser + \varphi_1 \ln X + \varepsilon, \quad \varepsilon \sim N(0, \ \sigma_{it}^2) \qquad (5-27)$$

$$\ln fdi = \varphi_0 + \rho \omega \ln cte + a_1 \ln ser + \varphi_1 \ln X + \varepsilon$$

$$\varepsilon = \lambda \omega \varepsilon + \gamma, \quad \gamma \sim N(0, \ \sigma_{it}^2) \qquad (5-28)$$

在命令控制型环境规制工具下，以产业结构为中介变量，其 SEM 模型和 SLM 模型分别为：

$$\ln is = \varphi_0 + a_1 \ln mer + \varphi_1 \ln X + \varepsilon, \quad \varepsilon \sim N(0, \ \sigma_{it}^2) \qquad (5-29)$$

$$\ln is = \varphi_0 + \rho \omega \ln cte + a_1 \ln mer + \varphi_1 \ln X + \varepsilon$$

$$\varepsilon = \lambda \omega \varepsilon + \gamma, \quad \gamma \sim N(0, \ \sigma_{it}^2) \qquad (5-30)$$

在命令控制型环境规制工具下，以技术创新为中介变量，其 SEM 模型和 SLM 模型分别为：

$$\ln t = \varphi_0 + a_1 \ln mer + \varphi_1 \ln X + \varepsilon, \quad \varepsilon \sim N(0, \ \sigma_{it}^2) \qquad (5-31)$$

$$\ln t = \varphi_0 + \rho \omega \ln cte + a_1 \ln mer + \varphi_1 \ln X + \varepsilon$$

$$\varepsilon = \lambda \omega \varepsilon + \gamma, \quad \gamma \sim N(0, \ \sigma_{it}^2) \qquad (5-32)$$

在命令控制型环境规制工具下，以外商直接投资为中介变量，其 SEM

和 SLM 模型分别为：

$$\ln fdi = \varphi_0 + a_1 \ln mer + \varphi_1 \ln X + \varepsilon, \ \ \varepsilon \sim N(0, \ \sigma_{it}^2) \qquad (5-33)$$

$$\ln fdi = \varphi_0 + \rho \omega \ln cte + a_1 \ln mer + \varphi_1 \ln X + \varepsilon$$

$$\varepsilon = \lambda \omega \varepsilon + \gamma, \ \ \gamma \sim N(0, \ \sigma_{it}^2) \qquad (5-34)$$

3. 检验步骤三

将三种环境规制工具和三个中介变量即产业结构、技术创新和外商直接投资同时纳入模型对碳排放效率进行回归。

公众参与型环境规制工具分别与三个中介变量回归，其 SEM 模型和 SLM 模型分别为：

$$\ln cte = \varphi_0 + c_1' \ln ger + \varphi_1 \ln X + b \ln is + \varepsilon, \ \ \varepsilon \sim N(0, \ \sigma_{it}^2) \qquad (5-35)$$

$$\ln cte = \varphi_0 + \rho \omega \ln cte + c_1' \ln ger + \varphi_1 \ln X + b \ln is + \varepsilon$$

$$\varepsilon = \lambda \omega \varepsilon + \gamma, \ \ \gamma \sim N(0, \ \sigma_{it}^2) \qquad (5-36)$$

$$\ln cte = \varphi_0 + c_1' \ln ger + \varphi_1 \ln X + b \ln t + \varepsilon, \ \ \varepsilon \sim N(0, \ \sigma_{it}^2) \qquad (5-37)$$

$$\ln cte = \varphi_0 + \rho \omega \ln cte + c_1' \ln ger + \varphi_1 \ln X + b \ln t + \varepsilon$$

$$\varepsilon = \lambda \omega \varepsilon + \gamma, \ \ \gamma \sim N(0, \ \sigma_{it}^2) \qquad (5-38)$$

$$\ln cte = \varphi_0 + c_1' \ln ger + \varphi_1 \ln X + b \ln fdi + \varepsilon, \ \ \varepsilon \sim N(0, \ \sigma_{it}^2) \qquad (5-39)$$

$$\ln cte = \varphi_0 + \rho \omega \ln cte + c_1' \ln ger + \varphi_1 \ln X + b \ln fdi + \varepsilon$$

$$\varepsilon = \lambda \omega \varepsilon + \gamma, \ \ \gamma \sim N(0, \ \sigma_{it}^2) \qquad (5-40)$$

市场激励型环境规制工具分别与三个中介变量回归，其 SEM 模型和 SLM 模型分别为：

$$\ln cte = \varphi_0 + c_1' \ln ser + \varphi_1 \ln X + b \ln is + \varepsilon, \ \ \varepsilon \sim N(0, \ \sigma_{it}^2) \qquad (5-41)$$

$$\ln cte = \varphi_0 + \rho \omega \ln cte + c_1' \ln ser + \varphi_1 \ln X + b \ln is + \varepsilon$$

$$\varepsilon = \lambda \omega \varepsilon + \gamma, \ \ \gamma \sim N(0, \ \sigma_{it}^2) \qquad (5-42)$$

$$\ln cte = \varphi_0 + c_1' \ln ser + \varphi_1 \ln X + b \ln t + \varepsilon, \ \ \varepsilon \sim N(0, \ \sigma_{it}^2) \qquad (5-43)$$

$$\ln cte = \varphi_0 + \rho \omega \ln cte + c_1' \ln ser + \varphi_1 \ln X + b \ln t + \varepsilon$$

$$\varepsilon = \lambda \omega \varepsilon + \gamma, \ \ \gamma \sim N(0, \ \sigma_{it}^2) \qquad (5-44)$$

$$\ln cte = \varphi_0 + c_1' \ln ser + \varphi_1 \ln X + b \ln fdi + \varepsilon, \ \ \varepsilon \sim N(0, \ \sigma_{it}^2) \qquad (5-45)$$

$$\ln cte = \varphi_0 + \rho \omega \ln cte + c_1' \ln ser + \varphi_1 \ln X + b \ln fdi + \varepsilon$$

$$\varepsilon = \lambda \omega \varepsilon + \gamma, \quad \gamma \sim N(0, \ \sigma_{it}^2) \tag{5-46}$$

命令控制型环境规制工具分别与三个中介变量回归，其 SEM 模型和 SLM 模型分别为：

$$\ln cte = \varphi_0 + c_1' \ln mer + \varphi_1 \ln X + b \ln is + \varepsilon, \quad \varepsilon \sim N(0, \ \sigma_{it}^2) \tag{5-47}$$

$$\ln cte = \varphi_0 + \rho \omega \ln cte + c_1' \ln mer + \varphi_1 \ln X + b \ln is + \varepsilon$$

$$\varepsilon = \lambda \omega \varepsilon + \gamma, \quad \gamma \sim N(0, \ \sigma_{it}^2) \tag{5-48}$$

$$\ln cte = \varphi_0 + c_1' \ln mer + \varphi_1 \ln X + b \ln t + \varepsilon, \quad \varepsilon \sim N(0, \ \sigma_{it}^2) \tag{5-49}$$

$$\ln cte = \varphi_0 + \rho \omega \ln cte + c_1' \ln mer + \varphi_1 \ln X + b \ln t + \varepsilon$$

$$\varepsilon = \lambda \omega \varepsilon + \gamma, \quad \gamma \sim N(0, \ \sigma_{it}^2) \tag{5-50}$$

$$\ln cte = \varphi_0 + c_1' \ln mer + \varphi_1 \ln X + b \ln fdi + \varepsilon, \quad \varepsilon \sim N(0, \ \sigma_{it}^2) \tag{5-51}$$

$$\ln cte = \varphi_0 + \rho \omega \ln cte + c_1' \ln mer + \varphi_1 \ln X + b \ln fdi + \varepsilon$$

$$\varepsilon = \lambda \omega \varepsilon + \gamma, \quad \gamma \sim N(0, \ \sigma_{it}^2) \tag{5-52}$$

ger、ser、mer 分别为公众参与型环境规制工具、市场激励型环境规制工具和命令控制型环境规制工具，为核心解释变量。ω 表示空间权重矩阵，X 表示控制变量，包括城镇化水平、财政分权、能源消费结构等。is、t 和 fdi 为三个中介变量，分别为产业结构、技术创新和外商直接投资。ε 表示误差项，ρ 为空间自回归系数。

5.3.2　考虑技术创新政策的环境规制工具协同分析

对模型（5-12）、模型（5-20）、模型（5-38）、模型（5-14）、模型（5-26）、模型（5-44）、模型（5-16）、模型（5-32）、模型（5-50）进行空间检验，结果如表 5-10 所示。检验结果发现，所有模型的 LM-ERR 和 LM-LAG 统计量均通过了 1% 显著性水平检验，R-LM-ERR 和 R-LM-LAG 大部分也通过了显著性水平检验，这些表明在中介变量影响下碳排放效率仍存在显著的空间相关性。进一步对比空间自回归系数和极大似然比发现，三种环境规制工具下的中介效应模型均采用空间自回归模型。从豪斯曼检验结果来看，均在 5% 水平上显著拒绝随机效应模型，因此本书采用固定效应模型，对比个体固定效应、时间固定效应和时空固定效应的拟合度和 LOG-L

值，采用个体固定效应进行回归并解释（见表5-11）。

表5-10　　　　　　　　　基于技术创新中介模型的检验结果

检验方法	公众参与型			市场激励型			命令控制型		
	(5-12a)	(5-20)	(5-38)	(5-14a)	(5-26)	(5-44)	(5-16a)	(5-32)	(5-50)
Moran's I	4.050 (0.000)	8.612 (0.000)	3.802 (0.000)	5.192 (0.000)	6.701 (0.000)	3.723 (0.000)	3.953 (0.000)	7.200 (0.002)	3.794 (0.000)
LM-ERR	14.697 (0.000)	69.842 (0.00)	12.752 (0.000)	24.681 (0.000)	41.788 (0.000)	12.429 (0.000)	13.976 (0.001)	48.399 (0.000)	12.724 (0.000)
R-LM-ERR	0.437 (0.509)	46.581 (0.086)	1.489 (0.222)	3.480 (0.096)	26.891 (0.511)	0.247 (0.619)	1.093 (0.296)	35.767 (0.008)	2.518 (0.113)
LM-LAG	19.242 (0.000)	26.014 (0.001)	19.621 (0.000)	21.205 (0.000)	17.488 (0.000)	15.826 (0.000)	19.440 (0.000)	13.117 (0.001)	20.420 (0.000)
R-LM-LAG	4.982 (0.026)	2.754 (0.097)	8.357 (0.004)	0.004 (0.952)	2.590 (0.108)	3.824 (0.051)	6.557 (0.010)	0.485 (0.486)	10.213 (0.042)
豪斯曼	27.85 (0.046)	51.67 (0.000)	36.34 (0.004)	41.80 (0.001)	39.96 (0.000)	102.75 (0.005)	47.46 (0.001)	60.74 (0.002)	68.77 (0.005)

注：括号内数值为标准误。

表5-11　　　　　　　　　基于技术创新中介变量的回归结果

变量	ger			ser			mer		
	(5-12a)	(5-20)	(5-38)	(5-14a)	(5-26)	(5-44)	(5-16a)	(5-32)	(5-50)
	cte	lnt	cte	cte	lnt	cte	cte	lnt	cte
lnt	—	—	0.052 *** -0.012	—	—	0.051 *** -0.012	—	—	0.051 *** -0.012
lner	-0.157 ** (0.061)	0.331 ** (0.172)	-0.155 ** (0.060)	-0.279 ** (0.094)	-0.504 ** (0.264)	-0.269 ** (0.092)	0.103 ** (0.061)	0.215 (0.170)	0.089 (0.060)
lnfd	0.194 ** (0.090)	0.996 *** (0.252)	0.165 ** (0.089)	0.197 ** (0.088)	0.912 *** (0.248)	0.166 ** (0.086)	0.218 ** (0.089)	0.837 *** (0.250)	0.192 ** (0.088)
lnes	-0.655 *** (0.073)	-0.408 ** (0.191)	-0.642 *** (0.073)	-0.582 *** (0.076)	-0.311 (0.201)	-0.569 *** (0.074)	-0.658 *** (0.074)	-0.343 ** (0.191)	-0.646 *** (0.073)

续表

变量	ger			ser			mer		
	$(5-12a)$	$(5-20)$	$(5-38)$	$(5-14a)$	$(5-26)$	$(5-44)$	$(5-16a)$	$(5-32)$	$(5-50)$
	cte	lnt	cte	cte	lnt	cte	cte	lnt	cte
lnis	-0.695***	-0.763**	-0.635***	-0.739***	-0.779***	-0.675***	-0.736***	-0.739**	-0.675***
	(0.089)	(0.233)	(0.089)	(0.089)	(0.233)	(0.087)	(0.089)	(0.233)	(0.089)
lnfdi	0.008	-0.009	0.008	0.002	-0.013	0.002	0.007	-0.008	0.007
	(0.006)	(0.018)	(0.006)	(0.007)	(0.018)	(0.006)	(0.006)	(0.018)	(0.006)
ln$u$	0.047	-0.042	-0.009	0.039	0.032	-0.003	0.109	-0.127	0.052
	(0.075)	(0.220)	(0.075)	(0.080)	(0.236)	(0.015)	(0.072)	(0.215)	(0.072)
ρ	0.298***	0.583***	0.258***	0.298***	0.578***	0.259***	0.306***	0.571***	0.267***
	(0.051)	(0.034)	(0.052)	(0.051)	(0.034)	(0.052)	(0.051)	(0.034)	(0.052)
$sigma2\_e$	0.007***	0.056***	0.007***	0.007***	0.056***	0.007***	0.007***	0.057***	0.007***
	(0.000)	(0.003)	(0.000)	(0.000)	(0.003)	(0.000)	(0.000)	(0.003)	(0.000)
cet	—	—	—	0.040**	-0.098**	0.039**	—	—	—
				(0.021)	(0.059)	(0.018)			
R^2	0.322	0.615	0.306	0.352	0.659	0.323	0.278	0.566	0.263

注：***、**分别表示 1%、5% 的显著性水平，括号内数值为标准误。

对表 5 - 11 的分析如下。

模型（5 - 12）、模型（5 - 20）、模型（5 - 38）为"公众参与型环境规制工具—技术创新—碳排放效率"路径的回归结果。模型（5 - 12）中公众参与型环境规制工具的回归系数为 -0.157**，表明公众参与型环境规制工具显著抑制了碳排放效率的提升。模型（5 - 20）反映了公众参与型环境规制工具对技术创新的影响，回归系数为 0.331*，表明当前公众参与型环境规制工具能显著促进企业技术创新。模型（5 - 38）同时将公众参与型环境规制工具、技术创新纳入模型进行空间回归，结果显示回归系数由模型（5 - 12）中 -0.157** 变为 -0.155**，显著性下降。但是，技术创新显著提升了碳排放效率（0.052***）与公众参与型环境规制工具对技术创新的回归系数（0.331*）乘积与 -0.157** 同号。因此，根据中介效应检验程序，"公众参与型环境规制工具—技术创新—碳排放效率"间接路径产生了遮掩效应。

模型（5-14）、模型（5-26）、模型（5-44）为"市场激励型环境规制工具—技术创新—碳排放效率"路径的回归结果。模型（5-14）中市场激励型环境规制工具的回归系数为-0.279**，表明显著抑制了碳排放效率的提升。模型（5-26）反映了市场激励型环境规制工具对技术创新的影响，回归系数为-0.504**，表明当前市场激励型环境规制工具显著抑制了企业技术创新，意味着市场激励型环境规制工具强度较低。当企业支付排污费用时，一方面生产成本增加导致提升产品价格，在需求条件不变的情况下，必然导致利润率的降低，从而降低企业创新动力，另一方面由于成本制约，支付的排污费或为了达到排污标准加强治污技术创新等会对技术创新资金产生"挤出"效应。模型（5-44）同时将公众参与型环境规制工具、技术创新纳入模型进行空间回归，结果显示回归系数由模型（5-14）中-0.279**变为-0.269**，显著性明显下降。根据中介效应检验程序，"市场激励型环境规制工具—技术创新—碳排放效率"间接路径成立，表5-12中计算得中介效应为9.6%。

模型（5-16）、模型（5-32）、模型（5-50）为"命令控制型环境规制工具—技术创新—碳排放效率"路径的回归结果。模型（5-15）中命令控制型环境规制工具的回归系数为0.103**，表明显著提升了碳排放效率的提升。表明命令控制型环境规制工具由于要求企业必须达到合规要求、技术标准等，在严格的环境规制工具约束下，促进企业技术创新力度，进而提升了碳排放效率。模型（5-32）反映了命令控制型环境规制工具对技术创新的影响，回归系数为-0.215，但通过了Sobel检验。模型（5-50）同时将命令控制型环境规制工具、技术创新纳入模型进行空间回归，结果显示回归系数由模型（5-16）中的0.103**变为0.089，变得不显著。因此，根据中介效应检验程序，"命令控制型环境规制工具—技术创新—碳排放效率"间接路径成立。表5-12中计算可得中介效应为12.3%。

表5-12为以技术创新为中介变量的公众参与型、市场激励型、命令控制型环境规制工具中介效应回归结果。表5-12为对应的中介效应检验结果。结果显示公众参与型环境规制工具通过技术创新变量对碳排放效率产生了中介效应，占比为9.6%。市场激励型环境规制工具产生了遮掩效应，命令控制型环境规制工具的中介效应显著，中介效应占12.3%。

表 5 - 12　　　　　　　　　　基于技术创新的中介效应分析

变量	c	c'	a	b	ab	Sobel 检验	结论
	公众参与型环境规制工具						
ger	-0.157^{**} (0.061)	-0.155^{**} (0.060)	0.331^{**} (0.172)	0.052^{***} -0.012	ab 与 c 异号	—	遮掩效应
	市场激励型环境规制工具						
ser	-0.279^{**} (0.094)	-0.269^{**} (0.092)	-0.504^{**} (0.264)	0.051^{***} -0.012	都显著	—	$ab/c' = 0.096$ 部分中介
	命令控制型环境规制工具						
mer	0.103^{**}	0.089	0.215	0.051^{***}	a 不显著	不拒绝 H_0	$ab/c' = 0.123$ 部分中介

注：*** 、** 分别表示 1%、5% 的显著性水平，括号内数值为标准误。

5.3.3　考虑产业政策下的环境规制工具协同分析

对模型（5 - 12）、模型（5 - 18）、模型（5 - 36）、模型（5 - 14）、模型（5 - 24）、模型（5 - 42）、模型（5 - 16）、模型（5 - 30）、模型（5 - 48）进行参数检验，结果如表 5 - 13 所示。可以发现，SLM 模型所有统计量均通过了 1% 或 5% 显著性水平检验，SEM 模型中除了部分 R-LM-ERR 没通过显著性水平检验，其余两个统计量均通过了检验，这表明碳排放效率依然存在显著的空间相关性。由于模型总体上 SLM 的 LM 检验值或 R-LM-SLM 高于 SEM，进一步对比空间自回归系数和极大似然比，所有模型均采用空间自回归进行分析。从豪斯曼检验结果来看，均在 1% 水平上显著拒绝随机效应模型，因此应采用固定效应模型。对比个体固定效应、时间固定效应和时空固定效应的拟合度和 LOG-L 值，因此采用个体固定效应模型进行回归并解释。

表 5 - 13　　　　　　　　基于产业结构中介模型的检验结果

检验方法	公众参与型			市场激励型			命令控制型		
	(5 - 12)	(5 - 18)	(5 - 36)	(5 - 14)	(5 - 24)	(5 - 42)	(5 - 16)	(5 - 30)	(5 - 48)
Moran's I	3.784 (0.000)	4.024 (0.000)	3.802 (0.000)	5.134 (0.000)	3.536 (0.000)	3.723 (0.000)	3.661 (0.000)	4.460 (0.002)	3.794 (0.000)

检验	公众参与型			市场激励型			命令控制型		
	(5-12)	(5-18)	(5-36)	(5-14)	(5-24)	(5-42)	(5-16)	(5-30)	(5-48)
LM-ERR	12.699 (0.000)	14.451 (0.00)	12.752 (0.000)	20.084 (0.000)	11.035 (0.000)	12.429 (0.000)	11.857 (0.001)	17.971 (0.000)	12.724 (0.000)
R-LM-ERR	1.261 (0.262)	2.952 (0.086)	1.489 (0.222)	2.766 (0.096)	0.432 (0.511)	0.247 (0.619)	2.247 (0.134)	7.135 (0.008)	2.518 (0.113)
LM-LAG	19.415 (0.000)	11.515 (0.001)	19.621 (0.000)	21.447 (0.000)	11.191 (0.000)	15.826 (0.000)	19.384 (0.000)	11.639 (0.001)	20.420 (0.000)
R-LM-LAG	7.977 (0.005)	0.016 (0.900)	8.357 (0.004)	0.129 (0.720)	0.588 (0.443)	3.824 (0.051)	9.773 (0.002)	0.803 (0.000)	10.213 (0.042)
豪斯曼	23.95 (0.066)	139.75 (0.000)	36.34 (0.034)	28.99 (0.001)	144.55 (0.005)	102.75 (0.005)	41.83 (0.001)	99.68 (0.002)	68.77 (0.005)

注：括号内数值为标准误。

表 5-14 为公众参与型、市场激励型、命令控制型环境规制工具以产业结构为中介变量的回归结果。由于二氧化碳排放很大程度上是经济发展中产业结构比例失衡导致的。高污染、高耗能产业占比越大，排放二氧化碳就越多。提升环境规制工具强度可以让高污染、高耗能产业承担高昂的遵循成本，进而提升生存门槛，压缩该类企业利润空间，倒逼这类企业淘汰落后技术并选择向绿色低碳型产业转化，或者污染密集型产业向环境规制工具较为宽松的地区转移。因此，环境规制工具可以驱动产业结构优化，抑制碳排放增加。环境规制工具还可以推动第三产业发展，但对经济发展高度依赖污染密集型产业的地区而言，严格的环境标准不仅短期内难以优化产业结构，还会放大"成本遵循"效应。

表 5-14　　　　基于产业结构中介变量的中介效应回归结果

变量	ger			ser			mer		
	(5-12b)	(5-18)	(5-36)	(5-14b)	(5-24)	(5-42)	(5-16b)	(5-30)	(5-48)
	cte	is	cte	cte	is	cte	cte	is	cte
lnis	—	—	-0.635 *** (0.089)	—	—	-0.648 *** (0.090)	—	—	-0.675 *** (0.089)

续表

变量	ger			ser			mer		
	(5-12b)	(5-18)	(5-36)	(5-14b)	(5-24)	(5-42)	(5-16b)	(5-30)	(5-48)
	cte	is	cte	cte	is	cte	cte	is	cte
lner	-0.205 ***	0.090 ***	-0.155 **	-0.882 ***	0.420 ***	-0.690 **	-0.406 **	0.084 **	0.089
	(0.062)	(0.026)	(0.060)	(0.268)	(0.115)	(0.264)	(0.162)	(0.026)	(0.060)
lnfd	-0.032	0.300 ***	0.165 **	-0.020	0.295 ***	0.151 **	0.054	0.254 ***	0.192 **
	(0.087)	(0.038)	(0.089)	(0.086)	(0.037)	(0.087)	(0.089)	(0.038)	(0.088)
lnt	0.065 ***	-0.023 ***	0.052 ***	0.068 ***	-0.022 ***	0.051 ***	0.061 ***	-0.025 ***	0.051 ***
	(0.012)	(0.005)	(0.012)	(0.012)	(0.005)	(0.012)	(0.012)	(0.005)	(0.012)
lnes	-0.547 ***	-0.109 ***	-0.642 ***	-0.531 ***	-0.085 **	-0.584 ***	-0.558 ***	-0.090 **	-0.646 ***
	(0.073)	(0.030)	(0.073)	(0.077)	(0.032)	(0.075)	(0.074)	(0.030)	(0.073)
lnfdi	0.001	0.008 **	0.008	-0.020	0.295 ***	0.151 **	-0.001	0.008 **	0.007
	(0.006)	(0.003)	(0.006)	(0.086)	(0.037)	(0.087)	(0.006)	(0.003)	(0.006)
lnu	0.124 **	-0.209 ***	-0.009	-0.007	-0.196 ***	0.002	0.213 **	-0.238 ***	0.052
	(0.075)	(0.032)	(0.075)	(0.085)	(0.035)	(0.081)	(0.071)	(0.031)	(0.072)
ρ	0.381 ***	0.421 ***	0.258 ***	0.382 ***	0.404 ***	0.253 ***	0.393 ***	0.433 ***	0.267 ***
	(0.048)	(0.038)	(0.052)	(0.048)	(0.039)	(0.052)	(0.047)	(0.038)	(0.052)
sigma2_e	0.007 ***	0.001 ***	0.007 ***	0.007 ***	0.001 ***	0.007 ***	0.007 ***	0.001 ***	0.007 ***
	(0.000)	(0.000)	(0.000)	(0.000)	(0.000)	(0.000)	(0.000)	(0.000)	(0.000)
cet	—	—	—	0.058 **	-0.034 ***	0.041 **	—	—	—
				(0.021)	(0.009)	(0.021)			
R^2	0.357	0.318	0.463	0.365	0.318	0.4629	0.365	0.308	0.4545
LOG-L	608.818	1112.76	637.480	607.138	1112.765	637.480	607.138	1109.94	631.090

注：*** 、** 分别表示 1% 、5% 的显著性水平，括号内数值为标准误。

　　对表 5-14 的回归结果进行如下分析。

　　模型（5-12）、模型（5-18）、模型（5-36）为"公众参与型环境规制工具—产业结构—碳排放效率"路径的回归结果。模型（5-12）中公众参与型环境规制工具的回归系数为 -0.205***，表明公众参与型环境规制工具显著抑制了碳排放效率的提升。模型（5-18）反映了公众参与型环境规制工具对产业结构的影响，回归系数为 0.090***，表明当前公众参与型环境规制工具能显著促进企业产业结构调整，公众参与环保治理的意识越来越强，环保诉求在一定程度上得到了企业和地方政府的重视，绿色消费可以促使企业调整产业结构。模型（5－36）同时将公众参与型环境规制工具、产业结构纳入模型进行空间回归，结果显示回归系数由模型（5－12）中的－0.205**变为－0.155**，显著性明显下降。因此，根据中介效应检验程序，"公众参与型环境规制工具—产业结构—碳排放效率"间接路径成立。通过计算可得公众参与型环境规制工具通过产业结构产生的中介效应为36.9%。

模型（5－14）、模型（5－24）、模型（5－42）为"市场激励型环境规制工具—产业结构—碳排放效率"路径的回归结果。模型（5－14）中市场激励型环境规制工具的回归系数为－0.882***，表明市场激励环境规制工具显著抑制了碳排放效率的提升。模型（5－24）反映了市场激励型环境规制工具对产业结构的影响，回归系数为0.420***，表明当前市场激励型环境规制工具能显著促进企业产业结构调整。表明市场激励型环境规制工具对具有较强的资金实力和资源丰富的企业，有动力进行产业结构调整，激励效果明显，也能带动更多中小企业学习效仿，优化产业升级。模型（5－42）同时将市场激励型环境规制工具、产业结构纳入模型进行空间回归，结果显示回归系数由模型（5－14）中的－0.882**变为－0.690**，显著性明显下降。因此，根据中介效应检验程序，"市场激励型环境规制工具—产业结构—碳排放效率"间接路径成立。通过计算可得市场激励型环境规制工具通过产业结构产生的中介效应为39.4%。

模型（5－16）、模型（5－30）、模型（5－48）为"命令控制型环境规制工具—产业结构—碳排放效率"路径的回归结果。模型（5－16）中命令控制型环境规制工具的回归系数为－0.406**，表明命令控制型环境规制工具显著抑制了碳排放效率的提升。模型（5－30）反映了命令控制型环境规制工具对产业结构的影响，回归系数为0.084***，表明当前命令控制型环境规制工具能显著促进企业产业结构升级。模型（5－48）同时将命令控制型环境规制工具、产业结构纳入模型进行空间回归，结果显示回归系数由模型（5－14）中的－0.406**变为－0.089，由显著变为不显著。因此，根据中介效应检验程序，"命令控制型环境规制工具—产业结构—碳排放效率"

间接路径成立。通过计算可得命令控制型环境规制工具通过产业结构产生的中介效应为 39.4%。

表 5 – 15 为对应的中介效应检验结果。结果表明，三种环境规制工具都通过"产业结构"发挥了中介效应。其中，公众参与型和市场激励型环境规制工具发挥了部分中介效应，公众参与型环境规制工具的中介效应占 36.9%，市场激励型环境规制工具的中介效应占 39.4%。而命令控制型环境规制工具通过产业结构发挥了完全中介效应。表明三种环境规制工具在未来可以通过调整产业结构释放更多结构红利并促进碳减排。

表 5 – 15　　　　　　　　　基于产业结构的中介效应分析

变量	c	c'	a	b	ab	Sobel 检验	结论
公众参与型环境规制工具							
ger	– 0.205 *** (0.062)	– 0.155 ** (0.060)	0.090 *** (0.026)	– 0.635 *** (0.089)	都显著	—	$ab/c' = 0.369$ 部分中介
市场激励型环境规制工具							
ser	– 0.882 *** (0.268)	– 0.690 ** (0.264)	0.420 *** (0.115)	– 0.648 *** (0.090)	都显著	—	$ab/c' = 0.394$ 部分中介
命令控制型环境规制工具							
mer	– 0.406 ** (0.162)	0.089 (0.060)	0.084 ** (0.026)	– 0.675 *** (0.089)	c' 不显著	—	完全中介

注：*** 、** 分别表示 1%、5% 的显著性水平，括号内数值为标准误。

5.3.4　考虑外商投资政策下的环境规制工具协同分析

对模型 (5 – 12)、模型 (5 – 22)、模型 (5 – 40)、模型 (5 – 14)、模型 (5 – 28)、模型 (5 – 46)、模型 (5 – 16)、模型 (5 – 34)、模型 (5 – 52) 进行空间检验，结果如表 5 – 16 所示，结果显示 SLM 模型所有统计量均通过了 1% 或 5% 显著性水平检验，SEM 模型中除了部分 R-LM-ERR 没通过显著性水平检验之外，其余两个统计量均通过了检验，这表明碳排放效率依然存在显著的空间相关性。由于所有 SLM 模型的 LM 检验值或 R-LM-SLM 基本都高于 SEM，因此所有模型均采用空间自回归进行分析。从豪斯曼检验结果来看，均在 1% 水平上显著拒绝随机效应模型，因此应采用固定效应模型。对比个体固定效应、时间固定效应和时空固定效应的拟合度和 LOG-L 值，采用个体固定效应模型进行回归并解释。

表 5 – 16 基于外商直接投资中介模型的检验结果

检验方法	公众参与型			市场激励型			命令控制型		
	(5 – 12c)	(5 – 22)	(5 – 40)	(5 – 14c)	(5 – 28)	(5 – 46)	(5 – 16c)	(5 – 34)	(5 – 52)
Moran's I	4.331 (0.000)	3.016 (0.003)	3.802 (0.000)	5.135 (0.000)	2.539 (0.011)	3.723 (0.000)	4.136 (0.000)	3.219 (0.002)	3.794 (0.000)
LM-ERR	16.808 (0.000)	7.824 (0.005)	12.752 (0.000)	24.031 (0.000)	5.418 (0.020)	12.429 (0.000)	15.272 (0.001)	9.015 (0.000)	12.724 (0.000)
R-LM-ERR	2.042 (0.153)	29.723 (0.000)	1.489 (0.222)	1.792 (0.181)	12.999 (0.000)	0.247 (0.619)	2.656 (0.103)	28.214 (0.008)	2.518 (0.113)
LM-LAG	25.206 (0.000)	41.964 (0.000)	19.621 (0.000)	22.611 (0.000)	23.590 (0.000)	15.826 (0.000)	24.066 (0.000)	43.085 (0.001)	20.420 (0.000)
R-LM-LAG	10.440 (0.001)	63.863 (0.000)	8.357 (0.004)	0.372 (0.542)	31.170 (0.000)	3.824 (0.051)	11.450 (0.001)	62.283 (0.000)	10.213 (0.042)
豪斯曼	38.73 (0.000)	55.04 (0.000)	36.34 (0.004)	85.47 (0.001)	76.65 (0.000)	102.75 (0.005)	48.39 (0.001)	72.55 (0.002)	68.77 (0.005)

注：括号内数值为标准误。

表 5 – 17 是外商直接投资为中介变量的公众参与型、市场激励型、命令控制型环境规制工具的回归结果。在"晋升锦标赛"[1] 中，为促进地区经济增长，提升政绩，地方政府会实施"逐底竞争"行为，从而导致对环境规制工具政策"非完全执行"。这种"逐底竞争"会使得发达国家污染密集型产业转移，使该地区成为"污染避难所"。但外商直接投资可以在一定程度上为东道国企业带来先进的生产技术和生产工艺，产生技术溢出，有助于减

---

[1] 周黎安. 中国地方官员的晋升锦标赛模式研究 [J]. 经济研究，2007 (7)：36 – 45.

少碳排放量，这就是"污染光环"效应。如果东道国环境规制工具严格，将会阻止发达国家污染密集型产业进入，避免产生"污染避难所"效应。但对已经进入国内的外商直接投资，提高环境规制工具的同时也导致本地企业成本上升，进而对本地企业技术创新产生挤出效应[①]，从而阻碍外商直接投资的技术溢出效应，削弱对先进外资企业的技术吸纳能力。甚至，过于严格的环境规制工具让一些外资流出国内，进而减少我国资本存量，影响经济发展。

表 5 - 17　　　　　　　　　　基于外商直接投资的中介效应回归结果

变量	ger			ser			mer		
	(5 - 12c)	(5 - 22)	(5 - 40)	(5 - 14c)	(5 - 28)	(5 - 46)	(5 - 16c)	(5 - 34)	(5 - 52)
	cte	fdi	cte	cte	fdi	cte	cte	fdi	cte
lnfdi			- 0. 189 (0. 285)			- 0. 736 ** (0. 425)			- 0. 745 ** (0. 433)
lner	- 0. 307 ** (0. 173)	0. 034 ** (0. 016)	- 0. 149 ** (0. 060)	- 0. 498 *** (0. 138)	- 0. 054 (0. 037)	- 0. 495 *** (0. 137)	- 0. 364 ** (0. 156)	0. 024 ** (0. 009)	0. 174 ** (0. 091)
lnt	0. 085 *** (0. 018)	0. 002 (0. 002)	0. 052 *** (0. 012)	0. 085 *** (0. 018)	0. 002 (0. 002)	0. 087 *** (0. 018)	0. 046 *** (0. 012)	0. 002 (0. 002)	0. 086 *** (0. 018)
lnes	- 1. 161 *** (0. 112)	0. 011 (0. 010)	- 0. 634 *** (0. 073)	- 1. 039 *** (0. 114)	0. 014 (0. 010)	- 1. 028 *** (0. 114)	- 0. 644 *** (0. 072)	0. 016 (0. 010)	- 1. 153 *** (0. 112)
lnis	- 0. 979 *** (0. 135)	0. 017 (0. 012)	- 0. 616 *** (0. 088)	- 1. 076 *** (0. 135)	0. 028 ** (0. 012)	- 1. 059 *** (0. 135)	- 0. 663 *** (0. 087)	0. 017 (0. 012)	- 1. 029 *** (0. 135)
lnfd	0. 290 ** (0. 134)	0. 034 ** (0. 013)	0. 184 ** (0. 089)	0. 262 ** (0. 131)	0. 023 ** (0. 013)	0. 280 ** (0. 131)	0. 245 ** (0. 088)	0. 023 ** (0. 012)	0. 333 ** (0. 133)
lnu	- 0. 152 (0. 114)	- 0. 066 *** (0. 011)	- 0. 029 (0. 077)	- 0. 179 (0. 121)	- 0. 080 *** (0. 012)	- 0. 239 ** (0. 126)	0. 048 (0. 071)	- 0. 071 *** (0. 010)	- 0. 120 (0. 113)

---

① 伍格致，游达明. 环境规制工具对技术创新与绿色全要素生产率的影响机制：基于财政分权的调节作用 [J]. 管理工程学报，2019，33（1）：37 - 48.

续表

变量	ger			ser			mer		
	$(5-12c)$	$(5-22)$	$(5-40)$	$(5-14c)$	$(5-28)$	$(5-46)$	$(5-16c)$	$(5-34)$	$(5-52)$
	cte	fdi	cte	cte	fdi	cte	cte	fdi	cte
ρ	0.306 *** (0.048)	0.215 *** (0.046)	0.262 *** (0.052)	0.297 *** (0.048)	0.217 *** (0.045)	0.296 *** (0.048)	0.261 *** (0.052)	0.108 ** (0.0521)	0.311 *** (0.048)
$sigma2\_e$	0.016 *** (0.001)	0.000 *** (0.000)	0.007 *** (0.000)	0.016 *** (0.001)	0.000 *** (0.000)	0.016 *** (0.001)	0.007 *** (0.000)	0.000 *** (0.000)	0.016 *** (0.001)
cet	—	—	—	0.069 ** (0.031)	0.005 ** (0.003)	0.074 ** (0.031)	—	—	—
R^2	0.314	0.022	0.298	0.355	0.012	0.311	0.271	0.012	0.326

注：*** 、** 分别表示1%、5%的显著性水平，括号内数值为标准误。

表 5 – 18 为三种环境规制工具通过外商直接投资中介变量对碳排放效率产生的中介效应分析结果。结果显示三种环境规制工具均对外商直接投资发挥了负向作用，但公众参与型环境规制工具对外商直接投资变量具有部分中介效应，为 4.3%，市场激励型环境规制工具产生了遮掩效应，命令控制型环境规制工具产生的中介效应为 10.3%。

表 5 – 18　　　　　　　　　基于外商直接投资的中介效应分析

变量	c	c'	a	b	ab	Sobel 检验	结论
公众参与型环境规制工具							
ger	− 0.307 ** (0.173)	− 0.149 ** (0.060)	0.034 ** (0.016)	− 0.189 (0.285)	b 不显著	不拒绝 H_0	$ab/c' = 0.043$ 部分中介
市场激励型环境规制工具							
ser	− 0.498 *** (0.138)	− 0.495 *** (0.137)	− 0.054 (0.037)	− 0.736 ** (0.425)	ab 与 c 异号	—	遮掩效应
命令控制型环境规制工具							
mer	− 0.364 ** (0.156)	0.174 ** (0.091)	0.024 ** (0.009)	− 0.745 ** (0.433)	都显著	—	$ab/c' = 0.103$ 部分中介

注：*** 、** 分别表示1%、5%的显著性水平，括号内数值为标准误。

对表 5 – 17 的分析如下。

模型（5 – 12）、模型（5 – 22）、模型（5 – 40）为"公众参与型环境规制工具—外商直接投资—碳排放效率"路径的回归结果。模型（5 – 12）中公众参与型环境规制工具的回归系数为 – 0.307**，表明公众参与型环境规制工具显著抑制了碳排放效率的提升。模型（5 – 22）反映了公众参与型环境规制工具对外商直接投资的影响，回归系数为 0.034**，表明当前公众参与型环境规制工具能显著促进外商直接投资水平。模型（5 – 40）同时将公众参与型环境规制工具、外商直接投资纳入模型进行空间回归，结果显示回归系数由模型（5 – 12）中的 – 0.307** 变为 – 0.149**，显著性明显下降。因此，根据中介效应检验程序，"公众参与型环境规制工具—外商直接投资—碳排放效率"间接路径成立。计算可得公众参与型环境规制工具通过外商直接投资的中介效应为 4.3%。

模型（5 – 14）、模型（5 – 28）、模型（5 – 46）为"市场激励型环境规制工具—外商直接投资—碳排放效率"路径的回归结果。模型（5 – 14）中市场激励型环境规制工具的回归系数为 – 0.498***，表明市场激励环境规制工具显著抑制了碳排放效率的提升。模型（5 – 24）反映了市场激励型环境规制工具对外商直接投资的影响，回归系数为 – 0.054，表明当前市场激励型环境规制工具没有对外商直接投资发生显著作用。模型（5 – 46）同时将市场激励型环境规制工具、外商直接投资纳入模型进行空间回归，结果显示回归系数由模型（5 – 14）中的 – 0.498** 变为 – 0.495**，显著性下降。但是市场激励型环境规制工具对外商直接投资的回归系数与外商直接投资与碳排放效率的回归系数的乘积与市场激励型环境规制工具对碳排放效率的回归系数异号，因此，根据中介效应检验程序，"市场激励型环境规制工具—外商直接投资—碳排放效率"间接路径不成立，产生了遮掩效应。

模型（5 – 16）、模型（5 – 34）、模型（5 – 52）为"命令控制型环境规制工具—外商直接投资—碳排放效率"路径的回归结果。模型（5 – 16）中命令控制型环境规制工具的回归系数为 – 0.364**，表明命令控制型环境规制工具显著抑制了碳排放效率的提升。模型（5 – 34）反映了命令控制型环境规制工具对外商直接投资的影响，回归系数为 0.024***，表明当前命令控制型环境规制工具显著促进了外商直接投资水平。模型（5 – 52）同时将命令控制型环境规制工具、外商直接投资纳入模型进行空间回归，结果显示回归系数由模型（5-16）中的 -0.364** 变为 0.174**，显著性下降且方向发生改变。因此，根据中介效应检验程序，"命令控制型环境规制工具—外商直接投资—碳排放效率"间接路径成立。通过计算可得命令控制型环境规制工具通过外商直接投资产生的中介效应为 10.3%。

5.3.5 考虑三种政策的环境规制工具协同优化方向

基于上述"不同环境规制工具—中介变量—碳排放效率"间接路径的检验及分析发现，三种环境规制工具尽管对碳排放效率产生中介效应的影响路径存在差异，但是都在一定情况下得到了验证。基于此，以下从环境规制工具视角，围绕产业结构、技术创新和外商直接投资提出环境规制工具的协同优化方向。

1. 技术创新政策下的协同优化方向

上述三种环境规制工具通过"技术创新"的中介效应回归结果显示，命令控制型环境规制工具可以通过"技术创新"间接影响碳排放效率，但公众参与型环境规制工具和市场激励环境规制工具没有通过技术创新对碳排放效率产生中介效应。技术创新具有空间外溢效应，具体表现为"涓滴效应"和"极化效应"。"涓滴效应"是正向的空间溢出效应，指中心地区依靠强大的辐射作用，将本地优质资源以及技术要素等向相邻区域扩散；"极化效应"是周围相邻区域资源要素向中心区域集聚，体现为负向空间溢出效应。无论通过哪种作用机制，技术创新对碳排放效率都可能产生"成本遵循"或者创新补偿效应。因此必须要在环境规制工具约束下加强技术创新，通过技术创新从根本上提升碳排放效率，考虑技术创新政策下环境规制工具协同优化方向如下。

（1）结合各地实际经济发展水平和碳排放水平，差异化环境规制工具，协同发挥对技术创新的积极作用来提升碳排放效率。不同省份的技术创新驱动因素具有显著差异，需要因地制宜结合各地区经济发展水平和碳排放情况制定实施差异化环境规制政策。在市场机制发达的地区，应充分发挥市场激励型环境规制工具的协同作用，积极采用多种市场化手段激励企业技术创新，加大污染治理投资水平，充分发挥资源税和环保税的税收调节功能，激励企业更新生产设备、开发使用低碳生产技术，提升碳排放效率。由于公众参与型环境规制工具对技术创新发挥了显著作用，因此应在经济发展水平和教育水平较高的地区进一步加大环保意识的宣传、提升公众的社会责任感和环保意识，充分关注公众的环保诉求，地方政府有效地将公众意愿与企业沟通、避免合谋，以此向污染企业施压，迫使其加大排污治污的技术研发和使用，倒逼其技术创新，相邻地区的公众应该共同向各地政府施压，防止产生负向空间效应溢出。命令控制型环境规制工具对技术创新的作用为正，但不显著。因此各地方政府要避免出台过于严厉的规制手段和标准，而是要逐步提升环境规制工具激发企业进行技术进步和创新的动力。无论是从环保法规、地方政府规章制定和实施还是从环保行政处罚标准、力度上都要避免对企业技术创新产生负面影响，防止技术效应对周边地区产生负向溢出。因此，要根据不同省份和区域实际经济发展水平以及环境规制工具弹性系数、技术水平等有针对性地选择不同类型的环境规制工具，最大限度发挥各种环境规制工具的组合效应和协同效应，引导有条件的地区和企业加大技术创新力度，促进低碳绿色生产，并带动周边地区环境规制协同促进技术创新。

（2）各地区要适度提高环境规制工具水平，加大技术创新投入力度，提升创新能力。企业进行生产设备、污染处理设备更新和改造需要投入更多资金等要素，这会导致企业生产成本的挤压，同时伴随技术风险、管理风险、市场风险等不确定性因素，导致不同类型环境规制工具对技术创新的影响具有明显差异和区域异质性，本章回归结果足以证明这一点。因此，需要在区域内和区域间适度调整环境规制工具，不能盲目搞"一刀切"。对于公众参与型环境规制工具，地方政府进一步推动企业信息公开透明，让公众多渠道多途径反映环保意愿和诉求，并加以重视进行反馈，真正做到传民心达民意，真正代表公众行使权力，维护公众的利益，当好公众与企业沟通的桥梁，并避免与企业之间因利益进行合谋。对市场激励型环境规制工具，由于市场型环境规制工具显著促进了技术创新，因此必须运用好市场激励手段，有条件的地区要考虑加大政府政策支持力度，政府要给予企业资金支持和政策支持，比如碳金融等，利用好税收杠杆，积极发挥企业主观能动性，增强企业技术创新能力，提高生产效率。碳排放权交易试点政策发挥了显著正向作用，本书将碳交易作为虚拟变量引入了模型，但全国碳交易市场于2021年才起步，交易机制尚不健全。因此，未来要不断完善碳排放权交易机制，有效并充分发挥碳排放权交易对碳排放效率的提升作用。随着全国碳排放权交易市场的开发，该工具一定会发挥更大的正向激励作用，直接促进企业碳减排。对命令控制型环境规制工具而言，由于其具有强制命令性，"一刀切"的环境规制方式会忽略企业碳减排能力异质性从而影响企业技术创新积极性和主动性。因此，为了达到规制要求，政府应制定合理的排污标准，企业也需尽快更新改造治污设备甚至关停污染严重项目。这些短期内都会导致生产效率低下，严重影响企业技术创新。因此，各地在制定环保标准、法规、规制以及行政处罚标准时，要充分考虑企业异质性特征，适度调整"要求"或"禁止"等约束性规定及标准，进一步丰富鼓励企业技术创新的法规、规章。

（3）依托制定合适的技术创新战略推动创新成果转化来推动环境规制工具协同减排。首先，企业要根据自身情况制定合适的绿色技术创新发展战略，对具备资金和技术的大规模企业而言，要加强绿色技术创新能力，形成企业核心竞争力；对资金较为薄弱、创新能力不足的企业，应提高技术学习、模仿和吸纳能力，优先效仿绿色技术创新能力较强的企业，提高自身技术水平；企业只有制定符合自身实际情况的技术创新战略，才能有效发挥技术的主导作用；同时要以市场需求为导向，了解消费者需求和偏好，掌握市场发展趋势，以此制定和调整技术发展战略。当技术发展成熟后，要加以推广，使技术创新更好地服务于碳减排。本书的实证结果显示我国当前以专利授予量衡量的技术创新水平在市场激励环境规制工具下可以发挥有效提升碳排放效率的作用，表明我国应继续加强技术创新优势，发挥推动节能减排优势。因此，要在继续提高技术创新水平的同时，赋予技术创新改善环境污染的重要含义，使其更侧重于促进经济与环保"双赢"。同时，无论是技术开发还是技术成果推广，都要充分考虑区域异质性。东部地区经济发展水平较高、人力资本优势相对明显、科研实力较为突出，因此要充分发挥这些资源优势加速其清洁能源、减排技术、绿色工艺、绿色产品等促进节能减排成果产出。中部地区经济发展比较落后，要突出环境规制工具对技术创新投入的政策导向。西部地区各方面均相对落后，更不能一味照搬照抄。政府要通过政策支持，加强基础设施配套和公共服务建设，普及技术创新教育，鼓励创新人才引进、努力营造好的投资环境，促进科技成果转化。

2. 产业政策下的协同优化方向

上述通过以产业结构为间接路径的中介效应检验结果发现，三种不同的环境规制工具均通过产业结构对碳排放效率产生显著的中介效应。在严格的环境规制工具约束下，可以促使产业结构高级化，增加高污染、高耗能产业的"遵循成本"，倒逼这类企业淘汰落后技术并选择向绿色低碳转型，或者发生污染产业就近转移。因此，适度的环境规制工具可以对企业进行"精洗"，驱动产业结构进行"高级化"调整，实现倒逼减排，从而减少碳排放。但宽松的环境规制工具会加大污染产业的比重，甚至产生"污染避难所"。根据检验结果提出考虑产业政策的环境规制协同优化方向如下。

（1）不同类型环境规制工具都要以市场需求为导向。公众是环境治理的重要主体之一，公众的绿色低碳环保理念以及消费模式对促进碳减排具有重要影响。第一，环境规制工具会影响公众消费数量。环境规制工具过高，产品高污染消费品价格上升，而在政府补贴情况下，绿色环保产品价格下降，进而增加对该类产品的需求。第二，环境规制工具影响消费结构，由于产品价格变化，以及公众环保意识的逐渐增强，公众越来越追求绿色的消费理念和消费行为。随着公众消费能力不断提升，很多消费者逐渐倾向于选择绿色环保产品从而降低对污染型产品的需求。第三，环境规制工具会影响消费方式。因此要积极引导公众树立绿色理性和可持续的消费理念，避免不良消费习惯和行为对环境造成污染和破坏，这会直接影响企业不断优化产业结构，生产绿色环保产品，提供绿色消费产品不断满足公众的绿色消费需求，进而带动与低碳环保产业相关产业链的发展。从企业主体而言，生产者的行为直接和消费者行为相关，环境规制工具会影响生产数量、生产的产品结构等，企业必须紧跟公众的消费需求，才能在变化的市场中不断发展和壮大。要积极推动生产绿色低碳环保产品，向低能耗、低污染产业转型，不断优化和调整产业投资结构，引导企业向清洁低碳和污染治理领域投资，提高新技术和战略性产业投资力度，防止资金过度流向"三高一低"产业领域。对政府而言，政府要提供激励企业创新的政策支持，引导企业向清洁低碳产业发展，要制定严格的环境标准，提高污染产业门槛，而且各地要同步，防止污染产业就近转移，同时加强对公众的绿色消费引导。

（2）环境规制工具要以技术创新为基础，协同促进产业结构调整和优化。优化和调整产业结构的关键在于技术创新，当前我国第二产业中工业占比较高，尤其是三高产业比重较大，这是污染主要来源。因此，要提高环境规制工具水平，制定企业生产设备更新改造和清洁低碳技术开发引进的标准，提高环保门槛和环保评价标准，一方面严格限制没有达到技术标准和排污标准的企业进入，对"三高一低"企业进行严格限制或淘汰，同时鼓励企业向高技术水平、具有较高附加值和贡献度的高科技创新产业转型，保护绿色低碳环保技术的研发以及推广，制定培育和发展高新技术产业的政策。而且，要依靠技术进步引领经济可持续发展，国家要给予企业更多的技术创新政策、资金支持等，引导产业结构的调整方向以及目标，促进企业形成绿色利益驱动机制，以达到在环境规制工具约束下调整产业结构来抑制碳排放量。

（3）环境规制工具要基于外商直接投资来调整产业结构提升碳排放效率，避免"污染避难所"效应，甚至是对环境规制的非完全执行。决不能盲目降低标准引进外资而放任本地区被污染。一方面，各地方政府必须要在环境规制工具约束下提高规制标准和外资进入门槛，要严格限制外资进入污染密集型产业或产能过剩行业，并且防止通过要素集聚发生环境恶化。另一方面，要加强外资与当地绿色低碳环保产业的关联，鼓励优质外资流向高新技术产业领域或者传统工业部门，最大限度地发挥外商直接投资的正向技术溢出效应，带动周边地区技术进步，提升周边地区碳排放效率，在资源有效利用和环境污染控制方面发挥正向作用，帮助传统部门升级改造，促进产业调整和升级，以此提升碳排放效率。

3. 外商投资下的协同优化方向

前文的实证结果表明公众参与型和命令控制型环境规制工具可以通过外商直接投资对碳排放效率发挥显著中介效应，外商直接投资对碳排放效率同时具有"魔鬼"和"天使"的双重身份，既发挥"污染避难所"效应，又发挥着"污染光环"效应。基于外商投资政策提出以下优化方向。

（1）各种环境规制工具要协同促使外商直接投资流向高附加值和清洁型产业链的生产环境。一方面政府要积极转变吸引外资观念，不能一味地追求引进外资的数量，而要有选择地吸引高质量外资。要摒弃经济增长第一位的观念，而要以绿色低碳为理念，协调环境规制工具政策与招商引资政策。严格限制高耗能、高污染和高排放的企业进入，积极引导并鼓励外资企业将资金流向低耗能、低排放等领域，实现引进外资与环境保护的协调统一。同时要从注重数量向注重质量转变，从参与国际分工、优化资源配置、产业结构调整和实现区域经济与环境的协调等方面考虑引入外资。我国当前三种环境规制工具均通过外商直接投资对碳排放效率产生了负向影响，而且会发生显著的负向空间溢出效应。因此，一方面要严格限制低质量和污染型外资的进入，另一方面要通过制定严格的环境规制标准，加大对污染严重的外资企业规制和行政处罚力度，监督其改善生产条件和提升技术水平以适应较高的环境规制工具标准，进而抑制外商直接投资的"污染避难所"效应。从长期来看，要在引入外资过程中，严格筛选外资的质量和类别，优先引进绿色、清洁、低碳、环保的外资，积极释放外资企业的正向技术溢出效应，不断推动我国环境改善和产业结构优化升级与技术进步。

（2）积极发挥各类环境规制工具的约束作用，避免在引进外资中地方政府的恶性竞争。随着我国政府对生态环境的高度重视以及围绕加强生态文明建设进行的一系列顶层设计，要结合绿色低碳发展模式有选择地吸引外商直接投资，充分发挥各种环境规制工具政策的激励和约束作用，避免地区间为了经济增长发生不理性的外资引入竞争行为。因此，要进一步改革和完善以政绩考核为主的激励机制，将绿色经济和环境保护纳入政府官员晋升的考核范围，有效避免地方政府为追求 GDP 增长而在环境规制工具上产生"逐底行为"，引发大规模低质量污染型产业进入而产生"污染避难所"效应。因此，一方面，要不断完善我国现行的环境规制工具体系，适度提高各种环境规制工具强度。当前我国存在命令控制型、市场激励型和公众参与型等多种环境规制工具政策，要不断优化和提高各种规制强度，完善各种排污标准、技术标准，完善碳排放权交易机制，提升公众参与渠道和法律保障机制，最大限度发挥各种规制政策的正向促进作用。另一方面，严格环境规制工具的执行。要避免地方政府竞争行为导致环境规制工具的逐底竞争，严格环保执法机构建设和加大相关法律法规的执行，赋予执行机构一定的执法权限；调动多种力量强化对环境规制工具执行的监管，避免低质量、高污染的外资进入。因此，要通过提高环境规制工具水平促使外商直接投资发挥正面促进作用，避免发达国家污染密集型产业转移。

（3）适度提高各类环境规制工具水平协同发挥外资的技术效应。技术水平是中国经济发展和碳减排的关键因素，第 4 章回归结果表明，在我国三种环境规制工具下，技术水平对碳排放效率都发挥了显著的正向促进作用，验证了波特假说。因此，要积极发挥环境规制工具通过技术创新对碳排放效率的提升作用。技术进步是经济发展的重要引擎，外资进入的同时会为东道国带来先进的技术以及节能减排、绿色低碳的管理经验，这无疑会带来更好的示范作用，进而减少对环境的污染和破坏。但是如果东道国环境规制工具过于宽松，则会产生负面影响。因此，首先，要推出合适的环境规制工具，吸引高质量外资，引导外资企业积极发挥自身在管理和技术上的优势，促进外资企业技术外溢。同时，提升自身创新能力以及对外资技术的吸纳能力。尽管我国技术创新对碳排放效率发挥了显著正向作用，但是自主研发的投入还远远低于发达国家，尤其是低碳技术的开发和应用依旧比较薄弱，这会直接关系碳减排目标的实现。而外资企业在技术上具有优势。因此，必须通过合适的环境规制工具政策，吸引外资进入的时候最大限度发挥外资企业的技术优势，并加大自身技术投入，提升创新水平，缩短与发达国家技术水平差异，在外资企业技术外溢的时候，提高对外资技术的吸纳能力。

（4）考虑外商直接投资的结构效应，制定合理的环境规制工具协同策略，积极发挥环境规制工具对外资的产业导向作用。引进外资会改变产业结构，使得高污染产业比重增加或者下降，进而对环境产生影响，这就是结构效应。本书实证分析发现，以第二产业结构占比衡量的产业结构显著抑制了碳排放效率的提升。因此，基于产业结构特点，因地制宜地制定外资引进政策至关重要。当前我国第二产业占比仍然很高，尤其是重工业等产业占比更大。要促进双碳目标的实现，必须优化产业结构，淘汰落后技术产能、提高污染产业的门槛、开发和引进绿色低碳技术。各级地方政府应结合各地的产业优势，制定与产业战略布局相匹配的外商直接投资政策，积极发挥外商投资的产业导向作用，减少盲目引进外资而引起水土不服，要根据产业结构特点设置不同类型环境规制工具的准入门槛，严格控制污染型外资进入。同时，政府要配套推出合适的土地成本优惠、财政税收补贴、生态补偿等政策支持，积极引导外资大力推进第三产业发展，引导外资更多地投向第三产业，鼓励外资流向高附加值的清洁型产业、高新技术产业以及低碳环保型产业，积极参与低碳化改造升级，发挥外资在技术创新、制度创新和市场需求创新方面的先导作用；同时还要逐渐放宽投资领域，激励外资在各类产业中研发环保产品，进行绿色产品开发和服务，树立绿色标杆企业并发挥其积极的示范效应，全面提升各行业外资的利用质量，积极发挥外资的污染光环效应，激励外资企业进行绿色环保产品研发和生产，发挥绿色低碳的引导作用。

针对考虑到本章构建的中介效应模型可能存在内生性问题，同样采用 GS2SLS 进行稳健性检验，并同时采用空间邻接空间权重矩阵和空间地理权重矩阵进行检验。这里只报告全变量的回归结果，对应上述三种中介变量回归中的全变量结果。稳健性检验结果见表 5 - 19。

在表 5 - 19 中，在两种空间权重矩阵下，三类不同类型环境规制工具广义空间最小二乘法回归的第一阶段 F 值分别为 51. 51 和 56. 44，均大于 10，表明不存在弱工具变量问题。同样，市场激励型环境规制工具和命令控制型环境规制工具的第一阶段 F 值也分别都大于 10，表明工具变量有效。

碳排放效率的空间滞后项均在 1% 水平上显著为正，表明碳排放效率具有稳健的空间正向溢出效应。分别看三类环境规制工具的作用方向，其中公众参与型环境规制工具在 GS2SLS 下的两种空间权重矩阵下的回归符号和系数大小均与表 5 - 13、表 5 - 15、表 5 - 17 中对应的回归结果一致。公众参与型环境规制工具与市场激励型环境规制工具均没有正向促进碳排放效率提升，命令控制型环境规制工具显著促进了碳排放效率提升。其余变量中，能源消费结构和产业结构均显著抑制碳排放效率的提升，技术进步也没有发挥正向激励作用，外商直接投资作用在市场激励型环境规制工具下同样为负但并不显著。主要变量的回归结果和前文基本保持了一致，表明所建模型具有较好的稳健性。

表5-19　　　　　　　基于GS2SLS的稳健性检验

变量	空间邻接权重矩阵 ω1			地理经济距离权重矩阵 ω2		
	ger	ser	mer	ger	ser	mer
lner	-0.148** (0.064)	-0.310** (0.097)	0.142** (0.062)	-0.154** (0.062)	-0.498*** (0.092)	0.157** (0.060)
lnt	-0.015*** (0.004)	-0.008 (0.005)	-0.011** (0.005)	-0.023*** (0.004)	-0.010** (0.005)	-0.017*** (0.005)
lnfd	0.238** (0.094)	0.221** (0.092)	0.244** (0.093)	0.248** (0.091)	0.223** (0.088)	0.251** (0.090)
lnes	-0.531*** (0.081)	-0.455*** (0.082)	-0.535*** (0.081)	-0.593*** (0.074)	-0.450*** (0.076)	-0.595*** (0.074)
lnis	-0.501*** (0.104)	-0.550*** (0.104)	-0.548*** (0.105)	-0.415*** (0.104)	-0.405*** (0.100)	-0.468*** (0.104)
lnfdi	0.006 (0.007)	-0.001 (0.007)	0.005 (0.007)	0.007 (0.007)	-0.002 (0.007)	0.006 (0.007)
lnu	-0.095 (0.082)	-0.060 (0.086)	-0.154** (0.078)	-0.133** (0.080)	-0.164** (0.084)	-0.195** (0.076)
ρ	0.136*** (0.018)	0.128*** (0.018)	0.133*** (0.018)	10.662*** (1.228)	11.631*** (1.185)	10.441*** (1.240)
cet	—	0.051** (0.022)	—	—	0.049** (0.021)	—
第一阶段F值 （P值）	51.51 (0.000)	48.61 (0.000)	51.33 (0.000)	56.44 (0.000)	56.96 (0.000)	56.12 (0.000)
第二阶段F值 （P值）	57.22 (0.000)	52.67 (0.000)	54.01 (0.000)	75.35 (0.000)	96.37 (0.000)	70.85 (0.000)

注：***、**分别表示1%、5%的显著性水平，括号内数值为标准误。

5.4　本章小结

本章基于第2章的"协同优化机理"理论分析框架，结合第4章实证分析三种环境规制工具对碳减排有效性的检验结果，进一步探讨了环境规制工具的协同优化。

　　基于理论分析中的跨区域环境规制工具协同优化机理和区域内协同优化机理，在第 4 章测算的省域三种不同类型环境规制工具水平的基础上，分别构建了环境规制工具横向协同度和纵向协同度的指标体系，测算了各区域环境规制工具的横向协同度和各省份环境规制工具的纵向协同度。并依据环境规制协同度分别构建环境规制工具促碳减排的协同治理模型，实证检验了环境规制工具横向协同和纵向协同对碳减排的治理效率。结果表明，环境规制工具横向协同和纵向协同均显著促进了碳排放效率的提升。基于此，分别提出跨区域环境规制工具协同优化方向和区域内环境规制协同优化方向。

　　环境规制工具不仅可以直接作用于碳减排，还可以通过中介传导路径间接影响碳排放效率。因此，通过中介效应机制，围绕第 4 章对碳排放效率产生重要影响的"产业结构""技术创新"和"外商直接投资"三个因素，实证检验中介效应的存在性，并分别计算不同类型环境规制工具在三个中介变量下对碳排放效率中介效应大小。基于此，进一步探讨在考虑产业政策、技术创新政策和外商直接投资政策下环境规制工具的协同优化方向，以期更全面地从环境规制视角进行协同优化促进碳减排，助力"双碳"目标实现。

第6章 环境规制工具促进区域碳减排的政策建议

本书基于环境规制工具视角,研究了我国三类异质性环境规制工具碳减排空间效应的差异性以及区域异质性,并在此基础上探讨环境规制工具对碳排放效率的协同治理效率,基于环境规制工具视角提出促进碳减排的跨区域协同和区域内协同优化方向以及在考虑产业、技术创新、外商投资政策下环境规制工具的协同优化方向,以期基于直接和间接影响全面考察环境规制工具更好地协同优化促进碳减排。研究结果表明,不同环境规制工具对碳排放效率的影响存在显著差异并具有区域异质性,财政分权、环境规制工具类型、环境规制工具协同度、产业结构、技术创新、外商直接投资等都对碳排放效率产生了差异性影响。基于本书研究结论,提出环境规制工具促进碳减排的政策建议。

6.1 促进碳排放效率高的地区向低洼地区外溢和辐射

本书实证发现,我国各省份碳排放效率差异明显,碳排放效率高的省份包括海南、福建、广东、江西、湖南、广西、浙江等,原因在于地理位置优越,技术水平较高。而碳排放效率低的省份主要分布在中、西部地区,包括宁夏、青海、新疆等,原因在于这些地区经济发展水平相对落后。回归分析结果表明,在不同空间权重矩阵下,碳排放效率的空间滞后项系数均显著为正,表明碳排放效率存在显著的正向空间溢出效应,即"一荣俱荣,一损俱损"特征显著。碳排放效率的正向空间溢出效应表明本地区碳排放效率的提高会通过空间作用显著促进其他地区碳排放效率改善。因此，必须在国家节能减排目标约束条件下实现区域内各主体减排成本最小化，通过区域协同、战略一体化等措施促进碳排放效率由高地区向低洼地区辐射和外溢，带动整体碳排放效率改善。

（1）要通过竞争效应发挥正向的溢出作用。由于我国政府把碳排放强度作为节能减排的约束性指标纳入了国家发展规划，各省份也根据分解的减排任务纷纷制定了具体的约束指标并纳入了各省发展规划。国家在对地方政府官员考核时不再仅仅注重 GDP，开始逐渐增加对节能减排效果的考核权重，绿色低碳转型发展已经成为我国各级地方政府的共同发展目标之一。在节能减排约束性目标政策下有助于促进地方政府形成良性的竞争关系。

（2）通过示范效应促进碳排放效率较高地区发挥辐射作用。低碳产业发展成功的地区可以通过地区间要素流动等途径影响周边地区，进而产生示范效应和模仿效应。可以通过不同区域之间的合作加速区域之间各要素优化配置，提高配置效率，提升环境效益。

（3）要积极发挥经济上的关联效应。地区碳排放效率高表明通过低碳化的经济增长方式促进了本地区域经济低碳转型，而经济增长方式的转变会通过市场机制，通过区域产业关联传导至经济关联区域，带动关联地区实现绿色增长，促进经济协同发展。

6.2　优化与合理搭配不同类型环境规制工具

1. 优化不同类型的环境规制工具

（1）对命令控制型环境规制工具而言，本书研究显示，在省份层面，当前命令控制型环境规制工具发挥着"遵循成本"效应，但是即将到达阈值并转向发挥创新补偿效应。因此，首先要优化命令控制型环境规制工具，促使其发挥积极的碳减排作用。要进一步完善环保法规和环境政策体系，加强对高能耗、高排放、高污染产业的能源和环境约束，大力提升能源效率和环境绩效；适度提高环境标准，并推动煤炭能源清洁高效开发与利用，推动能源消费结构优化升级；优化城市整体布局和公共基础设施建设，促使城市化发展节能化、集约化以及绿色化。其次，建立统一的环境规制工具影响评价体系。科学有效的环境规制工具评价方式和指标体系对环境规制工具的执行效率至关重要，能在一定程度上提升环境保护能力。最后，加大对环境监督和惩罚力度。当前，我国已经基本建立了环境执法体系，但由于中央政府与地方政府之间的信息不对称以及财政分权制度，导致有些地方环保执法较弱甚至不能完全执行。因此，要健全环境监督体系，加大对环境检查和执法监督力度，保证环境执法过程的权威与严肃，加大企业违法成本，提升环境执法部门处罚成本，如健全环境检测体系、引入第三方进行污染治理。

命令控制型环境规制工具的优化包括三个方面。在排污许可政策上，我国当前排污学科的种类有限，没有专门针对二氧化碳排放许可的相关政策，只涉及了大气污染排放、水污染排放等，缺乏对二氧化碳排放许可的具体说明，可以考虑制定关于二氧化碳排放许可的相关政策或在相关法律中加以具体说明。在环境影响评价政策上，需要构建统一评价指标体系，严格执行力度，并赋予地方各级环境保护部门权限。在限期治理政策上，要进一步明确限期治理的形式、判断标准等，以期对企业排污形成强制约束，加大对排污不达标企业的行政处罚力度，避免对环境规制工具"非完全执行"，做到"有法可依、执法必严"，强化环保法律法规的严肃性，制定严格的排放标准。

（2）对完善市场激励型环境规制工具而言，本书实证结果表明，无论全国层面还是区域层面，无论直接效应还是空间溢出效应，市场激励型环境规制工具都发挥了显著作用。但当前我国市场激励型环境规制工具对碳排放效率的提升作用不足，仍处于拐点左侧，显著抑制了碳排放效率的提升。因此，需要以绿色创新、低碳环保为导向进行调整。碳排放交易政策在全国层面发挥了显著正向作用。因此，第一，要强化市场机制在经济低碳转型中的资源配置决定性作用，进一步完善全国性碳交易市场建设和运行，建立健全碳排放信息的披露机制、推广试点城市以及先行覆盖行业的实践经验，稳步扩大碳市场覆盖范围；探索开展碳汇交易，开发碳配额衍生品等，助推绿色金融发展，丰富碳市场交易品种、方式及主体，促进全国统一碳交易市场体系加速构建，最大程度发挥碳交易市场的作用。第二，完善技术创新的资金扶持政策。"遵循成本"效应很大程度上源于环保治理成本对技术创新产生的挤出效应。因此，政府可以完善对技术创新的资金支持力度，降低企业环境治理成本压力，促使企业积极进行技术创新。比如为绿色低碳技术创新活动提供一定的税收优惠政策等。第三，推动设定碳税以及其他市场化的规制手段。当前我国资源税中没有碳税科目，开征碳税将会对碳排放起到直接的调节作用，从而在降低碳排放总量的同时提高碳排放效率，如期完成碳排放的"双碳"目标。目前实行的资源税、消费税等对碳排放的影响作用有限。第四，大力提倡与发展绿色消费。随着绿色消费理念的发展，公众消费偏好的改变会影响企业的生产活动力。因此，要积极迎合消费者绿色需求，支持企业加强对绿色低碳环保技术的投入，鼓励研发绿色环保产品，促进节能减排。

市场激励型环境规制工具优化：我国自"十二五"开始逐步加强了对碳排放的约束，将节能减排任务逐层分解到各级地方政府。为了保证目标的实现，应该在节能减排过程中实行目标管理，根据各地经济发展水平与环境条件等制定各地区、各行业、各阶段的具体减排目标，综合运用法律法规、行政命令、财政税收等，引导企业进行绿色生产以及公众低碳消费。加强对排污的检测与排污管理；推动环境类资源产权制度建设，鼓励企业参与环境资源产权分配；加大市场机制本身对环境资源的调节与配置；政府要尽量减少对市场的干预，大力发展排污权交易、排放权交易、环保税，积极推动开征碳税，不断完善市场竞争机制、排放权交易机制和市场准入机制，依靠市场机制推动区域经济发展过程中的外部成本内部化。同时，积极发挥市场本身的资源配置功能，促进经济低碳转型。一方面，要推进能源价格的市场化改革，使政府逐渐从价格制定者转向市场监管者，促进建立各类能源交易中心，发挥价格对能源供求的调节功能和技术创新的诱导效应，依靠市场激励手段引导生产者和消费者自主节能减排。另一方面，要进一步完善全国性碳交易市场的运行，促进多行业、多主体、灵活有效的全国碳交易市场体系的不断完善，最大限度地将碳排放负外部性内部化。

（3）对公众参与型环境规制工具而言，随着我国公众环保意识的不断增强，对环境质量要求也越来越高，参与环境治理的呼声也日益增强。但是

作为非正式环境规制工具，公众参与一方面起步较晚，另一方面参与的途径
与法律保障机制还不健全，进而抑制了该工具对碳排放效率的正向影响作
用。从本书实证结果来看，公众参与型环境规制工具无论在全国层面还是在
区域层面，都没有发挥显著作用。未来，要增强对公众环保意识的宣传，引
导公众对保护生态环境的责任感；不断深化公众参与环境治理的深度，确保
环境规制工具评价信息及时、透明向公众公开，提高公众在环境规制工具影
响评价中发挥的作用和评价的有效性，以此发挥公众的监督作用；同时，要
拓宽公众参与环境治理的途径，完善公众参与环境规制工具的法律保障机制。

对公众参与型环境规制工具的优化包括：进一步完善公众参与环境治理
机制、完善企业环境信息披露机制、推动企业环境信息公开透明进行披露、
鼓励申请环境标志、引导公众绿色消费进而倒逼供给结构调整，从而制约污
染产业的发展，基于市场调节逐渐淘汰污染、落后产能；不断加强环保宣传
等，充分发挥公众在环境治理中的积极作用，引导公众通过举报、投诉等方
式制约企业的污染行为；加强对公众参与环境治理的保障机制，使公众能在
环境治理中的权益受到保护。

2. 适度提升不同类型环境规制工具强度

环境规制强度过大将增加企业成本负担，从而加大"遵循成本"效应，
对技术创新产生挤出效应。因此，政府要适度调整不同类型环境规制工具强
度，不能盲目提高环境规制工具水平，要根据各地实际情况适度提升。不同
类型的环境规制工具具有不同的特点，而且对碳排放效率产生的作用存在显
著差异。命令控制型环境规制工具具有较强的强制性，但"一刀切"的做
法会忽视企业异质性，同时对企业激励效应不足。市场激励型环境规制工具
可以为区域采用清洁的生产技术和防污治污技术提供动力，为企业技术创新
提供持续的激励，有利于促进企业技术研发。公众参与型环境规制工具具有
较强的灵活性和自主性，但需要政府积极引导并提供政策支持。因此，政府
要充分发挥不同类型环境规制工具的优势，逐步实现由命令控制型环境规制
工具到市场激励型环境规制工具的转变，尽量多采用市场激励型环境规制工
具，如环保税、资源税等手段，少采用环境行政处罚强制性环境规制工具。
同时，利用网络宣传、信息推广等手段加强大众环保意识教育，积极通过公

众参与型环境规制工具促进碳排放效率提升。

3. 不同区域要因地制宜地合理搭配选择环境规制工具类型

不同区域经济发展水平存在显著差异，要有针对性地合理选择不同类型的环境规制工具政策，促进环境规制工具正向促进作用的发挥。本书实证结果发现，在全国层面，市场激励型环境规制工具和命令控制型环境规制工具显著抑制了碳排放效率，均发挥着"遵循成本"效应，波特假说效应不明显。区域层面要充分考虑不同区域经济发展水平和碳排放效率的异质性，采取差异化的环境规制工具。市场激励型环境规制工具显著提升了碳排放效率，但是在中部和西部却显著抑制了碳排放效率提升，命令控制型环境规制工具在西部抑制了碳排放效率提升。需要进一步适度加强环境规制工具强度，既有利于促进碳减排，又有利于开发低碳环保技术。

（1）东部地区市场激励型环境规制工具对碳排放具有显著作用。为了尽快达到拐点，实现波特假说效应，需要大力发展市场激励手段，加大市场激励环境规制工具强度，充分发挥市场主体的能动性。同时，提高公众参与环境治理的积极性，鼓励自愿参与环境保护。发挥碳排放效率高地区的"示范作用"和正向"溢出效应"，通过采取环境规划、污染治理等区域合作，加强对中西部地区技术帮扶，推动整体碳排放效率提升。

（2）中部地区经济欠发达，市场激励型和命令控制型环境规制工具对碳排放效率的影响呈 U 形。因此，不能为了追求经济增长而加重环境污染，要以命令控制型环境规制工具手段为主，加快制定并完善碳排放标准和污染处理标准。同时要逐渐依托在湖北设立的碳排放权交易试点，以及在山西、河南、内蒙古、湖南等设立的排污权交易试点，进一步完善环保税、资源税等市场激励型环境规制工具手段，将市场激励型环境规制工具与命令控制型环境规制工具有机结合，取长补短。

（3）西部地区，由于经济发展相对落后，有些省份生态环境更加脆弱。当前，西部地区命令控制型环境规制工具发挥着显著的"倒逼减排"作用，且不存在拐点。因此，必须首先以"命令控制型"环境规制工具为主，强化环保标准以及污染物排放标准制定，避免和防止高污染产业集中。同时，借鉴东部和中部有效经验，逐步建立排污权交易机制；完善环保税收制度，促进市场激励型和公众参与型环境规制工具有机结合，实现优势互补。

6.3 推动构建环境规制工具的协同减排机制

本书研究结果表明，一方面，无论全国省域还是三大区域，碳排放效率都具有显著正向溢出效应，说明本地碳排放效率的提升受到相邻地区的显著影响，体现了"一荣俱荣，一损俱损"的特征。而环境规制工具协同度也显著促进了碳排放效率的提升。这些实证结果为我国提升区域碳排放效率提供了思路，必须要发挥环境规制工具协同的正向促进作用，从环境规制工具协同视角促进碳排放效率由中高地区向低碳排放效率的地区辐射和外溢。另一方面，不同类型的环境规制的空间溢出效应都存在差异以及区域异质性。因此，各地方政府必须意识到孤立的环境政策效果会被周边地区负向空间溢出效应所抵消，必须与周边地区环境政策同步并扩大政策实施范围，才能避免因相邻地区提高环境规制而发生的污染产业就近转移。而且应加强环境政策之间的联动性与协调性，在污染企业集聚的区域制定有针对性的环境规制标准，强化环境执法效果，提高环境规制的有效性。因此，要积极构建低碳转型下的环境规制工具协同机制，继续强化地方政府官员生态文明建设的理念，加快建立健全以"绿色 GDP"为主的地方政府绩效考核机制；区域内各级政府建立常态化联络工作机制，增强政策设计和实施协调性，共享信息，加强区域内生态规划深度对接，形成"联防联控"的环境规制长效机制。

（1）制定跨区域环境规制工具协同政策。空间溢出效应需要突破"属地治理"局限，打破区域之间的行政垄断，充分发挥碳排放效率的空间溢出效应，距离越近越有利于碳排放效率发挥"涓滴效应"。区域之间通过协商合作、建立伙伴关系、确定共同目标，实现跨区域、多部门、多层次之间对碳排放的协同治理，促进资源要素的跨区域流动，鼓励跨区域的企业之间形成绿色联盟，建立区域内外联合互动、互利共赢的协同机制，确定跨区域共同治理原则，形成环境规制工具的利益协调机制和利益补偿机制，构建环境规制工具协调治理模式，从根本上解决跨区域存在的生态补偿事件和环境污染事件，真正解决环境污染。提升环境规制工具协同治理效率。一是靠通过提高跨区域环境规制工具的横向协同效率，尽管跨区域环境规制工具协同是以政府为主导的，但是同样离不开各区域企业和公众的共同参与。由于跨区域协同需要构建协同模式与机制，短期内效果并不明显，但是对长期发展而言，这是促进经济低碳转型，实现可持续发展的重要手段与路径。因此，可通过区域内加强命令控制型、市场激励型和公众参与型环境规制工具方式来提高碳减排的横向协同治理效率。比如各区域共同参与环境治理顶层设计、组建协同治理机构、制定协同方案、制定排污标准，以及生态补偿、交易许可等激励手段。

（2）制定环境规制工具区域内多元主体纵向协同政策。在协同过程中要基于权责协同方式，更好地协同各利益相关者在碳减排中的责任与权利。政府发挥主导作用，对污染企业加强监管，增加环保治理支出等；落实企业节能减排的主体责任；通过建立和完善法律保障机制，提高公众参与治理环境的积极性。

（3）充分发挥结构调整和技术进步在环境规制工具协同优化中的作用。

首先，依托绿色技术创新促进空间协同减排，通过环境规制工具促进技术红利实现。实证分析结果表明，三种环境规制工具在地理距离权重矩阵和经济距离权重矩阵下技术创新对碳排放效率的影响系数均在1%水平上显著为正，但是在空间邻近矩阵下只有市场激励型环境规制工具回归系数显著为正。三大区域层面回归系数显著为正，这表明我国当前专利授权数量增加显著提升了碳排放效率。技术创新空间溢出效应显著为负，表明当地技术创新显著抑制了相邻地区碳排放效率的增长。技术对环境的影响最积极、最活跃也最敏感。随着我国工业化、城市化进程不断加速推进，技术创新如果偏向生产技术，则会增加对资源的消耗，引致生产规模扩大、污染型要素投入增加，导致环境污染加剧。因此，要提高企业技术创新能力，努力发挥技术进步对经济低碳转型的引擎作用。政府要加大对技术创新的政策支持力度，可以通过制定动态绿色技术指导目录、设立专项基金等，提升重点领域的技术创新能力和企业的创新主体作用。利用政府贴息、建立担保基金等手段引导信贷资源向积极开展绿色技术研发和升级改造的企业以及低碳产业部门倾斜，可以与高校、科研机构建立技术合作，增强市场主体的技术创新积极性。要严格落实绿色采购制度，推动绿色生产和绿色消费。

其次，调整和优化产业结构与能源消费结构，发挥环境规制工具与两者的协同，实现结构红利。本书实证结果发现，以第二产业比重衡量的产业结构和以煤炭为主的能源消费结构不仅在本地区显著抑制了碳排放效率提升，而且还对相邻省份的碳排放效率产生了显著的负向空间溢出效应，显著降低了周边地区的碳排放效率。因此，要想从根本上实现低碳转型，就必须要调整和优化经济结构，实现产业结构的空间优化与协同发展。就产业结构而言，我国正处在工业化和城市化进程中，以高能耗、高排放、高污染为特征的工业比重较高，大量化石能源被消费，二氧化碳排放量增加。因此，要不断完善市场退出机制，加快淘汰生产效率低、资源浪费严重的生产部门和生产环节，继续巩固和提升去落后产能成果，关闭部分"三高"企业，积极引导并大力发展第三产业，加大对第一产业的支持，推进生产技术向"低能高效"发展。依托技术创新，从根本上优化产业结构，推动企业向绿色、低碳、清洁环保的生产方式转变，逐步实现低碳化发展。就能源消费结构而言，第4章实证结果表明能源消费结构显著抑制了碳排放效率的提升并对周边地区产生了显著的负向空间溢出效应。我国以煤炭为主的能源消费结构短期内不会发生改变，这种能源消费结构对我国经济发展中的环境负外部性产生了锁定效应。因此，要加快可再生能源的开发利用，推动煤炭资源的清洁高效开发利用。一方面要提高能源的利用效率，尤其是煤炭利用效率，推动清洁煤、煤炭地下气化技术等推广使用，促进节能减排；另一方面要通过价格机制等市场化手段促进企业负外部成本内部化。同时，积极鼓励新能源开发技术，大力发展可再生能源，建立多种能源供应体系和消费结构，实现以低碳能源代替高碳能源才能真正促进低碳转型。

最后，就外商投资政策而言，在三种空间权重矩阵下，外商直接投资对本地碳排放效率影响不显著，但是都产生了显著的负向空间溢出效应。这表明地方政府要适度提高环境规制工具水平，设置合适的准入门槛，避免发生"污染避难所"效应，要注重以合理的环境规制工具水平吸引高质量外资，积极引进绿色低碳环保的外资企业，充分发挥外商直接投资的技术溢出效应，促进节能减排公众，加快清洁生产，控制并淘汰落后产能。此外，要合理优化外商直接投资的结构，提升引进外资的质量，积极发挥其产业导向功能，控制"三高"产业过快增长，引导向绿色低碳行业发展，实现"外资"和"减排"双赢目标，最大限度发挥外商直接投资的规模效应、技术效应和结构效应。

6.4　建立激励与约束相容的政绩考核机制

虽然本书实证结果表明财政分权无论从省份层面还是地方层面都显著促进了碳排放效率的提升，但是财政分权在不同环境规制工具类型和不同区域均发挥着显著不同的调节作用，既能强化环境规制工具对碳排放效率的技术创新补偿效应也能强化"遵循效应"，同时，既能弱化环境规制工具对碳排放效率的技术创新补偿效应也能弱化其"遵循成本"效应。这与环境规制工具类型和区域异质性有密切关系。因此，中央政府需要优化财政分权制度与地方政府政绩考核体系，助推财政分权对各类环境规制工具的创新补偿效应。

（1）要摒弃"唯 GDP"的地方政府考核机制，推动地方政府各项职能的发挥，促进经济发展与环境保护考核指标的平衡，使地方政府决策通过财政手段有效实现对碳减排的激励作用。在财政分权对命令控制型、市场激励型和公众参与型环境规制工具的碳减排效应发挥负向调节并导致环境规制工具失灵和碳排放效率下降的地区，必须改变一味追求经济增长的考核机制，要将环境保护指标纳入绩效考评中，要追求"绿色 GDP"，财政分权应该兼顾经济与环境的协调发展。

（2）由于地方政府财权、事权不匹配，地方政府承担着本地区经济发展的沉重负担，同时还要考虑环境治理，以经济增长为主的激励机制可能导致地方政府忽略环保工作。因此，中央政府要考虑适当提高节能环保资金在专项转移支付中的比重，以此补偿地方政府在环境治理中产生的正外部性；同时，制定跨区域环境保护与技术创新补偿机制，合理避免跨区域地方政府的"竞次行为"。在环境规制工具对碳排放效率和技术影响具有双重外部性的区域，要协商建立适当的财政转移制度机制来补偿产生正外部性溢出作用的区域，同时惩罚产生负外部性的区域，要建立完善的激励与约束相容机制，以此推动地方政府调整财政支出偏向和治理环境的积极性。

（3）进一步加强中央政府对地方政府的环保监管和督促，避免中央政府与地方政府在委托代理问题上出现信息不对称。因此，需要通过大数据等技术，加强对地方政府治理环境的监督，降低地方政府拥有更多私人信息的可能性，防止地方政府的环境规制工具"竞相到底"给本地环境和人民生活造成不良影响。

第7章　研究结论与展望

低碳转型是实现"双碳"目标重大战略部署的必然选择，从环境规制工具视角研究碳减排具有重要意义。环境规制工具的碳减排效果如何直接与环境规制工具类型和区域异质性密切相关。本书在异质性环境规制工具框架下，基于省级面板数据，运用空间统计方法，围绕环境规制工具碳减排效果以及促进碳减排的协同优化展开研究。首先，基于环境规制工具对碳排放影响的逻辑机制，分析影响机理，为第4章实证研究提供理论框架；分析环境规制工具对碳排放效率的协同优化机理，为第5章考察协同优化提供理论框架。其次，测度不同类型环境规制工具水平和碳排放效率，采用ESDA分别考察二者空间相关性；构建空间计量模型，实证考察不同类型环境规制工具的减排效果及区域异质性；测算环境规制工具跨区域协同度和区域内协同度，基于协同优化机理，分别从跨区域环境规制工具协同优化、区域内环境规制工具协同优化以及考虑其他政策下的环境规制工具协同优化三个维度探讨环境规制工具促进碳减排的协同优化方向。最后提出环境规制促进碳减排的政策建议，为促进低碳转型提供新视角和思路。

7.1　研究结论

（1）将环境规制工具细分为命令控制型、市场激励型、公众参与型三种类型，分别构建不同的指标体系，通过熵值法测算了三种异质性环境规制工具水平并考察了其空间特征。结果发现，东部地区的市场激励型环境规制工具水平最高，中部地区的公众参与型环境规制工具水平最高，西部地区的命令控制型环境规制工具水平最高；三种环境规制工具均在空间上呈现显著的空间正相关性，即以高－高集聚和低－低集聚为主，高－高集聚主要集中在东部省份，低－低集聚主要集中在中、西部省份。

（2）基于全要素视角、运用超效率 SBM 模型，测算了 2000～2019 年我国省级碳排放效率并考察了其空间特征。结果发现，我国区域碳排放效率整体水平偏低，区域差异明显，且差异呈现扩大趋势，具有较大的改善空间；探索性空间数据分析发现，碳排放效率在空间上也具有显著的空间正相关性。即也存在显著的高－高集聚和低－低集聚特征，且高－高集聚都集中在东部地区，低－低集聚集中在中部和西部地区，和环境规制工具的空间分布特征基本一致。环境规制工具和碳排放效率的显著空间特征为从空间角度实证考察环境规制工具对碳排放效率的影响提供了前提条件，否则结果会产生严重偏差。

（3）构建了空间计量模型，引入了三种空间权重矩阵，实证考察了三种不同类型环境规制工具对碳排放效率的直接效应、空间溢出效应差异及区域异质性。结果发现：在三种空间权重矩阵下，碳排放效率的空间滞后项系数均显著为正，表明碳排放效率存在显著的正向空间溢出效应，体现为"涓滴效应"，凸显"局部俱乐部"现象，表现为"一荣俱荣，一损俱损"。其原因在于地区之间存在竞争效应、示范效应以及空间关联效应；同时，不同类型环境规制工具对碳排放效率的影响存在显著差异和区域异质性。

在省份层面：就直接效应而言，市场激励型环境规制工具对碳排放效率产生了显著抑制作用，仍处于拐点左侧；命令控制型环境规制工具越过拐点之后将会发生倒逼减排作用，显著提升碳排放效率；公众参与型环境规制工具没有发生显著作用。就空间溢出效应而言，只有市场激励型环境规制工具发生了显著的负向空间溢出效应，原因可能在于地方政府的地方保护主义、相邻地区的技术模仿和吸纳能力较低以及地方政府的搭便车行为。考虑交互作用后，财政分权在市场激励型环境规制工具碳减排影响中发挥了正向促进作用，同时强化了公众参与型和命令控制型环境规制工具的"遵循成本"效应。

在区域层面：就直接效应而言，市场激励型环境规制工具在东部地区显著促进了碳排放效率的提升，而在中部和西部地区显著抑制了碳排放效率的提升；公众参与型环境规制工具在三个区域均没有产生显著影响；命令控制型环境规制工具在西部地区对碳排放效率产生了显著的抑制作用。就空间溢出效应而言，在中部和西部，市场激励型环境规制工具都发生了显著负向空间溢出效应，命令控制型环境规制工具在西部地区发生了显著负向空间溢出效应。就财政分权变量而言，财政分权在中部和西部地区与全国结果一致，显著促进了碳排放效率提升，在中部地区不显著；就财政分权与环境规制工具交互效应而言，财政分权与公众参与型环境规制工具的交互项只在西部地区显著为负。在东部和西部，财政分权显著强化了市场激励型环境规制工具对碳排放效率的"创新补偿效应"，同时，财政分权强化了命令控制型环境规制工具的"遵循成本"效应，发挥了负向抑制作用。但是在中部地区，财政分权强化了命令控制型的"创新补偿效应"。

研究结果显示，产业结构、技术创新不仅显著影响了本地区碳排放效率，而且还会对周边地区产生显著的空间溢出效应，外商直接投资对本地区碳排放效率影响为负，但不显著，然而在经济距离和地理距离权重矩阵下，发挥了显著负向空间溢出效应。这表明，产业结构优化调整、技术进步与创新和提高外商直接投资质量将是提升碳排放效率的重要路径。

（4）测度了环境规制工具跨区域协同度和区域内协同度，实证检验了环境规制工具协同度对碳减排的协同治理效应，提出协同优化方向，结果发现环境规制工具协同度均显著提升了碳排放效率。跨区域和区域内环境规制工具协同效应不可忽视。对跨区域而言，碳排放效率较低且环境规制工具水平较低的区域，要构建空间协同联动机制，加强空间跨区域协同，发挥协同减排效应。华北地区要依托京津地区低碳发展的优势，提升技术创新水平，促进产业结构优化。华东地区要依托长三角大气污染协同治理机制，促进环境规制工具减排协同。对于纵向环境规制工具协同，要建立多元主体纵深权责协同治理体系，还要构建多种区域内协同模式，推动区域内碳排放效率提升。

（5）第 2 章理论模型发现效率优化源于技术效应和结构效应，而技术和结构效应都会受到外商直接投资的推动和影响。第 4 章实证检验发现技术创新、产业结构、外商直接投资是影响碳排放效率的重要因素，而协同治理必须要有依托和抓手。基于此，分别以"产业结构""技术创新"和"外商直接投资"为中介变量，构建空间中介效应模型，通过中介检验程序探讨间接路径存在性。结果表明，以产业结构为间接路径时，市场激励型环境规制工具和命令控制型环境规制工具均发挥了显著的中介效应；以产业结构为间接路径时，三种环境规制工具均发挥了显著的中介效应；以外商直接投资为间接路径时，公众参与型和命令控制型发挥了部分中介效应。根据检验结果，进一步探究在三种政策下环境规制工具优化方向，以期更全面考察环境规制工具协同减排效应。

7.2 展望

本书针对环境规制工具的碳减排效果及协同优化进行了研究，得出了一定的研究结论，未来仍有以下问题需要进一步完善和深化探讨。

（1）本书将环境规制工具细分为了命令控制型、市场激励型和公众参与型，并分别构建了指标体系进行测度。在后续研究中，一方面要根据最新研究成果继续完善环境规制工具的细分，如增加自愿行动型环境规制工具，搜集环境标识、绿色认证、CCER 等衡量指标。另一方面要扩展现有环境规制工具指标维度，比如随着全国碳交易市场的开放，适时搜集有关交易数据，作为市场激励型环境规制工具的有效补充，深入分析"碳排放权交易"的碳减排效果；在公众参与型环境规制工具中引入公众受教育程度等，不断丰富和全面衡量环境规制工具水平，以期促进环境规制工具更有效地助力低碳经济转型和绿色可持续发展。

（2）限于数据可得性，本书仅在我国省域层面考察了不同类型环境规制工具的碳减排效果的异质性以及协同优化。而基于行业层面的碳减排研究可以和省域层面研究进行有效互补。我国不同行业在技术和污染密集度上存在显著差异，进而导致环境规制工具对行业碳减排的影响效应存在差异。因此，后续研究可以尝试从行业异质性视角对不同类型环境规制工具的碳减排效果进行实证检验，有助于全面把握我国在经济低碳转型发展过程中环境规制工具的影响作用，为全面促进低碳转型提供政策建议，为促进节能减排和经济发展双赢提供新思路。因此，从行业异质性角度探讨不同类型环境规制工具的碳减排效果，是本书后续研究拓展的一个重要方向。

（3）本书实证结果表明环境规制工具协同度可以显著促进碳排放效率提升，并提出了环境规制工具促进碳减排的协同优化方向。但本书尚未对环境规制工具协同减排效率的影响因素展开深入研究。"十二五"以来，我国逐渐加强了对节能减排的政策约束，"十四五"规划中提出到 2030 年碳强度下降18%并对"双碳"目标作出战略部署。因此，以国家总体节能减排目标为约束条件，结合各省份分配的减排任务，有效识别影响环境规制工具协同减排的关键因素和路径，深入探讨如何通过环境规制工具协同促进区域内部各主体实现最小化的碳减排成本也将是本书拓展的一个重要方向。

参 考 文 献

[1] 班斓，刘晓惠．不同类型环境规制工具对于异源性环境污染的减排效应研究 [J]．宁夏社会科学，2021 (5)：140 - 150.

[2] 曹世波．不同类型环境规制工具对绿色技术创新影响的比较研究 [D]．江西：江西财经大学，2020.

[3] 巢清尘．参加政府间气候变化专门委员会（IPCC）第 6 次评估报告（AR6）规划会议总结 [J]．气象科技合作动态，2017 (5)：26 - 28.

[4] 陈德敏，张瑞．环境规制工具对中国全要素能源效率的影响——基于省级面板数据的实证检验 [J]．经济科学，2012 (4)：49 - 65.

[5] 陈浩，罗力菲．环境规制工具对经济高质量发展的影响及空间效应——基于产业结构转型中介视角 [J]．北京理工大学学报（社会科学版），2021，23 (6)：27 - 40.

[6] 陈明．植草益的经济规制理论评介 [J]．财经政法资讯，1994 (1)：64 - 66.

[7] 陈强．高级计量经济学及 Stata 应用（第二版）[M]．北京：高等教育出版社，2014.

[8] 陈硕，高琳．央地关系：财政分权度量及作用机制再评估 [J]．管理世界，2012 (6)：43 - 59.

[9] 陈志刚，姚娟．环境规制工具、经济高质量发展与生态资本利用的空间关系——以北部湾经济区为例 [J]．自然资源学报，2022，37 (2)：277 - 290.

[10] 崔和瑞，王浩然，赵巧芝．基于动态面板模型的中国区域碳排放影响因素研究 [J]．科技管理研究，2019，39 (12)：245 - 251.

[11] 崔嘉文，张琳，侯君．密云水库上游地区生态补偿现状分析——

以河北省丰宁满族自治县为例 [J]. 河北农业科学, 2014, 18 (4): 89 - 92, 96.

[12] 戴辉, 党兴华. 工业清洁生产的环境政策效果分析 [J]. 环境保护, 1999 (3): 8 - 11.

[13] 丹尼尔·F. 史普博. 管制与市场 [M]. 上海: 上海人民出版社, 1999: 56.

[14] 丁胜, 温作民. 长三角地区碳排放影响因素分析——基于 IPAT 改进模型 [J]. 技术经济与管理研究, 2021 (9): 106 - 109.

[15] 董锋, 刘晓燕, 龙如银等. 基于三阶段 DEA 模型的我国碳排放效率分析 [J]. 运筹与管理, 2014 (4): 196 - 205.

[16] 董直庆, 王辉. 市场型环境规制工具政策有效性检验——来自碳排放权交易政策视角的经验证据 [J]. 统计研究, 2021, 38 (10): 48 - 61.

[17] 范旭, 李键江, 李蓓黎. 基于空间因素考量的环境规制工具对技术创新的影响研究 [J]. 生态经济, 2021, 37 (4): 156 - 162.

[18] 方建春, 童杨, 陆洲. 财政分权、能源价格波动与碳排放效率财政分权、能源价格波动与碳排放效率 [J]. 重庆社会科学, 2021 (7): 5 - 17.

[19] 房雪. 京津冀环境协同治理政策优化研究 [D]. 秦皇岛: 燕山大学, 2021.

[20] 傅京燕, 李丽莎. 环境规制工具、要素禀赋与产业国际竞争力的实证研究——基于中国制造业的面板数据 [J]. 管理世界, 2010 (10): 87 - 98.

[21] 高明, 陈巧辉. 不同类型环境规制工具对产业升级的影响 [J]. 工业技术经济, 2019, 38 (1): 91 - 99.

[22] 高志刚, 李明蕊. 正式和非正式环境规制工具碳减排效应的时空异质性与协同性 [J]. 西部论坛, 2020, 30 (6): 84 - 100.

[23] 高壮飞. 长三角城市群碳排放与大气污染排放的协同治理研究 [D]. 杭州: 浙江工业大学, 2019.

[24] 郭然, 原毅军. 环境规制工具、研发补贴与产业结构升级 [J]. 科学学研究, 2020, 38 (12): 2140 - 2149.

[25] 韩炜, 蔡建明, 赵一夫. 多元主体视角下大城市边缘区空间治理

结构、机制及路径研究 [J]. 地理科学进展, 2021, 40 (10): 1730 – 1745.

[26] 何建坤, 刘滨. 作为温室气体衡量指标的碳排放强度分析 [J]. 清华大学学报 (自然科学版), 2004, 44 (6): 740 – 743.

[27] 何建坤, 苏明山. 应对全球气候变化下的碳生产率分析 [J]. 中国软科学, 2009 (10): 47 – 52, 152.

[28] 赫尔曼·哈肯. 协同学: 大自然构成的奥秘 [M]. 上海: 上海译文出版社, 2005.

[29] 侯光雷, 王志敏, 张洪岩等. 基于探索性空间分析的东北经济区城市竞争力研究 [J]. 地理与地理信息科学, 2010, 26 (4): 67 – 72.

[30] 胡志高, 李光勤, 曹建华. 环境规制工具视角下的区域大气污染联合治理——分区方案设计、协同状态评价及影响因素分析 [J]. 中国工业经济, 2019 (5): 24 – 41.

[31] 胡中华. 关于完善环境区域协同治理制度的思考 [J]. 法学论坛, 2020, 35 (5): 29 – 37.

[32] 黄和平, 王智鹏. 江西省农用地生态效率时空差异及影响因素分析——基于面源污染、碳排放双重视角 [J]. 长江流域资源与环境, 2020, 29 (2): 412 – 423.

[33] 金娜, 仇方道, 袁荷. 江苏省碳排放效率时空格局及驱动因素 [J]. 地域研究与开发, 2018, 37 (4): 144 – 149.

[34] 康兴涛, 李扬. 跨区域多层次合作的政府治理模式创新研究——基于政府, 企业和社会关系视角 [J]. 商业经济研究, 2020 (9): 189 – 192.

[35] 蓝虹, 王柳元. 绿色发展下的区域碳排放绩效及环境规制工具的门槛效应研究——基于 SE-SBM 与双门槛面板模型 [J]. 软科学, 2019, 33 (8): 73 – 77, 97.

[36] 雷玉桃, 杨娟. 基于 SFA 方法的碳排放效率区域差异化与协调机制研究 [J]. 经济理论与经济管理, 2014, 34 (7): 13 – 22.

[37] 李海生, 王丽婧, 张泽乾等. 长江生态环境协同治理的理论思考与实践 [J]. 环境工程技术学报, 2021, 11 (3): 409 – 417.

[38] 李健, 马晓芳, 苑清敏. 区域碳排放效率评价及影响因素分析

[J]. 环境科学学报，2019，39（12）：4293－4300.

[39] 李菁，李小平，郝良峰. 技术创新约束下双重环境规制工具对碳排放强度的影响 [J]. 中国人口·资源与环境，2021，31（9）：34－44.

[40] 李凯. 基于 Super-SBM 和 Malmquist 指数的中国农业生产效率研究 [D]. 武汉：武汉大学，2017.

[41] 李强. 正式与非正式环境规制工具的减排效应研究——以长江经济带为例 [J]. 现代经济探讨，2018（5）：92－99.

[42] 李青原，肖泽华. 异质性环境规制工具与企业绿色创新激励——来自上市企业绿色专利的证据 [J]. 经济研究，2020，55（9）：192－208.

[43] 李瑞前，张劲松. 不同类型环境规制工具对地方环境治理的异质性影响 [J]. 商业研究，2020（7）：36－45.

[44] 李珊珊，马艳芹. 环境规制工具对全要素碳排放效率分解因素的影响——基于门槛效应的视角 [J]. 山西财经大学学报，2019，41（2）：50－62.

[45] 李树，陈刚. 环境管制与生产率增长——以 APPCL2000 的修订为例 [J]. 经济研究，2013，48（1）：17－31.

[46] 李树，翁卫国. 我国地方环境管制与全要素生产率增长——基于地方立法和行政规章实际效率的实证分析 [J]. 财经研究，2014，40（2）：19－29.

[47] 李涛，傅强. 中国省级碳排放效率研究 [J]. 统计研究，2011，28（7）：62－71.

[48] 李小平，余东升，余娟娟. 异质性环境规制工具对碳生产率的空间溢出效应——基于空间杜宾模型 [J]. 中国软科学，2020（4）：83－95.

[49] 李艳红. 基于 STIRPAT 模型的财政分权对碳排放的影响测度 [J]. 统计与决策，2020，36（18）：136－140.

[50] 李永友，沈坤荣. 我国污染控制政策的减排效果——基于省级工业污染数据的实证分析 [J]. 管理世界，2008（7）：7－17.

[51] 李志学，李乐颖，陈健. 产业结构、碳权市场与技术创新能力对各省区碳减排效率的影响 [J]. 科技管理研究，2019（6）：79－90.

[52] 廖文龙，董新凯，翁鸣等. 市场型环境规制工具的经济效应：碳排

放交易、绿色创新与绿色经济增长 [J]. 中国软科学, 2020, (6): 159 - 173.

[53] 林伯强, 刘希颖. 中国城市化阶段的碳排放: 影响因素和减排策略 [J]. 经济研究, 2010, 45 (8): 66 - 78.

[54] 刘华军, 刘传明, 杨骞. 环境污染的空间溢出及其来源——基于网络分析视角的实证研究 [J]. 经济学家, 2015 (10): 28 - 35.

[55] 刘满凤, 陈华脉, 徐野. 环境规制工具对工业污染空间溢出的效应研究——来自全国 285 个城市的经验证据 [J]. 经济地理, 2021, 41 (2): 194 - 202.

[56] 刘淑花, 谭旭红, 陈梅. 基于 STIRPAT 模型的碳排放驱动因子研究——以黑龙江省为例 [J]. 资源开发与市场, 2021 (9): 1086 - 1091.

[57] 刘学民. 环境规制工具下雾霾污染的协同治理及其路径优化研究 [D]. 哈尔滨: 哈尔滨工业大学, 2020.

[58] 刘志华, 徐军委, 张彩虹. 科技创新、产业结构升级与碳排放效率——基于省级面板数据的 PVAR 分析 [J]. 自然资源学报, 2022, 37 (2): 508 - 520.

[59] 罗良文, 李珊珊. FDI、国际贸易的技术效应与我国省级碳排放绩效 [J]. 国际贸易问题, 2013 (8): 142 - 150.

[60] 罗能生, 王玉泽. 财政分权、环境规制工具与区域生态效率——基于动态空间杜宾模型的实证研究 [J]. 中国人口·资源与环境, 2017, 27 (4): 110 - 118.

[61] 马大来, 陈仲常, 王玲. 中国省级碳排放效率的空间计量 [J]. 中国人口·资源与环境, 2015, 25 (1): 67 - 77.

[62] 马国群, 谭砚文. 环境规制工具对农业绿色全要素生产率的影响研究——基于面板门槛模型的分析 [J]. 农业技术经济, 2021 (5): 79 - 88.

[63] 梅志雄, 徐颂军, 欧阳军. 珠三角城市群城市空间吸引范围界定及其变化 [J]. 经济地理, 2012, 32 (12): 47 - 52, 60.

[64] 苗苗, 苏远东, 朱曦等. 环境规制工具对企业技术创新的影响——基于融资约束的中介效应检验 [J]. 软科学, 2019, 33 (12): 100 - 107.

[65] 宁论辰, 郑雯, 曾良恩. 2007—2016 年中国省域碳排放效率评价

及影响因素分析——基于超效率 SBM-Tobit 模型的两阶段分析 [J]. 北京大学学报，自然科学版，2021，57 (1)：181 –188.

[66] 潘雄锋，张维维. 基于空间效应视角的中国区域创新收敛性分析 [J]. 管理工程学报，2013，27 (1)：62 –67.

[67] 彭林. 中国工业企业碳排放效率空间计量分析 [D]. 镇江：江苏大学，2020.

[68] 彭星，李斌. 不同类型环境规制工具下中国工业绿色转型问题研究 [J]. 财经研究，2016 (7)：134 –144.

[69] 平新乔，郑梦圆，曹和平. 中国碳排放强度变化趋势与"十四五"时期碳减排政策优化 [J]. 改革，2020 (11)：37 –51.

[70] 钱立华，鲁政委，方琦. 构建气候投融资机制助推地方碳排放达峰 [J]. 环境保护，2019，47 (24)：15 –19.

[71] 秦炳涛，余润颖，葛力铭. 环境规制工具对资源型城市产业结构转型的影响 [J]. 中国环境科学，2021，41 (7)：3427 –3440.

[72] 邵帅，范美婷，杨莉莉. 经济结构调整、绿色技术进步与中国低碳转型发展——基于总体技术前沿和空间溢出效应视角的经验考察 [J]. 管理世界，2022 (2)：46 –67.

[73] 邵帅，李欣，曹建华. 中国的城市化推进与雾霾治理 [J]. 经济研究，2019，54 (2)：148 –165.

[74] 邵帅，张曦，赵兴荣. 中国制造业碳排放的经验分解与达峰路径：广义迪氏指数分解和动态情景分析 [J]. 中国工业经济，2017 (3)：44 –63.

[75] 申晨，李胜兰，黄亮雄. 异质性环境规制工具对中国工业绿色转型的影响机理研究——基于中介效应的实证分析 [J]. 南开经济研究，2018，203 (5)：95 –114.

[76] 沈宏亮，金达. 非正式环境规制工具能否推动工业企业研发——基于门槛模型的分析 [J]. 科技进步与对策，2020 (2)：106 –114.

[77] 沈坤荣，金刚，方娴. 环境规制工具引起了污染就近转移吗？ [J]. 经济研究，2017，52 (5)：44 –59.

[78] 沈坤荣，周力. 地方政府竞争，垂直型环境规制工具与污染回流

效应 [J]. 经济研究, 2020, 55 (3): 35 – 49.

[79] 沈能, 刘凤朝. 高强度的环境规制工具真能促进技术创新吗？——基于"波特假说"的再检验 [J]. 中国软科学, 2012 (4): 49 – 59.

[80] 沈能. 环境规制工具对区域技术创新影响的门槛效应 [J]. 中国人口·资源与环境, 2012, 22 (6): 12 – 16.

[81] 史青. 外商直接投资、环境规制工具与环境污染——基于政府廉洁度的视角析 [J]. 财贸经济, 2013 (1): 93 – 103.

[82] 苏黎馨, 冯长春. 京津冀区域协同治理与国外大都市区比较研究 [J]. 地理科学进展, 2019, 38 (1): 15 – 25.

[83] 孙慧, 张志强, 周锐. 基于随机前沿模型的中国西部地区碳排放效率评价研究 [J]. 工业技术经济, 2013 (12): 71 – 77.

[84] 孙帅帅, 白永平, 车磊等. 中国环境规制工具对碳排放影响的空间异质性分析 [J]. 生态经济, 2021, 37 (2): 28 – 34.

[85] 孙涛, 温雪梅. 动态演化视角下区域环境治理的府际合作网络研究——以京津冀大气治理为例 [J]. 中国行政管理, 2018 (5): 83 – 89.

[86] 万光彩, 陶云凯, 叶龙生. 环境规制工具、产业转型与安徽经济高质量发展 [J]. 华东经济管理, 2019, 33 (11): 24 – 29.

[87] 汪发元, 何智励. 环境规制工具、绿色创新与产业结构升级 [J]. 统计与决策, 2022, 38 (1): 73 – 76.

[88] 汪明月, 李颖明, 管开轩. 政府市场规制对企业绿色技术创新决策与绩效的影响 [J]. 系统工程理论与实践, 2020, 40 (5): 1158 – 1177.

[89] 汪明月, 李颖明, 王子彤. 异质性视角的环境规制工具对企业绿色技术创新的影响——基于工业企业的证据 [J]. 经济问题探索, 2022 (2): 67 – 81.

[90] 汪明月, 李颖明. 政府市场规制驱动企业绿色技术创新机理 [J]. 中国科技论坛, 2020 (6): 85 – 93.

[91] 汪中华, 宿健, 彭可等. 我国碳生产率区域差异的测算及因素分解 [J]. 统计与决策, 2017, 8 (239): 118 – 122.

[92] 王兵, 吴延瑞, 颜鹏飞. 中国区域环境效率与环境全要素生产率

增长 [J]. 经济研究, 2010, 45 (5): 95 – 109.

[93] 王红梅. 中国环境规制工具政策工具的比较与选择——基于贝叶斯模型平均方法的实证研究 [J]. 中国人口·资源与环境, 2016, 26 (9): 132 – 138.

[94] 王娟. 中国工业的能源环境效率评价与碳排放强度的影响因素研究 [D]. 天津: 天津大学, 2019.

[95] 王俊豪. 政府管制经济学导论 [M]. 北京: 商务印书馆, 2001.

[96] 王康. 不同类型环境规制工具对碳生产率影响的空间异质性分析 [D]. 哈尔滨: 哈尔滨师范大学, 2019.

[97] 王玲. 环境效率测度的比较研究 [D]. 重庆: 重庆大学, 2014.

[98] 王旻. 环境规制工具对碳排放的空间效应研究 [J]. 生态经济 (中文版), 2017, 33 (4): 30 – 33.

[99] 王墨, 盖美, 王嵩. 山东省区域碳排放绩效评价 [J]. 资源开发与市场, 2017, 32 (2): 150 – 155.

[100] 王少兵. 环境规制工具对碳排放的影响机制研究 [D]. 广州: 暨南大学, 2020.

[101] 王少剑, 高爽, 黄永源等. 基于超效率 SBM 模型的中国城市碳排放绩效时空演变格局及预测 [J]. 地理学报, 2020, 75 (6): 212 – 226.

[102] 王世进, 周敏. 我国碳排放影响因素的区域差异研究 [J]. 统计与决策, 2021 (2013 – 12): 102 – 104.

[103] 王喜, 张艳, 秦耀辰等. 我国碳排放变化影响因素的时空分异与调控 [J]. 2021 (2016 – 8): 158 – 165.

[104] 王晓林, 张华明. 外商直接投资碳排放效应研究——基于城镇化门限面板模型 [J]. 预测, 2020, 39 (1): 59 – 65.

[105] 王鑫静, 程钰. 城镇化对碳排放效率的影响机制研究——基于全球 118 个国家面板数据的实证分析 [J]. 世界地理研究, 2020, 29 (3): 68 – 76.

[106] 王艳丽, 钟奥. 地方政府竞争、环境规制工具与高耗能产业转移——基于"逐底竞争"和"污染避难所"假说的联合检验 [J]. 山西财经大学学报, 2016, 38 (8): 46 – 54.

[107] 王钰萱. 基于时空变化的中国省域农业碳排放效率评价研究 [D]. 哈尔滨：哈尔滨师范大学, 2020.

[108] 王兆峰, 杜瑶瑶. 基于SBM-DEA模型湖南省碳排放效率时空差异及影响因素分析 [J]. 地理科学, 2019, 39 (5): 797-806.

[109] 王竹君. 异质型环境规制工具对我国绿色经济效率的影响研究 [D]. 西安：西北大学, 2019.

[110] 魏娜, 赵成根. 跨区域大气污染协同治理研究——以京津冀地区为例 [J]. 河北学刊, 2016, 36 (1): 6.

[111] 温忠麟, 张雷, 侯杰泰等. 中介效应检验程序及其应用 [J]. 心理学报, 2004, 36 (5): 614-620.

[112] 吴立军, 田启波. 碳中和目标下中国地区碳生态安全与生态补偿研究 [J]. 地理研究, 2022, 41 (1): 149-166.

[113] 吴伟平, 何乔. "倒逼"抑或"倒退"？——环境规制工具减排效应的门槛特征与空间溢出 [J]. 经济管理, 2017, 39 (2): 20-34.

[114] 伍格致, 游达明. 环境规制工具对技术创新与绿色全要素生产率的影响机制：基于财政分权的调节作用 [J]. 管理工程学报, 2019, 33 (1): 37-48.

[115] 武红. 中国省域碳减排：时空格局、演变机理及政策建议——基于空间计量经济学的理论与方法 [J]. 管理世界, 2015 (11): 3-10.

[116] 武鹏, 金相郁, 马丽. 数值分布, 空间分布视角下的中国区域经济发展差距 (1952-2008) [J]. 经济科学, 2010 (5): 46-58.

[117] 徐维祥, 舒季君, 唐根年. 中国工业化、信息化、城镇化和农业现代化协调发展的时空格局与动态演进 [J]. 经济学动态, 2015 (1): 76-85.

[118] 徐盈之, 杨英超, 郭进. 环境规制工具对碳减排的作用路径及效应——基于中国省级数据的实证分析 [J]. 科学学与科学技术管理, 2015 (10): 135-146.

[119] 徐雨婧, 沈瑶, 胡珺. 进口鼓励政策、市场型环境规制工具与企业创新——基于政策协同视角 [J]. 山西财经大学学报, 2022, 44 (2): 76-90.

［120］许和连. 外商直接投资导致了中国的环境污染吗？——基于中国省级面板数据的空间计量研究［J］. 管理世界，2012（2）：30-41.

［121］许慧. 低碳经济发展与政府环境规制工具研究［J］. 财经问题研究，2014（1）：112-117.

［122］闫庆友，尹洁婷. 基于广义迪氏指数分解法的京津冀地区碳排放因素分解［J］. 科技管理研究，2017（19）.

［123］杨盛东，杨旭，吴相利等. 环境规制工具对区域碳排放时空差异的影响——基于东北三省32个地级市的实证分析［J］. 环境科学学报，2021，41（5）：2029-2038.

［124］于斌斌. 生产性服务业集聚与能源效率提升［J］. 统计研究，2018（4）：30-40.

［125］余亮. 中国公众环保诉求对环境治理的影响——基于不同类型环境污染的视角［J］. 技术经济，2019（3）：97-104.

［126］余泳泽. 中国区域创新活动的"协同效应"与"挤占效应"——基于创新价值链视角的研究［J］. 中国工业经济，2015（10）：37-52.

［127］袁鹏飞. 正式与非正式环境规制工具对大气污染治理效果的影响研究［D］. 福建：华侨大学，2020.

［128］原毅军，谢荣辉. 环境规制工具的产业结构调整效应研究——基于中国省级面板数据的实证检验［J］. 中国工业经济，2014（8）：57-69.

［129］约翰·伊特韦尔. 新帕尔格雷夫经济学大辞典（第四卷，Q-Z）［M］. 北京：经济科学出版社，1996：134.

［130］臧传琴. 环境规制工具绩效的区域差异研究［D］. 济南：山东大学，2016.

［131］臧家宁. 异质性环境政策工具的环境治理效应研究［D］. 合肥：中国科学技术大学，2021.

［132］张丹，李玉双. 异质性环境规制工具、外商直接投资与经济波动——基于动态空间面板模型的实证研究［J］. 财经理论与实践，2021，42（3）：65-70.

[133] 张国兴，冯祎琛，王爱玲．不同类型环境规制工具对工业企业技术创新的异质性作用研究 [J]．管理评论，2021，33 (1)：92 - 101.

[134] 张宏翔，王铭槿．公众环保诉求的溢出效应——基于省级环境规制工具互动的视角 [J]．统计研究，2020，37 (10)：29 - 38.

[135] 张华，冯烽．非正式环境规制工具能否降低碳排放？——来自环境信息公开的准自然实验 [J]．经济与管理研究，2020，41 (8)：62 - 80.

[136] 张华，魏晓平．绿色悖论抑或倒逼减排——环境规制工具对碳排放影响的双重效应 [J]．中国人口·资源与环境，2014 (9)：21 - 28.

[137] 张华．地区间环境规制工具的策略互动研究——对环境规制工具非完全执行普遍性的解释 [J]．中国工业经济，2016 (7)：74 - 90.

[138] 张华．环境规制工具提升了碳排放绩效吗？——空间溢出视角下的解答 [J]．经济管理，2014 (12)：166 - 175.

[139] 张江雪，蔡宁，杨陈．环境规制工具对中国工业绿色增长指数的影响 [J]．中国人口·资源与环境，2015，25 (1)：24 - 31.

[140] 张金灿，仲伟周．基于随机前沿的我国省域碳排放效率和全要素生产率研究 [J]．软科学，2015 (6)：105 - 109.

[141] 张军，吴桂英，张吉鹏．中国省级物质资本存量估算：1952—2000 [J]．经济研究，2004 (10)：35 - 44.

[142] 张克中，王娟，崔小勇．财政分权与环境污染：碳排放的视角 [J]．中国工业经济，2011 (10)：65 - 74.

[143] 张倩，林映贞．双重环境规制工具、科技创新与产业结构变迁——基于中国城市面板数据的实证检验 [J]．软科学，2021 (11)：1 - 12.

[144] 张倩倩，张瑞，张亦冰．环境规制工具下外商直接投资对环境质量的影响——基于不同行业组的比较研究 [J]．商业研究，2019 (5)：61 - 68.

[145] 张文彬，张理芃，张可云．中国环境规制工具强度省级竞争形态及其演变——基于两区制空间 Durbin 固定效应模型的分析 [J]．管理世界，2010 (12)：34 - 44.

[146] 张先锋，韩雪，吴椒军．环境规制工具与碳排放："倒逼效应"

还是"倒退效应"——基于 2000—2010 年中国省级面板数据分析 [J]. 软科学, 2014, 28 (7): 136 – 144.

[147] 张忠杰. 环境规制工具对产业结构升级的影响——基于中介效应的分析 [J]. 统计与决策, 2019 (22): 142 – 145.

[148] 赵红. 外部性、交易成本与环境管制——环境管制政策工具的演变与发展 [J]. 山东财政学院学报, 2004 (6): 20 – 25.

[149] 赵巧芝, 闫庆友. 中国省域二氧化碳边际减排成本的空间演化轨迹 [J]. 统计与决策, 2019, 35 (14): 128 – 132.

[150] 赵巧芝, 朱雅寒, 崔和瑞. 中国制造业技术创新效率空间相关, 区域差异及收敛性研究——来自信息通信技术部门的证据 [J]. 工业技术经济, 2021, 40 (12): 94 – 102.

[151] 赵玉民, 朱方明, 贺立龙. 环境规制工具的界定、分类与演进研究 [J]. 中国人口·资源与环境, 2009 (6): 85 – 90.

[152] 郑晓舟, 卢山冰. 环境规制工具对产业结构转型影响的统计检验——以十大城市群为例 [J]. 统计与决策, 2021, 37 (18): 59 – 63.

[153] 植草益. 微观规制经济学 [M]. 北京: 中国发展出版社, 1992.

[154] 钟莉. 新时代地方政府治理机制中的服务型创新模式研究 [J]. 广西社会科学, 2019 (9): 72 – 76.

[155] 钟学思, 徐静静, 李洪涛. 环境规制工具、知识产权保护与外商直接投资 [J]. 财会月刊, 2019 (2): 140 – 149.

[156] 周海华, 王双龙. 正式与非正式的环境规制工具对企业绿色创新的影响机制研究 [J]. 软科学, 2016 (8): 47 – 51.

[157] 周黎安. 中国地方官员的晋升锦标赛模式研究 [J]. 经济研究, 2007 (7): 36 – 45.

[158] 周晓丽. 论社会公众参与生态环境治理的问题与对策 [J]. 中国行政管, 2019 (12): 148 – 150.

[159] 朱金生, 李蝶. 技术创新是实现环境保护与就业增长"双重红利"的有效途径吗?——基于中国 34 个工业细分行业中介效应模型的实证检验 [J]. 中国软科学, 2019 (8): 1 – 13.

[160] 朱平芳, 张征宇. FDI 竞争下的地方政府环境规制工具"逐底竞

赛"存在么?——来自中国地级城市的空间计量实证 [J]. 数量经济研究, 2010, 1 (00): 79 -92.

[161] Aigner D, Lovell C, Schmidt P. Formulation and Estimation of Stochastic Frontier Production Function Models [J]. Journal of Econometrics, 1977, 6 (1): 21 -37.

[162] Albornoz F M A, Cole R J, Elliott M G, Ercolani. In Search of Environmental Spillovers [J]. The World Economy, 2009, 32 (1): 136 -163.

[163] Ang B W, Liu F L, Chung H S. A Generalized Fisher Index Approach to Energy Decomposition Analysis [J]. Energy Economics, 2004, 26 (5): 757 -763.

[164] Ang B W, Pan Diyan G. Decomposition of Energy-Induced CO_2 Emissions in Manufacturing [J]. Energy Ecnomics, 1997, 19 (3): 363 -374.

[165] Ang B W. Is the Energy Intensity a Less Useful Indicator Than the Carbon Factor in the Study of Climate Change [J]. Energy Policy, 1999, 27 (15): 943 -946.

[166] Antweiler W, Copeland B R, Taylor M S. Is Free Trade Good for the Environment? [J]. American Economic Review, 2001, 91 (4): 877 -908.

[167] Antweiler W, Copeland B R, Taylor M S. Is Free Trade Good for the Environment? [J]. The American Economic Review, 2001, 91 (4): 877 -908.

[168] Asici A A, Acar S. How Does Environmental Regulation Affect Production Location of Non-carbon Ecological Footprint? [J]. Journal of Cleaner Production, 2018 (178): 927 -936.

[169] Battese G E, Coelli T. Frontier Production Functions, Technical Efficiency and Panel Data: With Application to Paddy Farmers in India [J]. Journal of Productivity Analysis, 1992, 3 (7): 18 -22.

[170] Baumol W J, Oates W E. The Use of Standards and Prices for Protection of the Environment [J]. The Swedish Journal of Economics, 1971, 73 (1): 42 -54.

[171] Beinhocker E, Openheim J, Irons B et al. The Carbon Productivity

Challenge: Curbing Climate Change and Sustaining Economic Growth [EB/OL]. http: // www. mckinsey. com/ mgi, 2008.

[172] Blackman A, Kildegaard A. Clean Technological Change in Developing-country Industrial Clusters: Mexican Leather Tanning [J]. Environmental Economics and Policy Studies, 2010, 12 (3): 115 – 132.

[173] Brizga J, Feng K, Hubacek K. Drivers of CO_2, Emissions in the Former Soviet Union: A Country Level IPAT Analysis from 1990 to 2010 [J]. Energy, 2013, 59 (In press): 743 – 753.

[174] Cason T. Buyer Liability and Voluntary Inspections in International Greenhouse Gas Emissions Trading: A Laboratory Study [J]. Environmental and Resource Economics, 2003, 25 (2): 101 – 127.

[175] Cellura M, Longo S, Mistretta M. The Energy and Environmental Impacts of Italian Households Consumptions: An Input – Output Approach [J]. Renewable & Sustainable Energy Reviews, 2011, 15 (8): 3897 – 3908.

[176] Christer Ljungwall, Martin Linde. Environmental Policy and the Location of Foreign Direce Investment in China [C]. Peking University Workong Paper, 2005.

[177] Coase R H. The Problem of Social Cost [M]. Blackwell Publishing Ltd, 2013: 1 – 44.

[178] Cole M A, Elliott R J R, Fredriksson P G. Endogenous Pollution Havens: Does FDI Influence Environmental Regulations? [J]. Scandinavian Journal of Economics, 2006, 108 (1): 157 – 178.

[179] Cole M A, Elliottr R J R, Shimamoto K. Industrial Characteristics, Environmental Regulations and Air Pollution: An Analysis of the UK Manufacturing Sector [J]. Journal of Environmental Economics & Management, 2005, 50 (1): 121 – 143.

[180] Copeland B R, Taylor M S. North-South Trade and the Environment [J]. Quarterly Journal of Economics, 1994, 109 (3): 755 – 787.

[181] Cullenward D, Wilkerson J T, Wara M et al. Dynamically Estimating the Distributional Impacts of U. S. Climate Policy with NEMS: A Case Study of the

Climate Protection Act of 2013 [J]. Energy Economics, 2016 (55): 303 – 318.

[182] Dasgupta S, Mody A, Roy S, Wheeler D. Environmental Regulation and Development: A Cross-Country Empirical Analysis [J]. Oxford Developent Studies, 2001, 29 (2): 173 – 187.

[183] Dasgupta S, Mody A, Roy S, Wheeler D. Environmental Regulation and Development: A Cross-Country Empirical Analysis [J]. Oxford Developent Studies, 2001, 29 (2): 173 – 187.

[184] Dietz T, Rosa E. Effects of Population and Affluence on CO_2 Emissions [J]. Proceedings of the National Academy of Sciences, 1997, 94 (1): 175 – 179.

[185] Dong L, Liang H. Spatial Analysis on China's Regional Air Pollutants and CO_2 Emissions: Emission Pattern and Regional Disparity [J]. Atmospheric Environment, 2014 (92): 280 – 291.

[186] Driscoll J C, Kraay A C. Consistent Covariance Matrix Estimation With Spatially Dependent Panel Data [J]. The Review of Economics and Statistics, 1998, 80 (4): 549 – 560.

[187] Du Y, Li Z, Du et al. Public Environmental Appeal and Innovation of Heavy Polluting Enterprises [J]. Journal of Cleaner Production, 2019 (222): 1009 – 1022.

[188] Durelli A J, Parks V J. Moiré Fringes as Parametric Curves [J]. Experimental Mechanics, 1967, 7 (3): 97 – 104.

[189] Ederington J, Minier J. Is Environmental Policy a Secondary Trade Barrier? An Empirical Analysis [J]. Canadian Journal of Economics, 2003, 36 (1): 137 – 154.

[190] Ehrlich P R, Holdren J P. Impact of Population Growth [J]. Science, 1971, 171 (3977): 1212 – 1217.

[191] Elhorst J P. MATLAB Software for Spatial Panels [J]. International Regional Science Review, 2012, 37 (3): 389 – 405.

[192] Elhorst J P. Spatial Econometrics: From Cross-Sectional Data to Spatial Panels [M]. Physica-Verlag HD, 2014.

[193] Fan Ying, Liu Lancui, Gang Wu et al. Changes in Carbon Intensity in China: Empirical Findings from 1980 – 2003 [J]. Ecological Economies, 2007, 62 (4): 683 – 691.

[194] Fang X, Li R, Xu Q et al. A Two-stage Method to Estimate the Contribution of Road Traffic to PM2. 5 Concentrations in Beijing, China [J].. International Journal of Environmental Research & Public Health, 2016, 13 (1): 124 – 142.

[195] Färe R, Grosskopf S, Pasurka C A. Environmental Production Functions and Environmental Directional Distance Functions [J]. Energy, 2007, 32 (7): 1055 – 1066.

[196] Graafland J, Smid H. Reconsidering the Relevance of Social License Pressure and Government Regulation for Environmental Performance of European SMEs [J]. Journal of Cleaner Production, 2017 (141): 967 – 977.

[197] Gray W B, Shadbegian R J. Plant Vintage, Technology and Environmental Regulation [J]. Journal of Environmental Economics and Management, 2003, 46, (3): 384 – 402.

[198] Gray W B, Shadbegian R J. Plant Vintage, Technology and Environmental Regulation [J]. Journal of Environmental Economics and Management, 2003, 46 (3): 384 – 402.

[199] Greening L A, Davis W B, Schipper L. Decomposition of Aggregate Carbon Intensity for the Manufacturing Sector: Comparison of Declining Trends from 10 OECD Countries for the Period 1971 – 1991 [J]. Energy Economics, 1998, 20 (1): 43 – 65.

[200] Greenstone M. The Impacts of Environmental Regulations on Industrial Activity: Evidence from the 1970 & 1977 Clean Air Act Amendments and the Census of Manufactures [R]. NBER Working Paper, 2001.

[201] Hang Y, Wang J R, Xue Y J et al. Impact of Environmental Regulations on Green Technological Innovative Behavior: An Empirical Study in China [J]. Journal of Cleaner Production, 2018, 188 (1): 763 – 772.

[202] Intergovernmental Panel on Climate Change. IPCC Guidelines for Na-

tional Greenhouse Gas Inventories [R]. Tokyo: IGES, 2006.

[203] Jiang L, Zhou H, Bai L et al. Does Foreign Direct Investment Drive Environmental Degradation in China? An Empirical Study based on Air Quality Index from a Spatial Perspective [J]. Journal of Cleaner Production, 2018 (176): 864 – 872.

[204] Kahn A E. The Economics of Regulation: Principles and Institutions [J]. University of Pennsylvania Law Review, 1972, 120 (3): 584 – 596.

[205] Kathuria V, Sterner T. Monitoring and Enforcement: Is Two-Tier Regulation Robust? A Case Study of Ankleshwar, India [J]. Ecological Economics, 2006, 57 (3): 477 – 493.

[206] Kaya Y, Yokobori K K. Environment, Energy and Economy: Strategies for Sustainability [M]. Tokyo: United Nations University Press, 1997.

[207] Kohn R E. Transactions Costs and Optimal Instrument and Intensity of Air pollution Control [J]. Policy Sciences, 1991 (24): 315 – 332.

[208] Lau L S, Choong C K, Eng Y K. Investigation of the Environmental Kuznets Curve for Carbon Emissions in Malaysia: Do Foreign Direct Investment and Trade Matter? [J]. Energy Policy, 2014, 68 (5): 490 – 497.

[209] Lesage J P, Pace R K. Introduction to Spatial Econometrics. CRC Press: FL [M]. 2009.

[210] Levinson A, Taylor M S. Unmasking the Pollution Haven Effect [J]. International Economic Review, 2008, 49 (1): 223 – 254.

[211] Levinson A. Environmental Regulation and Manufactures' Location Choices: Evidence from the Census of Manufactures [J]. Journal of Public Economics, 1996 (62): 5 – 29.

[212] Li B, Wu S. Effects of Local and Civil Environmental Regulation on Green Total Factor Productivity in China: A Spatial Durbin Econometric Analysis [J]. Journal of Cleaner Production, 2017, 153: 342 – 353.

[213] Liu Z, Mao X, Tu J et al. A Comparative Assessment of Economic-Incentive and Command-and-Control Instruments for Air Pollution and CO_2 Control in China's Iron and Steel Sector [J]. Journal of Environmental Management,

2014 (144): 135 – 142.

[214] Ljungwall C, Linde-Rahr M. Environmental Policy and the Location of Foreign Direct Investment in China [R]. CCER Working Paper, 2005.

[215] Mac A, Rjre B. Determining the Trade—Environment Composition Effect: The Role of Capital, Labor and Environmental Regulations [J]. Journal of Environmental Economics and Management, 2003, 46 (3): 363 –383.

[216] Marconi D. Environmental Regulation and Revealed Comparative Advantages in Europe: Is China a Pollution Haven? [J]. Review of International Economics, 2012, 20 (3): 616 –635.

[217] Marklund P O, Samakovlis E. What is Driving the EU Burden-Sharing Agreement Efficiency or Equity? [J]. Journal of Environmental Management, 2007, 85 (2): 317 –329.

[218] Marshall A. Principles of Economics: An Introductory Volume [J]. Social Science Electronic Publishing, 1927, 67 (1742): 457.

[219] Meeuse W, van den Broeck J. Efficiency Estimation from Cobb-Douglas Production Functions with Composed Error [J]. International Economic Review, 1977, 18 (2): 435 –444.

[220] Meng M, Fu Y, Wang T et al. Analysis of Low-Carbon Economy Efficiency of Chinese Industrial Sectors Based on a RAM Model with Undesirable Outputs [J]. Sustainability, 2017, 9 (3): 451 –455.

[221] Mian, Yang, Dalia et al. Industrial Energy Efficiency in China: Achievements, Challenges and Opportunities [J]. Energy Strategy Reviews, 2015 (6): 20 –29.

[222] Mielnik O, Goldemberg J. Communication the Evolution of the "Carbonization Index" in Developing Countries [J]. Energy Policy, 1999, 27 (5): 307 –308.

[223] Millimen S, Prince R. Firm Incentives to Promote Technological Chang in Pollution Control [J]. Journal of Environmental Economics and Management, 1989 (16): 156 –166.

[224] North, D. C. Institutions [J]. Journal of Economic Perspectives,

1991, 5 (1): 97 –112.

[225] Oh D H. A Global Malmquist-Luenberger Productivity Index [J]. Journal of Productivity Analysis, 2010, 34 (3): 184 –197.

[226] Pace R, Klesage J P. A Sampling Approach to Estimate the Log Determinant Used in Spatial Likelihood Problems [J]. Journal of Geographical Systems, 2009, 11 (3): 209 –225.

[227] Pargal S, Wheeler D. Informal Regulation of Industrial Pollution in Developing Countries [J]. Journal of Political Economy, 1996, 104 (6): 1314 – 1327.

[228] Porter M E, Linde C V D. Toward a New Conception of the Environment-Competitiveness Relationship [J]. Journal of Economic Perspectives, 1995, 9 (4): 97 –118.

[229] Porter M E, van der Linde C. Toward a New Conception of the Environment-Competitiveness Relationship [J]. Journal of Economic Perspectives, 1995, 9 (4): 97 –118.

[230] Postic S, Selosse S, Mail N. Energy Contribution to Latin American INDCs: Analyzing Sub-Regional Trends with a TIMES Model [J]. Energy Policy, 2017, 101: 170 –184.

[231] Qian Y, Xu C. Why China's Economic Reforms Differ: The M-form Hierarchy and Entry Expansion of the Non-State Sector [J]. The Economics of Transition, 1993, 1 (2): 135 –170.

[232] Ramanathan R. A Multi-factor Efficiency Perspective to the Relationships among World GDP: Energy Consumption and Carbon Dioxide Emissions [J]. Technological Forecasting Social Change, 2006, 73 (5): 483 –494.

[233] Ramanathan R. Combining Indicators of Energy Consumption and CO_2 Emissions: Across Country Comparison [J]. International Journal of Global Energy Issues, 2002, 17: 214 –227.

[234] Schulze P, Pereira H G, Santos T et al. Effect of Light Quality Supplied by Light Emitting Diodes (LEDs) on Growth and Biochemical Profiles of Nannochloropsis Oculata and Tetraselmis Chuii [J]. Algal Research, 2016

(16)：387 - 398.

[235] Shadbegian R J, Gray W B. Pollution Abatement Expenditures and Plant-Level Productivity：A Production Function Approach [J]. Ecological Economics, 2005 (54)：196 - 208.

[236] Shrestha R M, Timilsina G R. Factors Affecting CO_2 Intensities of Power Sector in Asia：A Divisia Decomposition Analysis [J]. Energy Aconomics, 1996, 18 (4)：283 - 293.

[237] Sinn H W. Public Policies Against Global Warmingr：A Supply Side Approach [J]. International Tax Public Firiance, 2008 (15)：360 - 394.

[238] Sonia Ben Kheder, Natalia Zugravu. The Pollution Haven Hypothesis：A Geographic Economy Model in a Comparative Study [C]. Working Papers, 2008.

[239] Stavins R N. Environmental Economics [J]. Social Science Electronic Publishing, 2007, 10 (2 - 4)：109.

[240] Sun J W. The Decrease of CO_2 Emission Intensity is Decarbonization at National and Global Levels [J]. Energy Policy, 2005, 33 (8)：957 - 978.

[241] Tone K. A Slacks-Based Measure of Efficiency in Data Envelopment Analysis [J]. European Journal of Operational Research, 2001, 130 (3)：498 - 509.

[242] Vaninsky A Y. Economic Factorial Analysis of Emissions：The Divisia Index with Interconnected Factors Approach [J]. International Journal of Social, Behavioral, Educational, Economic, Business and Industrial Engineering, 2013, 7 (10)：2772 - 2777.

[243] Vaninsky A Y. Factorial Decomposition of Emissions：A Generalized Divisia Index Approach [J]. Energy Economics, 2014, 45：389 - 400.

[244] Villegas-Palacio C, Coria J. On the Interaction Between Imperfect Compliance and Technology Adoption：Taxes Versus Tradable Emissions Permits [J]. Journal of Regulatory Economics, 2010, 38 (3)：274 - 291.

[245] Viscusi K W, Vernon J et al. Economics of Regulation and Antitrust [M]. 上海：上海三联书店, 上海人民出版社, 1999：56.

[246] Wang B, Lu Y, Yang Y. Measuring and Decomposing Energy Productivity of China's Industries under Carbon Emission Constraints [J]. Journal of Financial Research, 2013 (10): 128 – 141.

[247] Wang C. Decomposing Energy Product Ivity Change: A Distance Function Approach [J]. Energy, 2007, 32 (8): 1326 – 1333.

[248] Wang W W, Liu R, Zhang M, Li H N. Decomposing the Decoupling of Energy-Related CO_2 Emissions and Economic Growth in Jiangsu Province [J]. Energy for Sustainable Development, 2013, 17 (1): 62 – 71.

[249] Wei Y, Gu J, Wang H et al. Uncovering the Culprits of Air Pollution: Evidence from China's Economic Sectors and Regional Heterogeneities [J]. Journal of Cleaner Production, 2018 (171): 481 – 1493.

[250] Weitzman M. Prices vs. Quantities [J]. Review of Economic Studies, 1974 (4): 477 – 491.

[251] Wheeler D. Racing to the Bottom? Foreign Investment and Air Pollution in Developing Countries [J]. The Journal of Environment & Development, 2001, 10 (3): 224 – 225.

[252] Wooldridge J M. Econometric Analysis of Cross Section and Panel Data [J]. MIT Press Books, 2010, 1 (2): 206 – 209.

[253] Xu X, Song L. Regional Cooperation and the Environment: Do "Dirty" Industries Migrate? [J]. Weltwirtschaftliches Archiv, 2000, 136 (1): 137 – 157.

[254] Yamaji K, Matsuhashi R, Nagata Y et al. A Study on Economic Measures for CO_2 Reduction in Japan [J]. Energy Policy, 1993, 21 (2): 123 – 132.

[255] Yang Weina, Liu Xilin. Analysis of Enterprise Environmental Technology Adoption Time Under Tradable Permit [J]. Studies in Science of Science, 2011 (2): 230 – 237.

[256] Zaim O, Taskin F. Environmental Efficiency in Carbon Dioxide Emissions in the OECD: A Non-Parametric Approach [J]. Journal of Environmental Management, 2000, 58 (2): 95 – 107.

[257] Zhang J, Cheng M, Wei X et al. Internet Use and the Satisfaction with Governmental Environmental Protection: Evidence from China [J]. Journal of Cleaner Production, 2019 (212): 1025 –1035.

[258] Zhang J, Zeng W, Wang J et al. Regional Low-Carbon Economy Efficiency in China: Analysis Based on the Super-SBM Model with CO_2 Emissions [J]. Journal of Cleaner Production, 2015, 163 (1): 202 –211.

[259] Zhang X P, Cheng X M. Energy Consumption, Carbon Emissions, and Economic Growth in China [J]. Ecological Economics, 2009, 68 (10): 2706 –2712.

[260] Zhang Z, Jiansheng Q U, Zeng J. A Quantitative Comparision and Analysis on the Assessment Indicators of Greenhouse Gases Emission [J]. Journal of Geographical Sciences, 2008, 18 (4): 387 –399.

[261] Zhou P, Ang B W, Han J Y. Total Factor Carbon Emission Performance: A Malmquist Index Analysis [J]. Energy Economics, 2010, 32 (1): 194 –201.

[262] Zhu S J, He C F, Liu Y. Going Green or Going Away: Environmental Regulation, Economic Geography and Firms' Strategies in China's Pollution-intensive Industries [J]. Geoforum, 2014, 55 (8): 53 –65.

[263] Zofio J L, Prieto A M. Environmental Efficiency and Regulatory Standards: The case of CO_2 Emissions from OECD Industries [J]. Resource and Energy Economics, 2001, 23 (1): 63 –81.